W0259056

Die Automobiltreibmittel des In- und Auslandes

Eine Übersicht über die vorgeschlagenen Mischungs- und Herstellungsverfahren, anhand der Patentliteratur

dargestellt von

Dr. Erwin Sedlaczek
Oberregierungsrat

Berlin
Verlag von Julius Springer
1927

ISBN 978-3-642-50576-8 ISBN 978-3-642-50886-8 (eBook)
DOI 10.1007/978-3-642-50886-8

Softcover reprint of the hardcover 1st edition 1927

Vorwort.

Die Beschaffung ausreichender Mengen von Treibmitteln ist heute ein Existenzproblem für alle mit motorischer Kraft arbeitenden Länder geworden. Jeder, der sich mit dieser Materie befaßt hat, weiß, daß die Quellen motorischer Kraft im wesentlichen aus den gleichen Ausgangsmaterialien fließen, d. h. aus dem großen Kräftereservoir, das die Menschheit in mineralischen Ölen und in den verschiedenen Kohlenarten, bzw. ihren Umwandlungsprodukten, wie Teerölen, Teeren u. dgl. besitzt, und aus der kontinuierlich sich vollziehenden Inkarnation der Sonnenenergie, welche u. a. die zur Herstellung von Alkohol erforderliche Stärke bzw. Zucker und pflanzliche sowie tierische Öle und Fette liefert, und die als ein relativ unerschöpfliches Reservoir motorischer Kraft angesehen werden kann. Wie weit man diese Lieferanten motorischer Kraft im einzelnen in Anspruch genommen hat, hing in erster Linie auch von wirtschaftlichen Gesichtspunkten ab. Wenn auch prinzipiell neue Quellen für die Gewinnung von Treibmitteln, selbst nachdem die Treibmittelfrage akut geworden war, nicht in Vorschlag gebracht wurden, so ist man anderseits und mit Erfolg bestrebt gewesen, die Wege zur Gewinnung von Brennstoffen aus dem Rohmaterial weiter auszubauen, was zur weiteren Entwicklung des Schwel- und Krackverfahren und zur Gewinnung von Kohlenwasserstoffen direkt aus der Kohle oder ihren leicht zugänglichen Umwandlungsprodukten führte. Die Lösung des Treibmittelproblems auf dem zuletzt skizzierten Wege hat unbedingt etwas Bestechendes an sich, und man wird sich die Frage vorlegen müssen, ob im Falle des Gelingens hierdurch nicht automatisch alle übrigen Treibmittel vom Markte verschwinden würden.

Diese Frage stellen, heißt sie auch gleichzeitig verneinen, denn man darf nicht unberücksichtigt lassen, daß bei der Vertrustung der Großindustrien, auch der verschiedenen Länder untereinander, es eine unbedingte Lebensnotwendigkeit für die wirtschaftliche Entwicklung der Technik ist, die Preise für derartige neue synthetische Produkte derartig einzukalkulieren, daß andere alte Zweige der Technik in ihrer Weiterentwicklung und ihrer Existenz nicht gehemmt werden. Für verschiedene Länder, wie auch für Deutschland, ist u. a. der Alkohol eine so wichtige staatliche Einnahmequelle, daß man diesen Faktor wird unbedingt berücksichtigen müssen, gleichgültig nach welcher Richtung sich die Lösung des Treibmittelproblems hinwenden wird.

Unter Beachtung dieser Erwägungen ist es unternommen worden, die bisher in Vorschlag gebrachten (inländischen und ausländischen) Vorschriften zur Herstellung von Treibmitteln möglichst übersichtlich und lückenlos zusammenzustellen.

Man wird in der Annahme kaum fehl gehen, daß jeder Techniker bestrebt sein wird, sich die Früchte seiner Arbeit durch ein Patent zu sichern; denn platonische Wohltäter der Menschheit sind auf den Gebieten der Technik wirklich selten gewesen. Deshalb stützt sich die folgende Zusammenstellung in erster Linie auf die Patentliteratur. Man hat nun speziell für solche Staaten, in denen die umfassende sachliche Prüfung einer Erfindung keine obligatorische Notwendigkeit ist, die Behauptung aufgestellt, daß ihre Veröffentlichungen zum großen Teil aus Unrichtigkeiten und Übertreibungen bestünden und infolgedessen für den Techniker ohne Bedeutung wären.

Diese Auffassung ist nur bedingt richtig, denn vielfach liegt auch solchen anscheinend vollkommen widersinnigen Veröffentlichungen ein neuer manchesmal fruchtbringender Gedanke zugrunde, der nur einer technisch liebevollen Behandlung bedarf, um ihn zum Erfolg zu führen.

Es ist jedenfalls eine unbestreitbare Erfahrungstatsache, daß wissenschaftlich konsequente Durcharbeitungen eines technischen Gebietes häufig zu solchen Ergebnissen führen, die schon vor vielen Jahren rein empirisch, oder aus der Phantasie heraus, vorgeschlagen worden sind. Das ist dann naturgemäß für den Techniker eine harte Enttäuschung, weil lediglich wegen der Unzugänglichkeit früherer Veröffentlichungen Zeit und Energie zwecklos verbraucht worden sind. Deshalb soll die vorliegende Zusammenstellung vor der Vornahme neuer praktischer Versuche die Möglichkeit dazu bieten, sich über die bereits gemachten Vorschläge, soweit sie dem Verfasser zugänglich waren, auf dem in Frage kommenden Arbeitsgebiete vorher zu informieren.

Wenn man die Entwicklungsphänomene auf dem Gebiete der Kraftstoffe verständlich machen will, so wird man verschiedene Faktoren mit berücksichtigen müssen, um einen klaren Überblick über die Weichenstellung für die in Frage kommenden Wege zu Lösungen der Einzelprobleme zu erhalten.

Für den Betrieb der Explosionsmotoren spielte im Anfang die Wahl des Kraftstoffes keine dominierende Rolle; denn der Kraftstoff, der anfangs allein in Frage kam, war das Benzin, was ohne weiteres auch aus dem Namen Benzinmotor hergeleitet werden kann. Das Benzin war im Anfang der Motorenindustrie ein leicht zugänglicher und billiger Betriebsstoff und es lag kein Grund dafür vor, langwierige und kostspielige Untersuchungen darüber anzustellen, ob auch noch andere Kraftstoffe verwendbar sein würden, weil die Bedarfsfrage keine Rolle spielte. Etwa vor 20 Jahren fing man aber an, in Untersuchungen darüber einzutreten, ob das Benzin nicht durch andere Kraftstoffe ersetzt werden konnte. Die Gründe für diese Untersuchungen lagen in dem Wunsche, überflüssige technische Produkte wie Benzol, Alkohol u. dgl. der Motorenindustrie nutzbar zu machen, wodurch sowohl ein Überschuß der vom Inland hergestellten Produkte nutzbringend verwertet, als auch die Motorenindustrie von der Einfuhr ausländischer Betriebsstoffe frei gemacht werden konnte. Diese Untersuchungen waren anfangs nicht von irgendeinem Zwang diktiert. Die Sachlage änderte sich aber grundlegend für Deutschland durch den Krieg, durch den eine Einfuhr vom Ausland so gut wie ausgeschaltet war. Diese Zwangslage ist, wenn auch zunächst rein pädagogisch, für die Treibmittelbeschaffung in Frankreich lehrreich gewesen, das schon seit vielen Jahren die Aufgabe zu lösen sucht, einen Betriebsstoff aus solchen Produkten herzustellen, die lediglich vom Inland geliefert werden. In Amerika ist es vor allem das unheimliche Ausmaß einer allgemeinen Motorisierung gewesen, das gebieterisch die Bereitstellung so großer Mengen von Treibmitteln verlangte, wie sie von den natürlichen Hilfsquellen nicht geliefert werden konnten. Die wissenschaftliche Durchleuchtung des Treibmittelproblems wird die Lösung der Fragen verlangen müssen, auf welchem Wege möglichst billige Treibmittel in ausreichender Menge geschaffen werden können und welchen Bedingungen ein Treibmittel entsprechen muß, um es als möglichst vollkommen ansprechen zu können. Nicht an letzter Stelle stehen dann die Bestrebungen des Konstrukteurs, für ein vorhandenes bestimmtes Treibmittel den geeigneten Motor zu konstruieren.

Wie bereits im vorstehenden auseinandergesetzt wurde, ist die wissenschaftliche Durchdringung dieses Problemkomplexes erst zu einer Zeit akut geworden, als in erster Linie die Frage nach der Schaffung ausreichender Mengen von Treibmitteln und die Schaffung nationaler d. h. einheimischer Brennstoffe in den

Vordergrund trat. Für den auf diesem Gebiete tätigen Interessenten ist es, gleichgültig ob er wissenschaftliche oder materielle Zwecke verfolgt, in erster Linie wichtig, festzustellen, was für Vorschläge für die Herstellung von Kraftstoffen bereits gemacht worden sind.

Bis auf ganz geringe Ausnahmen sind die gemachten Vorschriften in der in- und ausländischen Patentliteratur enthalten, die weit über 1000 Patentschriften umfaßt. Die folgende Zusammenstellung verfolgt, wie bereits erwähnt, den Zweck, die gemachten Spezialvorschläge in möglichst übersichtlicher und soweit als angängig auch erschöpfender Form so einzuordnen, daß es den Interessenten leicht sein dürfte, sich über irgendeine, die Zusammensetzung von Kraftstoffen betreffende Frage mühelos zu informieren. Dagegen ist es nicht beabsichtigt, kritisch Stellung zu den gemachten Vorschlägen zu nehmen und Bedingungen für die Herstellung von Treibmitteln o. ä. festzulegen.

Berlin, im Oktober 1926.

E. Sedlaczek.

Inhaltsverzeichnis.

Allgemeines über Kraftstoffe.

Wir haben aus den Ausführungen des Vorwortes gesehen, daß in erster Linie Benzin als Kraftstoff Verwendung gefunden hat. Von chemischem Standpunkt aus ist Benzin eine Verbindung von Kohlenstoff mit Wasserstoff, d. h. ein Kohlenwasserstoff. Sinngemäß wird man vermuten können, daß alle chemischen Verbindungen, die dem Benzin physikalisch und chemisch nahestehen, gleichfalls als Treibmittel verwendbar sein werden. Wenn man sich an der Hand eines Lehrbuches der organischen Chemie über die Verbindungen orientiert, die dem Benzin als aliphatischem Kohlenwasserstoff ähneln, so wird man zunächst auf die Kohlenwasserstoffe der Benzolreihe stoßen, die sich von den Benzinkohlenwasserstoffen zunächst, abgesehen von ihren Verschiedenheiten in der chemischen Konstitution dadurch unterscheiden, daß man die Einzelindividuen, wie Benzol, Toluol, Xylol, Naphthalin u. a. ohne große Mühe isolieren kann, was in der Benzinreihe nur mit großen Schwierigkeiten möglich sein würde. Als nahe Derivate der Kohlenwasserstoffe können ihre Hydroxylderivate gelten, die man in der aliphatischen (Benzin-) Reihe Alkohole, in der Benzolreihe mit dem Namen Phenole bezeichnet. Auch sie sind bekanntlich viel verwendete Treibmittelkomponenten. Den Alkoholen nahestehend sind die Äther, die Ester, Ketone und Aldehyde, die hauptsächlich aus der aliphatischen Reihe benutzt werden. Auch basische Derivate von Kohlenwasserstoffen sowie ihre Halogenderivate u. a. m. sind im Einzelfall angewendet worden.

Für den Techniker wird bei der Beschaffung eines Kraftstoffes stets der Umstand der schnellen und billigen Beschaffbarkeit von Bedeutung sein, und zwar ohne Schädigung des Brennstoff-Kapitals, das sich auf der Erde vorfindet und das sich nicht ergänzt. Die Quellen, aus denen Treibmittel herstammen oder hergestellt werden können, kann man in zwei große Gruppen einteilen. In der ersten Gruppe befinden sich die Vorräte an Kohlenstoff und kohlenstoffhaltigen Materialien (wie Steinkohle, Braunkohle, Torf, Holz u. a. m.), Erdöl, Schieferöl u. dgl. Wenn man aus diesen

Materialien Treibmittel herstellt, so lebt man von einem Kapital, das sich nicht ergänzt und dessen Größe unbekannt ist. Zu der zweiten Gruppe gehören diejenigen als Treibmittel entweder primär oder sekundär verwendbaren Verbindungen, welche die Natur unter Vermittelung des Tierkörpers oder der Pflanze alle Jahre von neuem herstellt, wie tierische oder pflanzliche Öle u. dgl. und Stärke, die ohne große Mühe u. a. auch in Kohlenwasserstoffe bzw. Alkohol umgewandelt werden können. Es handelt sich bei diesen Vorgängen um eine kontinuierliche Inkarnation der Sonnenenergie, die für motorische Zwecke nutzbar gemacht werden kann. Vom Standpunkt einer vorsichtig arbeitenden Wirtschaftsökonomie müßte man unbedingt den Treibmitteln der zweiten Gruppe den Vorzug geben, weil das in den Stoffen der ersten Gruppe vorhandene, sozusagen einen eisernen Bestand darstellende Brennstoffkapital der Erde geschont würde. Man wird aber nicht umhin können, und zwar im Hinblick auf die Forderungen der Technik, z. B. die bei der Gasherstellung abfallenden Produkte, wie Benzol u. dgl., gleichfalls im Motorbetrieb zu verwenden. Es würde auch zu weit gehen, wenn man die Synthese von Kohlenwasserstoffen aus Kohle oder ähnlichen billigen Rohmaterialien aus dem Grunde unterlassen wollte, um den Kohlenbestand für spätere Generationen zu schonen.

Wenn man von der Differenzierung zwischen den Treibmitteln aus dem Wärmereservoir der Erde und aus den sich stets neu bildenden Produkten des Tier- oder Pflanzenkörpers absieht, so bieten sich als primäre Treibmittel in erster Linie das Erdöl und Schieferöl dar, sekundäre Produkte erhält man aus den Industrien, die sich mit der Verarbeitung von Steinkohlen, Braunkohlen, Torf und Holz befassen, wie auch mit der Verwertung von Tier- und Pflanzenölen und der Herstellung von Alkohol durch Vergärung.

Zum besseren Verständnis soll auf diese Punkte noch etwas näher eingegangen und insbesondere die Reichhaltigkeit der Verwertungsmethoden kurz skizziert werden. Wie im Eingang erwähnt, war das Benzin das erste Treibmittel. Das Benzin wird bei der Destillation des Erdöls (Rohpetroleums) in relativ geringen Mengen erhalten, die keineswegs, insbesondere in Amerika, zur Gewinnung der erforderlichen Treibmittelmenge ausreichen. Man ist deshalb schon seit vielen Jahren dazu übergegangen, aus den hochsiedenden Destillaten des Erdöles durch Druckwärmespaltung (Kracken) niedrig siedende Benzine (Krackbenzine) herzustellen. In ähnlicher Weise werden auch die Schieferöle behandelt, sofern nicht bereits die primär gewonnenen Destillate als Treibmittel verwendbar sind.

Aus den Kohlen, wie insbesondere Steinkohlen und Braunkohlen, hat man früher zunächst durch Verschwelung bei höheren Temperaturen Teer hergestellt, aus dem bei der Steinkohle Benzol o. ä., bei der Braunkohle u. a. Solaröl gewonnen wurde. Man kann aber auch durch die Einschaltung von bestimmten Schweltemperaturen, insbesondere durch die sogenannte Tieftemperaturverschwelung, zu Gasbenzinen gelangen, die beispielsweise bei Verwendung von Steinkohle keine Ähnlichkeit mit den Kohlenwasserstoffen besitzen, die aus dem bei hohen Temperaturen gewonnenen aromatischen Teer erhältlich sind. Auf diese Weise gelingt es, vom kohlenstoffhaltigen Rohprodukt durch Verschwelung zu benzinartigen Kohlenwasserstoffen zu kommen. Die Technik hat es aber, und zwar in Amerika in dem größten Ausmaß, verstanden, auch aus den hochsiedenden, zu Treibmitteln nicht verwendbaren, Anteilen des Erdöles benzinartige Kohlenwasserstoffe auf dem Wege der destruktiven Destillation, d. h. unter Anwendung von Hitze und Druck, herzustellen. Diese Krackbenzine stellen heute etwa schon die Hälfte der in Amerika erforderlichen Treibmittel dar. Auch aus dem Ölschiefer kann man durch Verschwelen benzinartige Produkte gewinnen.

Neben den Benzinen haben die aromatischen Kohlenwasserstoffe, wie Benzol, Toluol u. dgl., eine stets wachsende Bedeutung als Treibmittel erlangt, und zwar hauptsächlich mit Rücksicht auf ihre große Wirtschaftlichkeit und ihre hohe Kompressionsfähigkeit. Die Hauptquelle für diese Kohlenwasserstoffe ist der aromatische Steinkohlenteer. Auch das Naphthalin wird mit Vorteil als Treibmittel verwendet, wobei man die Nachteile des festen Aggregatzustandes durch Überführen in flüssige Produkte auf dem Wege des Hydrierens u. a. m. beseitigt hat. Der Hauptvertreter der Kraftstoffe, welche die Natur alljährlich durch Materialisation der Sonnenenergie erzeugt, ist unbestritten der Alkohol. Deshalb ist es zu verstehen, wenn Länder wie Deutschland, Frankreich u. a., deren Bodenverhältnisse die Erzeugung großer Mengen von Alkohol gestattet, schon seit vielen Jahren bestrebt gewesen sind, die Treibmittelfrage unter Heranziehung des Alkohols zu lösen. Im Hinblick auf die Ergebnisse, welche die chemische Synthese auf dem Wege der Verarbeitung von Kohle aufzuweisen hat, erscheint es so gut wie sicher, daß es möglich sein wird, durch Druckhydrierung von Kohle (Benzin) oder durch katalytische Verarbeitung von Wassergas (J. G. Ludwigshafen, Fischer und Tropsch) die erforderlichen Mengen von Treibmitteln aus den einfachsten Bausteinen, d. h. entweder aus dem Kohlenstoff selbst oder aus dem aus Kohle leicht erzeugbaren Wassergas in möglichst billiger Weise herzustellen.

Da die Synthese von Methylalkohol aus Wassergas unter Anwendung von Katalysatoren und unter Innehaltung bestimmter Arbeitsbedingungen bereits zu einem vollen Erfolg geführt hat, erscheinen die in dieser Hinsicht geäußerten Hoffnungen keineswegs zu weitgehend. Aber gesetzt den Fall, es würde gelingen, auf rein synthetischem Wege zu den erforderlichen Treibmittelmengen zu gelangen, so würden dadurch doch nicht die bisher gebrauchten Treibmittel zwangsläufig vom Markt verschwinden, denn die Länder mit eigenem Erdölvorkommen, mit hochentwickelter Kohlenindustrie oder mit großer Alkoholproduktion würden, um diesen Produkten die erforderlichen Absatzgebiete zu verschaffen, sich auch zu ihrer Verwendung als Treibmittel genötigt sehen. Zwar würde der Marktpreis der bekannten Treibmittel ungünstig beeinflußt werden, aber damit würden sie als solche noch lange nicht ausgeschaltet werden.

Die Hydrierungsmethoden haben aber auch noch, wie bereits erwähnt wurde, zu der Verbesserung alter und damit zu der Gewinnung neuer Brennstoffe geführt, es sei in dieser Hinsicht auf die hydrierten Naphthaline, die Hydroprodukte des Benzols und seiner Homologen, die hydrierten Phenole usw. hingewiesen.

Um das gesamte vorhandene, insbesondere in Patentschriften vorhandene, Material möglichst übersichtlich einzuordnen, soll zunächst folgende Einteilung der Haupt-Kapitel eingehalten werden.

I. Kohlenwasserstoffe des Erdöles, wie Gasolin, Petroläther, Petroleumessenz, Benzin, Petroleum, Gasöl u. a.

II. Produkte der Teerdestillation, Benzol und seine Homologen, Teeröle, Schieferöle usw.

III. Alkohole, Aldehyde, Ketone.

IV. Schwelbenzine, Krackbenzine, synthetisch hergestellte Treibmittel, hydrierte Verbindungen sowie wasserhaltige Treibmittel und Verschiedenes.

Diese vier Hauptgruppen sollen dann durch folgende Untergruppen unterteilt werden.

a) Zusätze, welche die Mischbarkeit und Wirkung erhöhen.
b) Zusätze, welche die Zündfähigkeit erhöhen.
c) Zusätze explosiver Natur.
d) Zusätze mit verschiedenen Wirkungen.

Es sollen zunächst unter A die in deutscher Sprache erschienenen Patentschriften, d. h. also die deutschen, österreichischen und schweizerischen Patentschriften, und hierauf unter B die französischen, unter C die amerikanischen und unter D die britischen Patentschriften durchgesprochen werden. Diese Unterteilung erscheint deshalb erwünscht, um leichter feststellen zu können, ob ein bestimmtes Verfahren in einem der genannten Länder bereits geschützt ist, woraus sich im Einzelfall Einschränkungen bezüglich des Exports oder der Herstellungsmöglichkeiten ergeben. Des weiteren liefert die Zusammenfassung der Veröffentlichungen eines bestimmten Landes gleichzeitig ein klares Gesamtbild über die Entwickelung und die Teile dieser Industrie in den einzelnen Staaten, die vom Stande des Kaufmanns und des Technikers gleich erwünscht sein dürften.

A. Deutsche, österreichische und schweizerische Veröffentlichungen.

I. Kohlenwasserstoffe des Erdöls, wie Gasolin, Petroläther, Petroleumessenz, Benzin, Petroleum, Gasöl usw.

Von den Benzinwasserstoffen kommen in erster Linie die flüssigen, mit nicht zu hohem Siedepunkt, etwa zwischen 70 bis 150 ° C, siedenden Anteile des Erdöles als Treibmittel zur Verwendung. Unter dem Namen Gasolin versteht man für gewöhnlich ein Produkt von der Dichte 0,660—0,680 und dem Sdp. 70—90 ° C. Noch leichter siedend ist das Hydrür (Dichte 0,640—0,650). Die gewöhnlichen Motorenbenzine zeigen eine Dichte von 0,680—0,785. In Amerika versteht man unter Petroleumäther ein Produkt vom Sdp. 50—60 ° C und der Dichte 0,670—0,700, unter Gasolin ein Produkt vom Sdp. 60—80 ° C und der Dichte 0,700—0,720. Ligorin zeigt den Sdp. 80—120 ° C und die Dichte 0,722—0,737[1]).

Man hat aber außer den flüssigen auch gasförmige Kohlenwasserstoffe als Treibmittel vorgeschlagen. Walter Ostwald hat in seinem grundlegenden Buch „Autler-Chemie" 1910, das leider im Buchhandel vergriffen ist, auch den gasförmigen Treibmitteln eine eingehende Behandlung zuteil werden lassen. Nach den dort gemachten Angaben ist an erster Stelle auf die Verwendung von Acetylen hingewiesen. Besprochen wird ferner die Möglichkeit, Wasserstoff als Treibmittel, wenn auch nicht für den Motor, so für die Gasturbine, zu benutzen. Erwähnt wird ferner das Kohlenmonoxyd. Empfohlen für den Motorenbetrieb wird das Leuchtgas, Wassergas, Sauggas, Generatorgas, Gichtgas und Koksofengas, die niedrigen gesättigten gasförmigen Kohlenwasserstoffe, wie Methan, Äthan, Propan usw. und Äthylen, Propylen, Butylen u. ä. Zusammenfassend sind Tabellen über die für die Automobiltechnik wichtigsten Werte der gasförmigen Kohlenwasserstoffe angelegt.

---

[1]) Formanek, Benzin 1918, S. 117/18.

Nach den Ausführungen des gleichen Verfassers[1]) aus dem Jahre 1910 soll das Autobenzin zum größten Teil aus Hexan mit dem Sdp. 70° C und dem spez. Gew. 0,664 bestehen, wobei auch noch Bestandteile wie Dekan mit dem Sdp. 180° C darin enthalten sein können. Zur Erhöhung der Zündfähigkeit der Schwerbenzine wurde diesen ein Zusatz von Leichtbenzin zugesetzt[2]). Außer diesen Benzinen werden aber im Einzelfall auch schwerer siedende Bestandteile, wie Petroleum oder Kerosin mit verwendet. Erwähnt sind dort u. a. (vgl. S. 135/136) Gemische von Benzin mit Petroleum und (vgl. S. 139/140) Gemische von Benzol-Benzin mit Petroleum sowie schweren Teerölen und Benzin, um sie leichter zündfähig zu machen, sowie Lösungen von Naphthalin in Benzin.

Man soll flüssige Kohlenwasserstoffe, wie z. B. Petroleum o. ä. dadurch veredeln, daß man ihnen solche Stoffe zusetzt, die den Geruch vernichten, wie z. B. Tetrachlorkohlenstoff, Kampfer u. dgl. Um das Fluorescieren zu beheben, ist ein Zusatz von Nitrobenzol, Nitronaphthalin und Alkohol vorgesehen. Zur Erhöhung der Zündfähigkeit soll noch Dinitronaphthalin zugesetzt werden, das fähig ist, Sauerstoff abzugeben (Schweizer P. 79 492).

Zur Herstellung eines Treibmittels soll man von schwerflüchtigen Kohlenwasserstoffen, wie Erdöl, Rohnaphtha oder Petroleum ausgehen, dann werden leichtflüchtige flüssige Kohlenwasserstoffe, wie Benzol u. dgl., zugesetzt. Die Mischungen werden mit Ätzalkali und darauf mit Harzstoffen und hierauf mit Pikrinsäure versetzt. Nach innigem Verrühren läßt man absetzen und trennt von dem ausgeschiedenen Bodensatz. Die abgezogene Flüssigkeit wird einer fraktionierten Destillation unterworfen, die als erstes Destillat das Treibmittel ergibt. Vor der Destillation kann man die Mischung auch mit Schwefelsäure und Alkalisalzen versetzen, ein Zusatz von Amylacetat zur Verbesserung des Geruches ist vorgesehen (Ö.P. 50 151).

Für die rasche Beurteilung der Brauchbarkeit von Motorenbenzin wird folgendes Lösungsmittel vorgeschlagen: Aceton, Amylacetat, Phenol o. dgl., und zwar etwa 90 Teile Aceton, 10 Teile verd. Essigsäure (1,041) und 10 Teile Benzol. In dieser Testflüssigkeit sollen sich Benzol und Alkohol vollkommen, Tetralin, Benzin und Petroleum nur in geringen Mengen und schwere Petroleumkohlenwasserstoffe gar nicht lösen (Ö.P. 95 242).

---

1) Walter Ostwald, Autler-Chemie 1910, S. 36ff.
2) Vgl. Autler-Chemie 1910, S. 43.

a) Zusätze, welche die Mischbarkeit und Wirkung erhöhen.

Man hat vorgeschlagen, Naphthalin an Stelle von Benzin o. dgl. als Treibmittel zu verwenden. Die Verwendung des Naphthalins erfolgt durch Zuleiten in geschmolzenem Zustand. Hierbei ließen sich Verstopfungen der Zuleitungsröhren nicht vermeiden. Man hat dann das Naphthalin in anderen Brennstoffen, wie Benzin, Benzol, Ergin, Petroleum, Spiritus u. ä. aufgelöst. Größere Mengen von Naphthalin werden in diesen Lösungsmitteln nur bei höheren Temperaturen aufgelöst, wobei naturgemäß stets der Übelstand des Ausscheidens von Naphthalin eintreten kann, da die benutzten Lösungen stets eine erhöhte Temperatur besitzen müssen. Man vermeidet diese Übelstände, wenn man die Maschine mit Benzin o. dgl. anläßt, so lange, bis die Zylinder warm geworden sind. Darauf wird auf stark naphthalinhaltiges warmes Treibmittel umgeschaltet. Die Carburierung des Brennstoffs geschieht durch Eintauchen eines Zylinders aus Naphthalin in das erwärmte Treibmittel. Am Ende des Betriebes wird der Gehalt an Naphthalin durch Herausheben des Naphthalinkörpers bis auf Null gebracht (D.R.P. 208 380 Kl. 46).

Auch der folgende Vorschlag beschäftigt sich mit der Carburierung von Mineralölen. Es handelt sich auch hier darum, eine Mischung zu gewinnen, aus der sich das Naphthalin nicht aus dem Mineralöl ausscheidet. Als Lösungsvermittler zwischen dem Naphthalin und dem Mineralöl wird Nitronaphthalin und Kresol benutzt. Das rohe Naphthalin wird mit der Hälfte des Mineralöles gemischt, dann das Nitronaphthalin zugesetzt, auf 23—30° C erwärmt, dann der Rest des Mineralöles und dann unter starkem Rühren das Kresol hinzugesetzt (D.R.P. 292 223 Kl. 23).

Es ist bereits im vorstehenden auf Verfahren hingewiesen worden, Petroleum zu veredeln (vgl. Schweiz. P. 79 492 und Ö.P. 50 151). Einen gleichen Zweck soll man erreichen, wenn man Gasöl (Blauöl) oder die sich in den Skrubbern der Petroleumrückstände abscheidenden Kondensationsprodukte mit oxydierend wirkenden Zusätzen, insbesondere unterchlorigsauren Salzen und einem Katalysator, wie z. B. Kupfer- oder Nickeloxyd oder Mangan- bzw. Bariumsuperoxyd versetzt und in hintereinander angeordneten Blasen mit Hilfe eines Wasserdampfstromes nach dem Anreicherungsprinzip destilliert (D.R.P. 300 274).

Man kann die Behandlung der Kohlenwasserstoffe mit oxydierend wirkenden Mitteln unter Zusatz von Katalysatoren auch so leiten, daß man eine Teiloxydation der Kohlenwasserstoffe erhält. Man geht z. B. von Kerosin oder Preßteer oder noch schwereren Fraktionen aus. Der Kohlenwasserstoff wird verdampft, mit Luft gemischt und dann durch eine Katalysatorschicht geleitet, die z. B. die komplexen Oxyde des Molybdäns, Urans und Vanadiums enthält. Die Temperaturen in den Katalysatorsieben sollen zwischen 350—380 ° C liegen. Von den Umwandlungsprodukten, die gewonnen werden, sieden 20—30 vH unter 200 ° C. Die Gesamtmenge der Leichtöle kann bis auf 50 vH gesteigert werden. Sie bestehen aus Alkoholen, Aldehydalkoholen, Ketonen, Äthern, Aldehydsäuren und Kohlenwasserstoffen. Die Säuren werden durch Natron entfernt (D.R.P. 391 986 Kl. 23).

Für die Herstellung von Treibmitteln aus rohen Erdölen hatte man bisher eine chemische Vorbehandlung der Öle für unerläßlich gehalten. Man soll diese aber umgehen können, wenn man rohes Erdöl, eventuell unter Zusatz von rohem Teeröl, lediglich einer ein- bis zweimaligen Destillation ohne Anwendung chemischer Reinigungsmittel unterwirft, dann die Destillate mit geringen Mengen organischer Lösungsmittel, wie Aceton o. dgl., mischt und hierauf absitzen läßt, wobei man dem geklärten Gemisch gegebenenfalls noch andere bekannte Treibmittel in beliebiger Menge zusetzen kann. Man destilliert z. B. Borneoöl bei Temperaturen zwischen 30—300 bzw. 400 ° C, setzt dem Destillat 5 vH Aceton zu und läßt absitzen. Die klare Lösung stellt das Treibmittel dar. Man kann dem Treibmittel noch Alkohol zusetzen (D.R.P. 392 190 Kl. 23).

Bei der Waschung des Erdgases mit Kohlenwasserstoffen werden Lösungen leicht flüchtiger Kohlenwasserstoffe gewonnen, die leicht aus dem Gemisch entweichen. Solche leicht flüchtige Kohlenwasserstoffe werden im übrigen auch bei Beginn der Destillation von Erdöl beim Spalten schwerer Kohlenwasserstoffe und bei der Hydrierung von Kohlenwasserstoffen erhalten. Man hat versucht, den Dampfdruck dieser leicht flüchtigen Destillate durch Zusatz von hoch siedenden Flüssigkeiten herabzumindern. Dazu müssen die leicht flüchtigen Dämpfe in der Zusatzflüssigkeit leicht löslich sein. Dieser Bedingung genügen die hydrierten Verbindungen, wie Tetra- oder Hexahydronaphthalin, Hexahydrophenol o. dgl., und zwar in Mengen von 2—4 vH, die man leicht flüchtigen Treibmitteln, wie Gasolin, Ligroin oder Petroläther zusetzen soll (D.R.P. 405 534 Kl. 23).

In dem D.R.P. 292 223 Kl. 23 ist ein Treibmittel beschrieben, das aus Mineralölen, Naphthalin, Nitronaphthalin und Kresol besteht, wobei das Nitronaphthalin und Kresol die Ausscheidung des Naphthalins verhindern sollen. Man hat auch schon Naphthalin in Tablettenform zur Carburierung von Treibmitteln empfohlen. Die Tabletten haben folgende Zusammensetzung: 85,75 Teile pulverisiertes Naphthalin, 10 Teile pulverisierte Pikrinsäure, 1 Teil Benzaldehyd, 3 Teile pulverisiertes Nitronaphthalin, $^1/_4$ Teil Methylenblau. Eine Tablette soll 2,2 g wiegen und für 5 l Brennstoff ausreichen (Schweiz.P. 96 670).

Die Verwendungsfähigkeit von Kohlenwasserstoffen für motorische Zwecke soll dadurch günstig beeinflußt werden, daß man in die Flüssigkeit einen Apparat einbringt, der etwa die Form einer Voltaschen Säule zeigt, d. h. zur Erzeugung schwacher Ströme befähigt ist. Dieser Apparat soll vorteilhaft im Tank für den Brennstoff angeordnet werden. Die Anordnung verschiedener Metalle kann auch schon bei dem Aufbau des Tanks benutzt werden (Ö.P. 51 467).

In dem D.R.P. 292 223 Kl. 23 ist ein Treibmittel beschrieben, das aus Mineralöl, Naphthalin, Nitronaphthalin und Kresol besteht (vgl. auch die umstehende Schweiz.P. 96 670). Das Verfahren des D.R.P. 292 223 hat insofern eine Erweiterung gefunden, als zu dem Gemisch aus Mineralöl und Naphthalin außer Nitronaphtalin und Kresol auch noch Naphthylamin hinzugesetzt ist. Es wird folgende Mischung vorgeschlagen: 400 Teile Rohnaphthalin, 600 Teile raffiniertes Mineralöl, 10 Teile α-Nitronaphthalin, 5 Teile α-Naphthylamin und 5 Teile Kresol (Ö.P. 82 206).

b) Zusätze, welche die Zündfähigkeit erhöhen.

Wenn man Treibmittel, wie z. B. Kohlenwasserstoffe leichter zündfähig machen will, so soll man ihnen in verdampftem Zustande in Vermischung mit Luft und Sauerstoff auch noch Acetylen hinzufügen. Den Zusatz des Acetylens kann man zu dem Brennstoff selbst wie Benzin, Petroleum o. dgl. hinzusetzen. Sie werden hierdurch für die Explosion geeigneter, was sich bereits beim Anlassen der Motoren zeigt. Bei 0° C und 760 mm Barometerstand nimmt Benzin 4—5 Vol auf; Petroleum 1,5—2 Vol. Die Aufnahmefähigkeit von Acetylen wird durch Zusatz von Methylal, Äthylal, Äthylacetat oder insbesondere Aceton erhöht. Man kann zur Sättigung auch Druck anwenden (D.R.P. 176 297 Kl. 46).

Außer durch den Zusatz von Acetylen kann man die Explosionsenergie von Benzin u. dgl. erhöhen, wenn man Äther insbesondere Diäthyläther zusetzt. Man setzt von dem Äther etwa 5—10 vH Benzin zu, wodurch ein sehr kräftiges Treibmittel erhalten wird (D.R.P. 296 193 Kl. 23). Der Zusatz von Äther zu Treibmitteln, um sie zündkräftiger zu machen, ist bereits in Ostwalds Autler-Chemie, 1910, S. 124 beschrieben.

Petroldestillate, die bis zu 300° C sieden und ein spez. Gew. über 0,75 besitzen, eignen sich nicht als Treibmittel. Man kann sie aber für Explosionsmotoren dadurch verwendbar machen, daß man sie etwa mit 20—30 vH von Essigsäureestern, wie Methyl- oder Äthylacetat oder ihren Mischungen versetzt. Insbesondere kommen in Betracht die zwischen 150 und 300° C abdestillierenden Leuchtöle der Petroleumdestillation (D.R.P. 338 201 Kl. 23).

Zur Herstellung von Brenngemischen verwendet man für gewöhnlich Luft. Man hat auch schon reinen Sauerstoff zu einem gleichen Zweck vorgeschlagen. Zweckmäßig ist es, wenn man den zur Verbrennung erforderlichen Sauerstoff in freier Form als Ozon oder endotherm gebunden als Ozonid oder Oxozonid anwendet. Man setzt also den Brennstoffen Anlagerungsprodukte aus aromatischen oder ungesättigten aliphatischen Kohlenwasserstoffen mit Ozon zu. Verwendbar ist auch ozonisierte Luft, Äthylenozonid oder andere flüssige Ozonide. Am einfachsten ist der Betrieb bei der Verwendung von ozonisierter Luft. Dieses Verfahren gestattet auch die Verwendung von Schwerölen (D.R.P. 324 294 Kl. 46).

Die Zündfähigkeit von gewöhnlichem Petroleum (vom spez. Gew. 0,83) soll man durch den Zusatz von Benzol erhöhen, wobei gleichzeitig ein Reinigungsvorgang zur Anwendung kommt. Es ist folgende Arbeitsweise angegeben: Man setzt zu 100 kg Petroleum (spez. Gew. 0,83—0,87) $^1/_2$ kg Ätzkali und vermischt mit 20 kg Benzol. Man rührt gut um und läßt 6 Stunden stehen. Darauf löst man 1 kg gewöhnliches Harz in 1 kg Petroleum und 1 kg Pikrinsäure in 1 kg Benzol, vermischt diese beiden Lösungen und setzt sie dem Petroleum zu. Durch die entstehende Harzseife tritt eine Reinigung ein. Man zieht das klare Gemisch ab, neutralisiert die Öle mit Schwefelsäure, entwässert mit wasserfreiem Glaubersalz und destilliert (Schweiz. P. 48 599).

Gleichfalls vom Petroleum ausgehend, kommt man auf folgende Weise zu einem Treibmittel. Man verwendet Petroleum vom spez. Gew. 0,79—0,83 und setzt hinzu 1—2 vH Teeröl (spez. Gew. 1,11). Zu dem Gemisch fügt man 1 vH Schwefelsäure. Man leitet in dieses Gemisch 5—10 Minuten Dampf ein und läßt dann 24 Stunden stehen. Die klare Flüssigkeit wird vom Rückstand abgezogen und mit 3—5 vH Ätzkalk und etwas Wasser versetzt, stark gerührt und dann zum Absetzen gebracht. Man versetzt dann zur Fällung des Kalkes mit wenig Schwefelsäure. Das filtrierte Öl wird mit Gasolin und etwa 5—20 vH Benzol versetzt (Schweiz. P. 64 939.)

Der Zusatz von 5—10 vH Äthyläther zu den üblichen Treibmitteln, wie z. B. auch Benzin (vgl. Schweiz.P. 75050) ist in den D.R.P. 296193 Kl. 23 beschrieben.

Bei der Herstellung von Treibmitteln aus Petroleum machen diejenigen Fraktionen Schwierigkeiten, deren Siedepunkt zwischen 130—400° C liegt und die gerade den höchsten Kalorieninhalt aufweisen. Zur Verminderung dieser Schwierigkeiten versetzt man diese hochsiedenden Petroleumbestandteile mit einem unter 300° C siedenden Teerölkohlenwasserstoff und geringen Zusätzen von leicht brennbaren Stoffen, wie Aceton, Aldehyde, Äther, Ester, Alkohole. So soll man u. a. von einem Borneoöl ausgehen (Sdp. einiger Bestandteile 130—400° C), und das, wie bekannt, etwa 40 vH von teerölartigen Kohlenwasserstoffen enthält. Nach mechanischer Reinigung wird das Öl zwischen 20—400° C diskontinuierlich destilliert. Das Destillat wird mit 5 vH Aceton versetzt. Man kann dem Gemisch auch absoluten Alkohol oder Spiritus zusetzen (Schweiz.P. 98084). In dem vorstehenden Patent sind auch die Angaben des unter A I a besprochenen D.R.P. 392190 Kl. 23 zu vergleichen.

Man kann die Zündfähigkeit der üblichen Treibmittel, wie z. B. von Schwer- oder Leichtbenzinen durch einen Zusatz von Acetaldehyd erhöhen. Es wird u. a. folgende Mischung vorgeschlagen: 50 Teile Schwerbenzin 750/760 werden mit 50 Teilen Acetaldehyd versetzt (D.R.P. 370 339 Kl. 46).

Die zur Anreicherung von Brennstoffen mit Sauerstoff verwendeten Oxydationsmittel sind in den Treibmitteln sehr wenig löslich. Auch der Zusatz von sauerstoffreichen Säuren, wie z. B. von einem Gemisch von Salpetersäure und Schwefelsäure, hat zu keinem Ergebnis geführt. Man verwendet nun zur Herstellung einer sauerstoffhaltigen Lösung ein Gemisch von Natriumsuperoxyd oder Kaliumpermanganat mit Schwefelsäure und setzt hierzu Erdöl oder Benzin (Ö.P. 79061).

c) Zusätze explosiver Natur.

Die Verbrennung von Treibmitteln, die aus Kohlenwasserstoffen bestehen, ist häufig unvollkommen und daher als Kraftquelle nicht ausgiebig genug. Man hat diesem Übelstand durch Zusatz von Nitroverbindungen des Benzols zu steuern versucht. Es hat sich aber als zweckmäßig herausgestellt, beweglichen Sauerstoff enthaltende und innere Wärme entbindende Verbindungen an der Explosion mit teilnehmen zu lassen. Zu diesem Zweck setzt man den Treibmitteln Ammoniumnitrat auch zusammen mit Salpetersäure-Estern oder von Nitroverbindungen oder von beiden.

Man kann die Mischung vorrätig herstellen oder im Moment der Anwendung durch getrennte Zuleitungen bewirken. Es gelingt hierdurch, eine Steigerung der dynamischen Leistungsfähigkeit der Treibmittel, wie Benzin, Petroleum u. dgl. Ammoniumnitrat ist im Alkohol ausreichend löslich und verträgt dann in diesem Zustand eine Mischung mit Petroleum, Benzin o. ä. Unter Verwendung von Benzol als Homogenisierungsmittel kann man alkoholisch-wäßrige Lösungen von Ammoniumnitrat mit Benzin o. dgl. mischen. Es sind außer salpetersaurem Ammoniak folgende Zusätze genannt: Dinitronaphthalin, Nitronaphthol, Dinitrobenzol oder Dinitrotoluol, Pikrinsäure, Nitroglycerin und Dinitrocellulose (D.R.P. 164 634 Kl. 46).

In weiterer Ausbildung der vorstehend gemachten Angaben sollen auch Zusätze zu Treibmitteln gemacht werden, die aus organischen Salpetersäureestern bestehen. Im D.R.P. 164 634 sind für den gleichen Zweck Ammoniumnitrat und aromatische Nitroverbindungen genannt. Die Salpetersäureester unterscheiden sich aber insofern vorteilhaft von den aromatischen Nitroverbindungen, als sie zur Einleitung der Explosion nur einen geringen Initialimpuls benötigen und dabei viel brisanter sind. Es sollen Methyl- und Äthylnitrat und Nitroglycerin benutzt werden, sowie Dinitrobenzol mit Dinitrocellulose (D.R.P. 164 635 Kl. 46).

Nach den Angaben des D.R.P. 164 634 soll man Treibmitteln alkoholisch wäßrige Lösungen von Ammoniumnitrat zusetzen.

Man ist bei dieser Arbeitsweise abhängig von dem beschränkten Lösungsvermögen des Ammoniumnitrates in Alkohol. Deshalb ist der Vorschlag gemacht worden, wäßrige Lösungen des Salzes gesondert von dem Treibmittel selbst demjenigen Raume zuzuleiten, in dem die Verbrennung stattfindet. Man kann durch diese Arbeitsweise die Menge des Ammoniumnitrates beliebig erhöhen und auch bei Gegenwart von nur solchen Treibmitteln diesen Zusatz anwenden, die kein Lösungsvermögen für Ammoniumnitrat besitzen, wie Kohlenwasserstoffe, z. B. Benzin oder Petroleum (D.R.P. 178 341 Kl. 46).

An Stelle von Luft hat man die Verbrennung von Treibmitteln auch mit reinem Sauerstoff bewirkt. Auch ozonisierte Luft, Ozon und Ozonide sind zu einem gleichen Zweck schon vorgeschlagen worden (vgl. S. 11 D.R.P. 324 294 Kl. 46). Man hat versucht, die Brennstoffe, wie Benzin, Petroleum u. dgl. mit Sauerstoff zu sättigen, bevor sie in den Carburator gelangten. Zu diesem Zwecke werden die Brennstoffe in einem geschlossenen Gefäß der Einwirkung von komprimiertem Sauerstoff ausgesetzt und gelangen von dort in den Caburator. Vorteilhaft wird man solche Einrichtungen bei stationären Motoren anbringen, bei denen das Gewicht der Gasflasche keine Rolle spielt (D.R.P. 197 942 Kl. 46).

Bei der Destillation des Rohöls gewinnt man u. a. eine Fraktion, deren Sdp. 270—360° C ist und die ein spez. Gew. von 0,80—0,87 besitzt. Diese unter dem Namen Gasöl bekannte Fraktion war als Brennstoff für Motoren nicht verwendbar, weil sie nicht explodiert. Man hat sie deshalb nach dem Anreicherungsprinzip mit Oxydationsmitteln, u. a. auch mit Salpeter-Schwefelsäure destilliert (vgl. S. 8 D.R.P. 300 274). Es ist aber möglich, in der Weise aus Gasöl zu einem Treibmittel zu gelangen, daß man es mit Salpetersäure oder noch zweckmäßiger mit rauchender Salpetersäure, und zwar 1 Teil Salpetersäure zu 40 Teilen Gasöl nitriert und nach Beendigung der Gasentwicklung mit Natriumbicarbonat neutralisiert (D.R.P. 379 966 Kl. 23).

Um die Explosionskraft von Betriebsstoffen zu erhöhen, sind Mischungen vorgeschlagen worden, die neben Naphthalin Pikrinsäure und Nitronaphthalin enthalten. Diese Mittel sollen in Pastillenform hergestellt werden und folgende Zusammensetzung haben: 85,75 vH Naphthalin, 10 vH Pikrinsäure, 1 vH Benzaldehyd, 3 vH Nitronaphthalin und 0,25 vH Methylenblau. Eine Pastille wiegt 2,2 g und soll für 5 l Betriebsstoff ausreichend sein (Schweiz.P. 96 670).

Um die Explosionsfähigkeit von Brennstoffen, wie Petroleum, Benzin o. dgl. zu erhöhen, soll man ihnen Mononitrobenzol zusetzen (Ö.P. 17 755).

Um die Wirkungen von benzinartigen Kohlenwasserstoffen zu erhöhen, soll man ihnen Benzolpikrat, das man durch längeres Erhitzen von Benzol mit Pikrinsäure am Rückflußkühler erhält, zusetzen (D.R.P. 229 579 Kl. 23).

d) Zusätze mit verschiedenen Wirkungen.

Es ist bekannt, daß sich den üblichen Brennstoffen leichtsiedende chemische Verbindungen von geringer spezifischer Wärme beimischen lassen, die während der Verbrennung des Öles nur verdampfen und, indem sie den Verbrennungsgasen Wärme entziehen, Expansionsarbeit leisten. Man soll als solche Verbindungen Di- bzw. Trichloräthylen oder Tetrachlorkohlenstoff zusetzen. Bei den gewöhnlichen Motoren verlassen die Gase den Motor mit einer Temperatur von 350—400° C. Durch den Zusatz der vorgenannten Verbindungen werden die Abgase auf 95—70° C heruntergekühlt und damit ein Temperaturgefälle von 300° C ausgenutzt (D.R.P. 361 558 Kl. 46).

Man kann durch bestimmte Zusätze das Klopfen der Motoren bei Verwendung von leicht klopfenden Brennstoffen verhindern und dadurch eine höhere Kompression als gewöhnlich anwenden. Man setzt zu diesem Zweck dem Brennstoff, z. B. Gasolin, eine Alkyl- oder Arylverbindung eines Metalls, vorzugsweise Tetraäthylblei, zu, und zwar etwa 0,25 vH. Man kann auch die Verbindungen solcher Metalle verwenden, die in den zwischen der dritten und siebenten Gruppe des Systems nach Mendelejeff in der rechten Spalte dieser Gruppen erwähnt sind, d. h. Verbindungen des Antimon, Zinn, Arsen, Selen und Tellur. Die Zunahme der Erhöhung des kritischen Verdichtungsdrucks steigt mit dem Atomgewicht. Ist sie bei Zinn 1 Atm., so beträgt sie bei Blei 24 Atm. Die verwendeten metallorganischen Verbindungen müssen löslich in dem Treibmittel und gleichzeitig flüchtig sein; dann wird der höchste Wirkungswert erreicht. Die geringsten Wirkungen zeigen Bleiacetat und Bleioleat, besser Triäthylbleihydroxyd, am besten jedoch das Tetraäthylblei. Die Alkylverbindungen der Metalle zeigen eine höhere, das Klopfen verhindernde Wirkung, als die Aryl-(Phenyl-)Verbindungen (D.R.P. 416 574 Kl. 46).

Auch in dem Schweiz.P. 105 242 sind im wesentlichen die gleichen Angaben enthalten, wie in dem vorgenannten D.R.P. 416 574 Kl. 46. Nur ist noch darauf aufmerksam gemacht, daß an Stelle der erwähnten organischen Metallverbindungen (insbesondere Blei) die Bleiverbindungen des Phenols, der Methanreihe, des Äthans, Isopropyls und Methans verwendet werden sollen (Schweiz.P. 105 242).

Man kann den kritischen Verdichtungsdruck eines Brennstoffes, wie z. B. Benzin, steigern, ohne Klopfen befürchten zu müssen, wenn man ihm etwa $3^1/_2$ Anilin oder 5 vH Äthyljodid zusetzt (D.R.P. 422 071 Kl. 46). Die Verwendung von Magnesiumoleat als klopfverhinderndes Mittel ist bereits bekannt (vgl. Auto-Technik 1920, Heft. 1, S. 15).

II. Produkte der Teerdestillation, Benzol und seine Homologen, Teeröle, Schieferöle u. ä.

Während als Ausgangsmaterial für die Gewinnung von Benzinen u. dgl. in erster Linie das Erdöl in Betracht kommt, stehen dem Techniker eine relativ große Menge von Teeren zur Verfügung, aus denen als Treibmittel geeignete niedrig siedende

Kohlenwasserstoffe gewonnen werden können. Die Reichhaltigkeit der Einzelprodukte wird aber auch noch dadurch erhöht, daß es nicht lediglich auf das Ausgangsmaterial, aus dem ein Teer gewonnen wird, ankommt, sondern auch auf die Art der Verschwelung, inbesondere auf die dabei angewendete Temperatur. So gibt beispielsweise die Verschwelung der Steinkohle bei der Leuchtgasherstellung den sogenannten aromatischen Teer, aus dem als niedrig siedende Kohlenwasserstoffe die bekannten aromatischen Verbindungen, wie Benzol, Toluol, Xylol usw. gewonnen werden, während bei der Tieftemperaturverkokung der Steinkohle die sogenannten Urteerbenzine hergestellt werden. Die Technik erzeugt, seitdem den bei der Verschwelung kohlenstoffhaltiger Materialien angewandten Versuchsbedingungen eine große Aufmerksamkeit zugewendet worden ist, durch Innehaltung bestimmter Arbeitsbedingungen dort sogenannte Schwelbenzine, wo man früher nur aromatische Kohlenwasserstoffe gewonnen hatte. Diese Schwelbenzine bedürfen für gewöhnlich, je nach ihrer Natur, bestimmter Reinigungsverfahren, die von den üblichen abweichen. Für die Gewinnung von Treibmitteln kommen wohl in erster Linie der Teer der Leuchtgasfabrikation, Ölgasteer, Koksofenteer, Braunkohlenteer und Schieferteer in Betracht, während der Torfteer, Holzteer usw. hierbei keine besondere Rolle spielt. Es sollen im folgenden vorzugsweise nur diejenigen Vorschläge besprochen werden, welche die bekannten Bestandteile des aromatischen Steinkohlenteeres, wie Benzol und seine höheren Homologen, sowie Mittel- und Schweröle des Steinkohlenteeres enthalten, wobei ohne Mühe erkannt werden kann, daß die Wichtigkeit eines Treibmittels in direktem Verhältnis zu der Menge seines Vorkommens steht, denn bei dem heutigen Massenverbrauch vermögen Erhöhungen der Treibmittelvorräte nur dann von Bedeutung zu sein, wenn sie auch quantitativ beachtlich sind, andererseits sind sie selbst, wenn die Verfahren an sich sehr wirtschaftlich sind, im Hinblick auf den Massenbetrieb bedeutungslos. Die in neuerer Zeit wichtiger gewordenen Schwelbenzine u. dgl. sollen im Kapitel IV soweit behandelt werden, um den Interessenten über ihre wichtigsten Eigenschaften zu informieren.

Das Interesse für Benzol als Treibmittel erwachte in Deutschland etwa vor 20 Jahren. Es waren wohl an erster Stelle nationale Faktoren, die Deutschland unter Verwendung von Benzol und Spiritus als Treibmittel vom Ausland freimachen wollten. Das Benzol hat sich in dieser Zeit nicht durchsetzen können. Es ist äußerst interessant, festzustellen, wie sich in späteren Jahren die Stellungnahme dem Benzol gegenüber geändert hat.

Von Walter Ostwald (vgl. Autler-Chemie 1910, S. 67ff) ist u. a. auch auf die Verwendbarkeit von Mittel- und Schwerölen und Naphthalin als Treibmittel hingewiesen worden. Das Naphthalin wird entweder durch die Auspuffwärme verflüssigt oder vergast oder aber zweckmäßig in Benzol, Benzin u. dgl. gelöst und diese Lösungen als Treibmittel verwendet. Gewisse dahingehende Vorschläge sind bereits im Kapitel A I angegeben worden. Eine besondere Bedeutung hat das Benzol im Gemisch mit Spiritus als sogenannter Benzolspiritus gewonnen (vgl. Autler-Chemie 1910, S. 127ff). Es ist an dieser Stelle auch auf die Verwendbarkeit von leichten Benzolkohlenwasserstoffen zusammen mit schweren Teerölen sowie auch mit Naphthalin hingewiesen worden (vgl. a. a. O. S. 139), sowie auf die Möglichkeit, die Übelstände des festen Naphthalins durch Herstellung flüssiger Hydrierungsprodukte zu vermeiden (vgl. a. a. O. S. 140).

Für den Motorenbetrieb kommt in erster Linie das Handelsbenzol, d. h. das 90er Benzol in Frage. Nach den Feststellungen von Dietrich-Helfenberg wird dieses Motorenbenzol zum größten Teil aus Koksofengasen und zum kleineren Teil aus dem leichten Steinkohlenteeröl gewonnen. Es stellt ein fast konstantes Gemisch von aromatischen Kohlenwasserstoffen dar. Das 90er Benzol besteht aus 84 vH Benzol, 13 vH Toluol, 3 vH Xylol und Spuren von Thiophen. Es heißt 90er, weil etwa 90 vH des Treibmittels bei 100° C überdestillieren sollen. Das spez. Gew. ist bei 15 C etwa 0,888. Der Siedepunkt liegt zwischen 80—120° C. Der Heizwert in Kalorien beträgt 9350—10 000 Cal. Derjenige von Benzin 9500—10 500 Cal. Im Hinblick auf das größere spezifische Gewicht ist das Gewicht gleicher Volumina von Benzin und Benzol beim Benzol schwerer als beim Benzin. Man fährt demnach mit einer Füllung Benzol weitere Strecken, als mit der gleichen Füllung Benzin. Das Benzol bedarf einer besonderen Einregulierung des Vergasers. Es verträgt aber vor der Verbrennung eine viel höhere Kompression als Benzin.

Über die Wirtschaftlichkeit des Betriebes mit Benzol gegenüber dem mit Benzin sind gerade in der letzten Zeit sehr gründliche Untersuchungen vorgenommen worden. Es hat sich bei der Feststellung der für die Eigenschaften eines Brennstoffes verläßlichen Bedingungen ergeben (vgl. Auto-Technik 1924, Heft 10, S. 17), daß die Siedekurve bzw. Kennziffer von Leichtbenzin aus der Vorkriegszeit bei 80—100° C liegt, diejenige von B. V. Motorenbenzol bei 35—100° C, die des heutigen Leichtbenzins bei 110—120° C, die von Schwerbenzin bei 120—140° C und die des Gasöles für Motorenbetrieb bei etwa 225.

Experimentelle Untersuchungen über den Wirkungsgrad von Benzol gegenüber Benzin (vgl. Brennstoff-Chemie, 1924, S. 32) ergaben folgende Feststellungen. Der untere Heizwert des Benzins übertrifft denjenigen des Benzols um rund 1000 W.E. was für den Flugbetrieb, aber nicht für den Betrieb mit Kraftwagen von Bedeutung ist. Hingegen übertrifft das Benzol mit seinen 8398 W.E./l die Benzine in dem Wärmeinhalt für die Raumeinheit, da hierbei die verschiedenen spezifischen Gewichte eine Rolle spielen. Von einschneidender Bedeutung ist das Verhalten im Motor. Man kann annehmen, daß Benzin und Benzol gleichgut im Vergaser zerstäubt werden. Die bei Benzol etwa höher liegende günstigste Betriebstemperatur dürfte in diesem Falle nicht von Einfluß sein. Es wurde festgestellt, daß in demselben Luftquantum eine um 3,5 vH größere Gewichtsmenge Benzol im Vergleich zu Benzin vollständig verbrennen kann. Die damit verfügbaren Wärmemengen Benzol : Benzin betragen 0,945 W.E. Demnach sind zwar die aus Benzin zu gewinnenden Wärmeeinheiten größer, als die aus Benzol, sofern man in dem gleichen Motor arbeitet. Das Verhältnis verschiebt sich aber zugunsten des Benzols, sofern man mit höheren Kompressionen, die zwar beim Benzol, aber nicht beim Benzin angewendet werden können, arbeitet. Auf diese Weise läßt sich eine ganz erhebliche Mehrleistung mit Benzol erreichen. Von Wichtigkeit ist die Ausnutzung des Betriebsstoffes. Beim Betrieb mit Benzol ergibt sich bei geringerem Aufwand eine größere Leistung und damit ein überlegener Wirkungsgrad. In bezug auf den thermischen Wirkungsgrad läßt sich mit Benzol ein 1,14 größere Leistung erreichen, als mit Benzin. Man kann mit einer geringeren Anzahl Benzol-Wärmeeinheiten eine Leistung erreichen, zu der man eine erheblich größere Menge Benzin-Wärmeeinheiten gebraucht.

Die mit Braunkohlenteerölen, Schieferölen und ähnlichen kreosothaltigen Destillaten in Berührung kommenden Teile erhalten einen asphalt- oder pechartigen Überzug, der sehr lästig ist. Als Ursache für diese Ausscheidungen wird der Kreosotgehalt derartiger Öle angenommen. Durch diese Ausscheidungen verstopfen sich nach einiger Zeit die Rohrleitungen, Zerstäuber u. dgl. Es sind in der Braunkohlenteerindustrie eine Reihe von Verfahren ausgebildet worden, um den Ölen nach Möglichkeit ihren Gehalt an Kreosot zu entziehen. Man vermeidet diese Reinigung, wenn man den ungereinigten, d. h. kreosothaltigen Ölen ein phenolhaltiges Steinkohlenteeröl zusetzt (D.R.P. 351 817 Kl. 23).

Wenn man aus Gemischen von Benzol mit Alkohol das Benzol abscheiden will, so kann man derart verfahren, daß man zu dem

Gemisch Wasser hinzufügt, wodurch sich auf dem stark wäßrigen Alkohol das Benzol abscheidet. Man muß dann den stark wäßrigen Alkohol durch Rektifizieren anreichern. Man soll deshalb so arbeiten, daß man zunächst ein Gemisch aus Kohlenwasserstoff, Alkohol und Wasser destilliert, das Destillat durch Verdünnen mit Wasser in Kohlenwasserstoff und kohlenwasserstoffreien verdünnten Alkohol zerlegt und aus letzterem sowie gegebenenfalls aus dem Destillationsrückstand durch Rektifikation hochgrädigen Alkohol gewinnt (D.R.P. 390 813 Kl. 23).

Die bei der Verschwelung von Steinkohle aus dem Gas und aus dem Teer gewonnenen Leichtöle besitzen zufolge ihrer Zusammensetzung eine Reihe von Eigenschaften, die sie wenig geeignet als Treibmittel machen. Infolge ihres hohen Schwefelgehaltes korrodieren sie Metalle. Sie besitzen einen unangenehmen Geruch und dunkeln stark nach. Die beim Kokereibenzol angewandten Reinigungsverfahren versagen hier wegen des großen Raffinationsverlustes durch Verharzung der ungesättigten Kohlenwasserstoffe. Man kann nun diese Leichtöle ohne große Verluste reinigen, wenn man sie beispielsweise mit einem Gemenge von Eisenhydroxyd und aktiver Kohle behandelt. Man braucht etwa 0,5 vH Eisenhydroxyd und 1 vH aktive Kohle. Man kann die Dämpfe auch durch ein entsprechendes beschicktes Filter führen. An Stelle von Eisenhydroxyd kann man auch Aluminiumhydroxyd anwenden (D.R.P. 402 488 Kl. 23).

a) Zusätze, welche die Mischbarkeit und Wirkung erhöhen.

Zum Antrieb für Motoren verwendet man vielfach Benzol. Für gewöhnlich wurde das Benzol zusammen mit Alkohol benutzt. Bei einem 50proz. Benzol-Alkoholgemisch war das Krafterzeugnis um 1 vH geringer, aber auch der Brennstoffverbrauch um 3,7 vH kleiner als bei Verwendung von Benzin. Man hat zwar in dem E.P. 21 360/07 schon den Formaldehyd oder seine Polymerisationsprodukte zur Herstellung von Treibmitteln vorgeschlagen. Gemische von Benzin mit Formaldehyd scheiden aber den Aldehyd als Polymerisationsprodukt aus. Diese Erscheinung tritt nicht ein, wenn man den Formaldehyd durch Acetaldehyd ersetzt, der bei 20,8° C siedet. Die Menge des Benzols, Toluols u. dgl. muß der Jahreszeit usw. angepaßt sein (D.R.P. 339 989 Kl. 23).

Die bekannten aus Benzol und Spiritus bestehenden Treibmittel zeigen den Übelstand, daß sie Metallteile, mit denen sie in Berührung kommen, leicht korrodieren. Dieser Nachteil wird dadurch vermieden, daß man dem Benzolspiritus sehr geringe Mengen, d. h. etwa $^1/_2$ vH, Ölsäure oder Harzsäure, d. h. Kolophonium, zusetzt (D.R.P. 414 246).

b) Zusätze, welche die Zündfähigkeit erhöhen.

Die zum Treiben von Explosivkraftmaschinen verwendeten Treibmittel, z. B. auch Benzol u. dgl., soll man leichter entzündbar und leistungsfähiger machen, wenn man ihnen Acetylen zufügt. Die Zufügung kann mit Hilfe von Vergasern, Zerstäubern, Brausen o. dgl. geschehen. Um die Lösungsfähigkeit des Benzols für Acetylen zu steigern, setzt man ihm Methylal, Acetal, Äthylacetat oder vorzugsweise Aceton zu. Das Einleiten des Acetylens kann auch unter Druck erfolgen (D.R.P. 176 297 Kl. 46).

Man soll Treibmittel ganz allgemein vor ihrer Verwendung mit Sauerstoff sättigen. Zu diesem Zweck wird das Treibmittel in einen geschlossenen Kessel eingebracht und aus einer Druckflasche mit Sauerstoff gesättigt. Die mit Sauerstoff gesättigte Flüssigkeit gelangt dann in den Vergaser. Die Anordnung eignet sich in erster Linie für stationäre Motore (D.R.P. 197 942 Kl. 46).

Während leicht siedende Treibmittel nur für Motore von geringer Kompression verwendbar sind, kann man in Motoren mit höherer Kompression höher siedende Fraktionen von Teerölen benutzen. Auch sind diese höher siedenden Fraktionen des Braun- und Steinkohlenteers in großen Mengen und zu billigen Preisen zu haben. Da diese Teeröle aber schwer zünden, so setzt man ihnen etwa 1 vH von solchen Stoffen zu, die, wie Äther, Schwefelkohlenstoff o. dgl. bei 100° C eine Tension von mindestens 2000 mm besitzen (D.R.P. 221 469 Kl. 23).

Der im vorstehenden empfohlene Zusatz von Äther für Mittelöle des Steinkohlenteers u. dgl. ist auch für leichter siedende Treibmittel, wie z. B. für Benzol und Benzolspiritus, vorgeschlagen worden, und zwar soll dieser Zusatz in einer Menge von 5—10 vH hinzugefügt werden (D.R.P. 296 193 Kl. 23).

Schwere Steinkohlenteerkohlenwasserstoffe vom spez. Gew. 0,8—0,9 eignen sich an sich nicht zum Treiben von Motoren, weil sie stark rußen, nicht vollständig verbrennen und andere Übelstände aufweisen. Man kann sie aber als Treibmittel geeignet machen, wenn man ihnen 20—30 vH Fettsäureester zusetzt. In Betracht kommen Methylacetat, Äthylacetat oder Mischungen dieser. Als Zusätze können auch rohe, d. h. wasserhaltige Ester verwendet werden. Die rohen Lösungen werden mit Soda neutralisiert und zugesetzt. Zur Wasserentziehung wird ein Zusatz von Chlorcalcium oder Carbid verwendet. Man kann die schweren

Kohlenwasserstoffe und die Ester auch getrennt in den Motorzylinder einführen (D.R.P. 319 893 Kl. 23).

In der Patentschrift 176297 Kl. 46 (S. 20) ist darauf hingewiesen, daß man die Wirkung von Treibmitteln durch Zusatz von Acetylen erhöhen könne. Zu einem gleichen Zweck hat man auch schon reinen Sauerstoff für die Verbrennung benutzt und den Brennstoffen, z. B. Benzol, Ozon oder endotherm gebundenen Sauerstoff als Ozonid oder Oxozonid zugesetzt. Ozonide oder Oxozonide sind die Anlagerungsprodukte aus aromatischen oder ungesättigten aliphatischen Kohlenwasserstoffen und Ozon. Die flüssigen Ozonide und das flüssige Ozon lassen sich bequem bei bewegten Motoren mitführen. Genannt ist das Äthylenozonid (D.R.P. 324 294 Kl. 46).

In dem vorgenannten D.R.P. 319 893 ist ein Treibmittel aus Steinkohlenteerölen vom spez. Gew. 0,8—0,9 unter Zusatz von 20 bis 30 vH Essigsäureestern beschrieben. Es hat sich nun gezeigt, daß man an Stelle der Steinkohlenteeröle auch Braunkohlenteeröle verwenden kann, deren spez. Gew. 0,8 und darüber ist und die unterhalb von 300° C überdestillieren (D.R.P. 338 201 Kl. 23).

Man kann die Zündfähigkeit von Benzolkohlenwasserstoffen durch den Zusatz von Acetaldehyd erhöhen. Es sind folgende Beispiele angegeben: 30 Teile Naphthalin und 70 Teile Acetaldehyd oder 10 Teile Naphthalin, 40 Teile Benzol und 50 Teile Acetaldehyd oder 40 Teile Solventnaphtha und 60 Teile Acetaldehyd (D.R.P. 370 339 Kl. 46).

Zu Brennstoffen für Motoren soll man aus einem Gemisch von rohen Teerölen und Erdölen kommen, die lediglich durch Destillation, und zwar ohne Anwendung von chemischen Reinigungsmitteln gereinigt worden sind. Das der Fettreihe angehörende Rohöl soll zwischen 130—400° C sieden. Die Teeröle sollen unter 300° C sieden. Der Mischung werden kleinere Zusätze gemacht, die aus Aceton, Aldehyden, Äthern, Estern oder Alkoholen bestehen. Man nimmt etwa 60—40 Teile rohes Erdöl und 40—60 Teile Teeröl und destilliert. Das Destillat wird mit 5—8 Teilen Aceton versetzt und kondensiert. Man kann es dann bis zu 100 vH mit absolutem Alkohol, Spiritus o. dgl. versetzen. Das Teeröl gewinnt man aus Steinkohlen- oder Braunkohlenteer durch Destillation von 75—130 oder 75—150 bzw. 75—300° C (Schweiz. P. 98084).

Teeröle, die aus der Steinkohle, Braunkohle, Schiefer, Torf, Holz u. dgl. stammen und über 200° C sieden, sind als Brennstoffe nicht verwendbar, selbst wenn man ihnen Bestandteile zusetzt, die unter 200° C sieden, weil sie zu schwer anspringen und Zündungsschwierigkeiten geben. Man kann diese Übelstände aber vermeiden, wenn man diesen Schwerölen solche Substanzen zusetzt, die unter 70 ° C sieden. Man kann außerdem noch Flüssigkeiten, die zwischen 100—200 ° C sieden, zusetzen, wie Benzin, Petroleumessenz, Petroleum, Alkohol und Tetralin. Als Zusatz, der unter 70 ° C siedet, wird Äthyläther benutzt. Er wird in einer Menge von 10 vH zugesetzt. Außer den bereits genannten Zusätzen soll man auch Phenol bzw. Kresol zufügen. Auch ist Filtrieren vor oder nach dem Mischen vorgesehen (Schweiz. P. 105 486).

c) Zusätze explosiver Natur.

Man hat die Explosionsfähigkeit z. B. auch von aromatischen Kohlenwasserstoffen durch Zusatz von Nitroverbindungen der Benzolreihe zu erhöhen versucht. Es hat sich aber ergeben, daß für diesen Zweck vorteilhaft solche Verbindungen zugesetzt werden, die beweglichen Sauerstoff enthalten und innere Wärme entwickeln. Zu diesem Zweck werden die Treibmittel zusammen mit Ammoniumnitrat, eventuell auch noch bei Gegenwart von Salpetersäureestern oder von Nitroverbindungen, verbrannt. Da dieses Salz nicht in Benzol o. dgl. löslich ist, so muß man es zunächst in wasserhaltigem Alkohol lösen und diese Lösung mit Benzol mischen. Neben dem Ammoniumnitrat soll man noch folgende Verbindungen verwenden: Dinitronaphthalin, Nitronaphthol, Dinitrobenzol und Dinitrotoluol, Pikrinsäure, Nitroglycerin und Nitronaphthalin (D.R.P. 164 634 Kl. 46).

Während im Verfahren des D.R.P. 164634 Kl. 23 in erster Linie Ammoniumnitrat neben aromatischen Nitroverbindungen als Zusatz Verwendung finden sollte, haben sich zu einem gleichen Zweck die Salpetersäureester organischer Verbindungen als viel wirksamer erwiesen. Es sind dort genannt Methyl-(Äthyl-) Nitrat, Nitroglyzerin und Dinitrozellulose. Man kann mit dem Treibmittel die Zusätze mischen oder kurz vor dem Gebrauch aus getrennten Leitungen zusetzen (D.R.P. 164 635 Kl. 46).

Bei Ausführung des Verfahrens gemäß D.R.P. 178 341 Kl. 46 hat es sich als störend herausgestellt, daß die Menge des in einem Treibmittel gelösten Ammoniumnitrates abhängig von dem an sich sehr kleinen Lösungsvermögen des angewandten wäßrigen Alkohols war. Man ist infolgedessen dazu übergegangen, das Ammoniumnitrat als wäßrige Lösung demjenigen Raume durch getrennte Leitungen zuzuleiten, in dem die Verbrennung des Treibmittels mit dem Luftsauerstoff sich vollzieht (D.R.P. 178 341 Kl. 46).

Wie bereits erwähnt, hat man schon Treibmittel in ihren Wirkungen durch Zusatz von Pikrinsäure zu verbessern versucht.

Aus diesen Lösungen schied sich indessen leicht Pikrinsäure aus. Es hat sich nun ergeben, daß man diesen Übelstand vermeidet, wenn man Pikrinsäure längere Zeit mit Benzol am Rückflußkühler erhitzt und das sich hierbei bildende Benzolpikrat dem Treibmittel, z. B. dem Benzol zusetzt. Das erforderliche Benzolpikrat kann man auch in der Weise herstellen, daß man ein Gemisch von Benzol mit Pikrinsäure mehrfach überdestilliert (D.R.P. 229 579 Kl. 23).

Um die Explosionsfähigkeit von Benzol zu erhöhen, soll man ihm Mononitrobenzol zusetzen (Ö.P. 17 755).

d) Zusätze mit verschiedenen Wirkungen.

Es ist bekannt, daß sich den üblichen Motorenbrennstoffen leichtsiedende chemische Verbindungen von geringer spezifischer Wärme beimischen lassen, die während der Verbrennung des Öles nur verdampfen und, indem sie den Verbrennungsgasen Wärme entziehen, Expansionsarbeiten leisten. Man soll als solche Zusätze den Brennstoffen Di- oder Trichloräthylen oder Tetrachlorkohlenstoff zusetzen. Ohne Zusatz von Dampfbildnern verlassen die Abgase den Motor mit einer Temperatur von 350—400° C, wodurch die in ihnen enthaltene Energie verlorengeht. Bei Anwendung der Zusätze wird die Temperatur der Abgase auf 95 bis 70° C erniedrigt (D.R.P. 361 558 Kl. 46).

Um das Klopfen bei Anwendung von Kohlenwasserstoffen die auch aus asphaltartigen Körpern stammen können zu vermeiden, soll man ihnen metallorganische Verbindungen, und zwar in erster Linie Bleitetraäthylat zusetzen. Außer dem Blei kommen als Metalle bzw. Metalloide Zinn, Arsen, Antimon, Selen und Tellur in Betracht. Es handelt sich um Alkyl- bzw. Arylverbindungen der genannten Elemente. Die Wirkung der klopfverhindernden Zusätze ist um so größer, je höher die Löslichkeit des Zusatzes in dem Brennstoff und seine Verdampfbarkeit ist. Man braucht vom Bleitetraäthylat etwa nur $^1/_4$ vH, wobei man den kritischen Verdichtungsdruck im Motor, bei dem Frühzündungen eintreten, von etwa 5 auf 11 Atm. erhöhen kann. Als Zusätze sind Triäthylbleihydroxyd, Bleioleat und Bleiacetat genannt, von denen die beiden letzteren so gut wie keine Wirkung zeigen (D.R.P. 416 574 Kl. 46).

Die hydrierten Naphthaline, insbesondere das Tetrahydronaphthalin (spez. Gew. 0,976 und Sdp. 205—210) und das Dekahydronaphthalin (spez. Gew. 0,900 und Sdp. 190° C) würden gute Treibmittel sein, wenn nicht die hohen spezifischen Gewichte und der hohe Entflammungspunkt hinderlich sein würden. Um nun diese hochsiedenden und schwer entflammenden Flüssigkeiten auch für die normalen Explosionsmotoren zur Verwendung bringen zu können, hat man sie bereits mit Motorenbenzol versetzt. Man soll aber bessere Ergebnisse erzielen, wenn man an Stelle des Motorenbenzols solche Kohlenwasserstoffe anwendet, die wenigstens 10 vH. unter 100° C siedende und 30 vH unter 150° C siedende Bestandteile enthalten. Es wird folgende Mischung angegeben: 50 Teile Tetrahydronaphthalin und 50 Teile eines leichten Motorenbenzins (spez. Gew. 0,725), oder 50 Teile Tetrahydronaphthalin, 40 Teile eines schweren Benzins (spez. Gew. 0,760) und 10 Teile Gasolin (spez. Gew. 0,650). Die Explosionsgeschwindigkeit ist geringer als die des reinen Benzins, wodurch Frühzündungen durch Kompression vermieden werden (D.R.P. 414 245 Kl. 23).

Es hat sich als vorteilhaft herausgestellt, den Treibmitteln des D.R.P. 414 245, die also aus hydrierten Naphthalinen und Schwer- bzw. Leichtbenzinen bestehen, noch Alkohol zuzusetzen. Durch diesen Zusatz wird bei reichlicher Einstellung des Vergasers die Rußbildung vermieden und eine Energiesteigerung des Treibmittels bewirkt. Man erhält beim Zusatz von Alkohol kein homogenes Gemisch. Um die Homogenität zu erzielen, muß man einen geringen Zusatz von Äther oder z. B. von Amylalkohol machen. Es wird folgende Mischung angegeben: 30 Teile Tetrahydronaphthalin, 85 Teile Leichtbenzin, 30 Teile Brennspiritus und 5 Teile Amylalkohol (D.R.P. 416 838 Kl. 46).

Die Angaben des Schweiz. P. 105 242 decken sich im wesentlichen mit denen des auf Seite 23 referierten D.R.P. 416 574 Kl. 46). Dort sind lediglich die Aryl- bzw. Alkylverbindungen von Metallen und Metalloiden, wie Blei, Arsen, Antimon, Selen und Tellur genannt. Hier sind auch noch Bleiderivate des Phenols und solche der Methanreihe genannt, die Äthyl-, Isopropyl- oder Methylreste aufweisen (Schweiz. P. 105 242).

Gegen die Korrosion von Metallteilen, die bekanntlich bei der Verwendung von Benzolspiritus als Treibmittel eintritt, wird ein Zusatz von etwa $^1/_2$ vH Ölsäure bzw. Harzsäure oder Kolophonium empfohlen (D. R.P. 414 246 Kl. 23).

III. Alkohole, Aldehyde, Ketone u. a.

Es muß mit Bedauern konstatiert werden, daß die Einmütigkeit in der Beurteilung des Alkohols als Treibmittel keineswegs so groß ist, wie die Kritik über seine Verwendbarkeit als Genußmittel. Ganz abgesehen von den speziellen Eigenschaften, die der Alkohol als Treibmittel zeigt, ist er für einige Länder deshalb von eminenter Wichtigkeit, weil er dazu berufen erscheint, die Frage nach der Treibmittelbeschaffung an sich der Lösung näher zu bringen. Als Produkt von Pflanzen, die alle Jahre neu durch den Lebensprozeß der Natur erzeugt werden, gestattet er eine Ausnützung der Sonnenenergien, ohne die auf der Erde befindlichen Kraftreservoire, wie Öle, Kohle u. dgl. anzugreifen.

Nach den Untersuchungen von Loew (von Loew, Automobilbetrieb, 1915, S. 6ff.) verlangt der Betrieb mit Spiritus allein eine Anwärmung des Vergasers. Von wesentlich höherer Bedeutung sind aber Mischungen von Spiritus mit Benzin oder Benzol. Es wurden Versuche unternommen, bei denen mehrfache Volumina Spiritus und 1 Vol. Benzol zur Anwendung kamen. Der Verfasser kommt auf S. 13 a. a. O. zu der Schlußfolgerung, daß die Mischung von Benzol mit Spiritus der beste Brennstoff für Automobile ist, der auch dem Benzin überlegen ist.

Wie groß auch heute das Interesse an der Frage ist, Alkohol als Treibmittel verwenden zu können, ersieht man aus den äußerst instruktiven Untersuchungen von Prof Wawrziniok (vgl. Zeitschrift für Spiritusindustrie, 1925, S. 225). In diesen Untersuchungen wurde festgestellt, daß aus Alkohol allein, ohne die Verwendung höherer Kompressionen, als sie beim Benzinmotor üblich sind, nur unter Verwendung von Zündmitteln, wie Leichtbenzinen und Acetylengas, die gleiche Leistung wie beim Bezinbetrieb herausgeholt werden kann. Lediglich als historische Feststellung soll darauf hingewiesen werden, daß der Zusatz von Acetylen, Äther und Benzin zu Alkoholen, die als Treibmittel Verwendung finden sollten, bereits in den Patentschriften 176 297 und 174 333 Kl. 23 vom Jahre 1906 beschrieben worden ist. Der Verfasser bespricht dann (a. a. O., S. 282) den unteren Heizwert des absoluten Alkohols und des 96proz. Spiritus mit 6362 Cal./kg und 6083 Cal./kg seine Verdampfungswärme, die für absol. Alkohol mit 206,4 Cal., für 95er Spiritus mit 270 Cal./kg berechnet ist. Die Selbstentzündungstemperatur liegt für absol. Alkohol bei 425° C, für Benzin bei 290° C, für Benzol bei 590° C. Es sind dann weiter Erklärungen dafür gegeben, weshalb der Zusatz von Zündmitteln, wie Benzin, Benzol, Äther oder Acetylen erforderlich ist, und daß man auf diese Zündmittel bei hohen Betriebstemperaturen verzichten kann. Es wurden dann Versuche (vgl. a. a. O., S. 240) mit zwei Betriebsstoffen und zwei Vergasern beschrieben, wobei sich Gemische herstellen lassen, die in flüssigem Zustand nicht beständig sein würden. Dann werden die Mischungen von Spiritus oder absol. Alkohol mit Benzol, Benzin, auch unter Zusatz von Aceton und Äther, von 50 Teilen Alkohol, 45 Teilen Äther und 1 Teil Trimethylamin (Natalit) aus Alkohol, Benzin und Acetylen (Carburant, Henneberg-Carpentier) u. ä. einer Kritik unterzogen. Nach den gemachten Feststellungen (vgl. a. a. O., S. 248) werden die Betriebsverhältnisse mit steigendem Benzolzusatz immer besser, dagegen war der spezifische Wärmeverbrauch bei etwa 30 vH Benzol am günstigsten. Es wurden auch Versuche mit Spiritus-Benzin unternommen, wobei der Spiritusgehalt der Kraftstoffe deren thermische Ausnützung günstig beeinflußte. Auf die Einzelversuche mit Benzol und Benzin als Zündmittel kann nicht eingegangen werden. Im übrigen muß auf die Ausführungen des gleichen Verfassers in der Auto-Technik 1925, Nr. 14 hingewiesen werden. Bezüglich der Verwendung des unter dem Namen Monopolin in den Handel gebrachten Spiritus-Kraftstoffes ist zu vergleichen Zeitschrift für Spiritusindustrie 1925, S. 160, 267, 349 und 362 sowie auch S. 215 und 253.

Über die wirtschaftlichen Möglichkeiten der Anwendung von Spiritus als Brennstoff liegt aus dem Jahre 1924 eine Dissertation von Max Tilzen und Yrjö-Kauko aus Dorpat vor, die geeignet ist, diese Frage von dem Gesichtswinkel eines Auslandstaates, nämlich von Estland, zu beleuchten.

Die Verfasser gehen zunächst von der bekannten Tatsache aus, daß der Heizwert von 95proz. Alkohol 4842 Calorien beträgt, während derjenige des Benzins etwa 7500 Calorien beträgt. Die Umsetzung der Wärmeenergie in mechanische Energie liegt beim Spiritus prozentual günstiger als beim Benzin, da der Spiritus viel höhere Kompressionsgrade verträgt. Die verbrauchten Mengen an Treibmitteln stehen also nicht im Verhältnis ihrer Heizwerte, sondern das Verhältnis verschiebt sich zugunsten des Spiritus. Der thermische Wirkungsgrad eines Automobilmotors für Benzin verhält sich zu demjenigen eines Spiritusmotors wie 4 : 5, d. h. der Mehrverbrauch an Alkohol gegenüber Benzin beträgt 23 vH im Volumen und bei der Verwendung von Benzolspiritus gegenüber Benzin 9,5 vH im Volumen. Für die Herstellung von Spiritus kommen folgende Verfahren in Betracht.

I. Spiritus aus pflanzlicher Herkunft.

1. Aus stärkemehlhaltigen Rohstoffen.

a) Kartoffeln.

b) Getreide (Roggen, Mais).

2. Aus zuckerhaltigen Rohstoffen.

a) Zuckerrüben und Zuckerrohr.

b) Melasse.

3. Aus cellulosehaltigen Rohstoffen.
a) Sulfitablaugen.
b) Holz bzw. Holzabfällen.
c) Torf.
II. Synthetischer Spiritus.
1. Aus Calciumcarbid.
2. Aus Äthylengas.

1. und 2. Spiritus aus stärkemehlhaltigen Rohstoffen. a) Kartoffelspiritus. Für die Herstellung von Spiritus auf dem Wege der Gärung ist die Kartoffelbrennerei fraglos die wichtigste Methode weil der Anbau der Kartoffel vom Standpunkt des Landwirts und volkswirtschaftlich von außerordentlich hoher Bedeutung ist, und bei dieser Art der Kartoffelverarbeitung sich außerdem die Schlempe als wertvolles Abfallprodukt ergibt, das zur Fütterung von Mastvieh verwendet werden kann. Der Herstellungpreis pro 1 Liter Alkohol berechnet sich unter Zugrundelegung estnischer Verhältnisse auf 15,5 Kopeken. Es ist aber vorausgesehen, daß man durch geeignete Verbesserungen den Preis für 1 Liter Alkohol auf 12,0 Kopeken wird herabmindern können. Gegenüber der Herstellung von Alkohol aus Kartoffeln tritt die aus Getreide und aus zuckerhaltigen Stoffen wegen des hohen Preises in den Hintergund.

3. Spiritus aus cellulosehaltigen Stoffen. a) Sulfitspiritus. In den Sulfit-Zellstoffabriken entstehen täglich große Mengen von Sulfitablaugen, d. h. pro Tonne Zellstoff etwa 4,5 cbm Ablauge, die etwa 1,5—2,5 vH vergärbaren Zucker enthalten, und der ohne große Schwierigkeiten auf Alkohol verarbeitet werden kann. Zunächst muß die Sulfitablauge mit Kalk oder Kalkstein unter Durchblasen von Luft neutralisiert werden, dann wird geklärt und unter Zugabe von Nährstoffen Hefe zugesetzt. Der Alkoholgehalt der vergorenen Lauge beträgt 0,8—1 vH. Das Bestreben der Zellstoffabriken muß darauf gerichtet sein, Ablaugen von möglichst hohem Zuckergehalt zu gewinnen. Normalerweise berechnet sich der Gestehungspreis für 1 Liter Sulfitspiritus auf 7,29 Kopeken. Wenn es aber gelingt, den im Betriebe benötigten Dampf zuerst zur Krafterzeugung zu benutzen und als Abdampf zur Anwendung zu bringen, so dürfte es gelingen, den Preis für 1 Liter Sulfitspiritus auf 4,24 Kopeken herabzumindern.

b) Spiritus aus Holz bzw. Holzabfällen. In Amerika sind vielfach bei den großen Sägemühlen Spiritusfabriken als Nebenbetriebe angelegt worden. Auch in Schweden und in Deutschland sind derartige Anlagen errichtet worden. Mit Rücksicht auf die teure

Spezialapparatur und die hohen Anlagekosten haben sich nur Betriebe in größerem Ausmaße als rentabel erwiesen. Zum Aufschluß des Holzes braucht man 7 Atm. Druck, 20 Minuten Kochdauer und auf 100 kg Holztrockenstoff 2,5 Teile Schwefelsäure. Man erhält 23 vH Zucker, von dem 70 vH vergärbar sind, d. h. 8 Liter Alkohol aus 100 kg Holztrockenstoff. In Ausnahmefällen steigt der Gehalt an Alkohol auf 10—12 Liter. Der Gestehungspreis für 1 Liter Alkohol aus Holz würde sich etwa auf 13,10 Kopeken stellen. Bei kostenlosem Ausgangsmaterial in Form von Sägespänen würde sich der Preis für 1 Liter auf 10,2 Kopeken ermäßigen.

Nach den neuesten Methoden wird nur etwa der 100. Teil der früher benutzten Menge Säure in Anwendung gebracht. Hiernach wird 1 kg Cellulose mit 0,82 kg gasförmiger Salzsäure bei 13 bis 16° C behandelt; der größte Teil der Säure wird abgeblasen und das so behandelte Holz mit Wasser unter Druck bei 120° gekocht. Auf diese Weise stellt sich der Preis für 1 Liter Alkohol auf 7,0 Kopeken.

II. Synthetischer Spiritus. 1. Aus Calciumcarbid. In Deutschland bestehen zur Zeit zwei Anlagen, welche Spiritus aus Calciumcarbid herstellen, doch sind diese Anlagen mehr als Versuchsanlagen zu betrachten. In der Schweiz soll eine gleiche Anlage (Lonza-Werke) bestehen. Die Herstellungsweise ist etwa folgende: das aus dem Carbid entwickelte Acetylen wird in Acetaldehyd übergeführt, der sich quantitativ unter Anwendung von Nickelkatalysatoren zu Alkohol reduzieren läßt. Die Überführung von Acetylen in Acetaldehyd erfolgt entweder nach dem Verfahren von Grünstein oder des Konsortiums für elektrochemische Industrie unter Verwendung von Quecksilbersalzen und Schwefelsäure. Nach dem Verfahren von Grünstein (D.R.P. 250 356) werden bei 20—25° C 79,8 vH der Theorie gewonnen. Nach dem anderen Verfahren (F.P. 455 370) 88,4 vH der Theorie.

Der Preis für Carbidspiritus steht in einem direkten Verhältnis zu dem Energiepreis, der für die Herstellung von Calciumcarbid aufzuwenden ist. Unter Annahme günstiger Bedingungen berechnet sich der Preis für 1 Liter Carbidspiritus auf 14,97 Kopeken.

Vom volkswirtschaftlichen Standpunkt ist darauf aufmerksam gemacht worden, daß aus 1 Tonne Carbid 620 Liter Alkohol gewonnen werden, zu deren Herstellung die Brennerei etwa 6,2 Tonnen Kartoffeln gebraucht. Aus 1 Tonne Carbid können außerdem 1,25 Tonnen Kalkstickstoff hergestellt werden, der im landwirtschaftlichen Betrieb einen Mehrertrag von 25 Tonnen Kartoffeln ergeben würde, d. h. auf Spiritus umgerechnet 2500 Liter Alkohol, d. h. viermal soviel als 1 Tonne Carbid. Bei dieser Überlegung ist unberücksichtigt geblieben, daß bei der Bestellung der Kartoffelfelder sowohl Energie in Form von Kunstdünger als auch in Form von Motortreibmitteln und in Form von Futtermitteln in Anwendung gebracht werden muß. Jedenfalls spricht für das Carbidverfahren der Umstand, daß es vollkommen unabhängig von Witterungsverhältnissen, Mißernten u. dgl. arbeitet. Es bietet die Möglichkeit, Energiequellen, wie Wasserfälle, Torfmoore usw., wirtschaftlich auszunutzen.

2. Spiritus aus Äthylengas. In den Hochöfen, Kokereien und Gasanstalten wird stets, wenn auch unbeabsichtigt, Äthylengas erzeugt. Der Äthylengehalt der Gase der trockenen Destillation schwankt etwa zwischen 2—5 vH. Man kann nun aus Äthylen Spiritus herstellen, indem man es durch konz. Schwefelsäure absorbieren läßt. Hierbei bildet sich Äthylenschwefelsäure, die sich beim Erhitzen mit Wasser in Alkohol und Schwefelsäure spaltet. Der Alkohol wird abdestilliert und die Säure konzentriert oder zur Herstellung von Ammonsulfat verwendet. Da sich diese Industrie in dem ersten Entwicklungsstadium befindet, lassen sich die Kosten für 1 Liter Alkohol nur annäherungsweise auf 7,20 Kopeken schätzen. Aus dieser Zusammenstellung ergeben sich unter Berücksichtigung der Verhältnisse in Estland etwa folgende Preise für 1 Liter Alkohol:

Aus Kartoffeln	14—17	Kopeken
„ Sulfitablauge	5,7—8,2	„
„ Holzabfällen	13—19	„
„ Carbid	16,7	„
„ Äthylen	8,4	„

Obwohl nun aus wirtschaftlichen Gründen, wie im vorstehenden näher angeführt ist, der Spiritus aus Kartoffeln in erster Linie als Treibmittel in Betracht kommen müßte, scheint eine Lösung auf diesem Wege zur Zeit in Estland noch nicht möglich zu sein.

a) Zusätze, welche die Mischbarkeit und Wirkung erhöhen.

Der Anwendung des Spiritus als Kraftstoff steht der Preis und seine geringe kalorische Wirkung im Wege. Man kann aber trotzdem zu einem wirtschaftlich verwendbaren Treibmittel kommen, wenn man Petroleum und Spiritus unter Vermittelung von Essigäther, Aceton oder Acetonölen in eine homogene Mischung bringt. Es gelingt, Mischungen herzustellen, die 25 vH Petroleum enthalten. Die Lösungsfähigkeit des Spiritus für Kohlenwasserstoffe ist abhängig von der Grädigkeit, d. h. seinem Wassergehalt (D.R.P. 97 109 Kl. 23).

Die Löslichkeit des Petroleums in 95—96proz. Alkohol soll 10—12 vH betragen. Man kann das Lösungsvermögen erhöhen, wenn man dem Spiritus 8—10 vH Benzol zusetzt, wodurch 18—20 vH Petroleum gelöst werden. Durch einen weiteren Zusatz von etwa 4 vH Naphthalin kann man die Löslichkeit gegenüber Petroleum auf etwa 23—24 vH steigern (D.R.P. 101 414 Kl. 23).

Der Alkohol besitzt nur 6000 W.E. gegenüber 10 000 W.E. des Petroleums. Man kann zwar den Spiritus in Motoren unter höherer Kompression und damit günstigerer dynamischer Ausnützung verbrennen, immerhin wäre es wünschenswert, dem Spiritus einen höheren Energievorrat zu verleihen. Man erreicht dies durch Zusatz von Äther zum Alkohol. Die Menge des Ätherzusatzes soll 10 vH betragen. Es muß darauf hingewiesen werden, daß man zu einem gleichen Zweck dem Alkohol bereits Benzin zugesetzt hat (D.R.P. 174 333 Kl. 23).

Um z. B. auch alkoholische Treibmittel leichter entzündbar und leistungsfähiger zu machen, setzt man ihnen solche Substanzen zu, die die Einleitung der Verbrennung günstig beeinflussen. Als eine solche Substanz ist das Acetylen genannt. Man verteilt das Gas durch Zerstäuben in dem Brennstoff. Von besonderer Wichtigkeit ist der Zusatz von Acetylen beim Inbetriebsetzen von Motoren, die mit Alkoholen betrieben werden. Alkohol nimmt je nach Stärke und Benzolzusatz etwa 5—6 Vol. Acetylen auf. Zur höheren Anreicherung mit Acetylen setzt man dem Alkohol Methylal, Acetal oder Äthylacetat zu. Am günstigsten wirkt Aceton, welches das Dreißigfache seines Volumens an Acetylen aufnimmt. Die Sättigung kann auch unter Druck erfolgen. Im Bedarfsfall wird das Acetylen in die Luftsaugeleitung eingeführt (D.R.P. 176 297 Kl. 46).

Die Mängel, die Spiritus als Brennstoff zeigt, lassen sich durch den Zusatz von etwa 25 vH Benzol beseitigen. Zwar wird durch diesen Zusatz der Energieinhalt des Spiritus erhöht, aber nicht ausreichend. Auch springt bei kalter Witterung der Motor schwer an. Beim Zusatz von 50 vH Benzol ist die Mischung bei minus 10° C nicht mehr kältebeständig. Falls man an Stelle von 50 vH Benzol Benzin in einer Menge von 50 vH verwendet, so tritt leicht Entmischung der beiden Komponenten ein. Man hat nun beobachtet, daß die Ausscheidungstemperatur des Benzols aus dem Spiritus durch die Gegenwart von Benzin stark erniedrigt wird. Eine Mischung von 50 Vol. 95proz. Spiritus mit 25 Vol. Benzol und 25 Vol. Benzin bleibt noch bei Temperaturen unter minus 16° C klar und flüssig. Die Mischung zeigt einen erhöhten Energiegehalt, sie ist kältebeständig und springt auch in der Kälte an (D.R.P. 216699 Kl. 23).

In der vorstehenden Mischung kann man das Benzol auch ganz oder teilweise durch seine höheren Homologen, insbesondere Toluol, Xylol oder durch Gemische solcher Homologen, wie sie z. B. im Lösebenzol oder in dem nach dem Patent 153 585 erhältlichem Destillat von Teerölen vorliegen, ersetzen. Vor dem Benzol haben diese Stoffe den Vorzug, daß sie auch bei starker Kälte nicht auskrystallisieren. Die genannten Mischungen zeigen einen Ausgleich der Siedepunkte. Es wurden folgende Mischungen vorgeschlagen: a) 50 Vol. Spiritus, 25 Vol. Toluol, 25 Vol. Benzin, b) 60 Vol. Spiritus, 20 Vol. Lösebenzol, 20 Vol. Benzin, c) 50 Vol. Spiritus, 25 Vol. Ergin, 25 Vol. Benzin, d) 50 Vol. Spiritus, 20 Vol. Benzol, 10 Vol. Toluol, 20 Vol. Benzin (D.R.P. 217 201 Kl. 23).

Um ein homogenes Brennstoffgemisch aus Alkohol und Kohlenwasserstoffen herzustellen, wobei man beliebige Mengen der beiden Komponenten verwenden kann, soll man geringe Mengen chlorierter Kohlenwasserstoffe, z. B. Chloroform, zusetzen. Es wird folgende Mischung vorgeschlagen: 25 Vol. Spiritus, 25 Vol. Kerosin, 25 Vol. Gasolin und 9 Vol. Chloroform (D.R.P. 357 769 Kl. 23).

Die Mischbarkeit von wasserhaltigem Spiritus und z. B. Petroleumkohlenwasserstoffen soll auch dadurch erreicht werden, daß man diese beiden Flüssigkeiten vor ihren Mischungen mit Acetylen sättigt. Zu diesem Zwecke müssen die Bestandteile der Mischung vollkommen wasserfrei sein. Man erreicht dies durch Behandlung der Komponenten mit Calciumcarbid, wodurch das Wasser gebunden und Acetylen entwickelt wird. Die Behandlung des wasserhaltigen Alkohols mit Carbid wird in einem geschlossenen Kessel vorgenommen. Das entweichende Acetylen wird in einem Gemisch von Gasolin und Kerosin aufgefangen. Der so behandelte Alkohol wird filtriert. Er enthält etwa 1 vH Acetylen (D.R.P.370 469 Kl. 23).

Die Mischbarkeit von wasserhaltigem Alkohol mit Kohlenwasserstoffen (Gasolin u. dgl.) kann man auch durch Zusatz von aromatischen Nitroverbindungen herstellen. Diese Mischungen sind vollkommen gleichförmig und kältebeständig. Es wird folgende Zusammensetzung vorgeschlagen: 25 Teile Spiritus, 53 Teile Gasolin, 25 Teile Kerosin und 9 Teile Mono- oder Trinitrobenzol (D.R.P. 372 002 Kl. 23).

Auch andere Zusätze sollen eine homogene Mischbarkeit von wasserhaltigem Alkohol mit Petroleumdestillaten bewirken, wie die Glyceride hydroxylierter Fettsäuren, insbesondere Ricinusöl. Der Brennstoff besteht aus 1 Teil Gasolin, 1 Teil Spiritus und 0,02 bis 0,04 Teilen Ricinusöl. An Stelle von Gasolin kann man Kerosin und an Stelle von Ricinusöl andere Ester hydroxylierter Fettsäuren nehmen (D.R.P 372 593 Kl. 23).

Als Lösungsvermittler kann man auch Phenol benutzen. Es wird folgende Mischung vorgeschlagen: 25 Teile Spiritus, 25 Teile Gasolin, 25 Teile Kerosin und 6 Teile Phenol (D.R.P. 373 925 Kl. 23).

Eine gleiche Wirkung soll auch den ungesättigten Fettsäuren, insbesondere des Leinöls, Rüböls oder Rapsöls, zukommen, von denen man 1—7 vH zusetzen soll. Es werden folgende Mischungen empfohlen: 1. 25 Teile Gasolin, 25 Teile Kerosin, 25 Teile Spiritus, 13 Teile Leinölsäure; 2. 25 Teile Spiritus, 25 Teile Gasolin, 1,5 Teile Rapsölsäuren (D.R.P. 373 926 Kl. 23).

Wasserhaltiger Spiritus soll sich mit Petroleumkohlenwasserstoff homogen mischen, wenn man aromatische Kohlenwasserstoffe im Gemisch mit Phenolen als Lösungsvermittler verwendet. Die gleichzeitige Verwendung von Phenolen und aromatischen Kohlenwasserstoffen macht einen Zusatz dieses Gemisches nur in sehr geringen Mengen erforderlich. Es wird folgende Mischung vorgeschlagen: 25 Teile Spiritus, 25 Teile Kerosin, 25 Teile Gasolin, 4 Teile Kresol und 4 Teile Benzol. Diese Mischungen sind wegen der geringen Mengen an Benzol kältebeständig und entmischen sich nicht (D. R.P. 381 197 Kl. 23).

Treibmittel, die in Flugzeugmotoren gebraucht werden, müssen unbedingt kältebeständig sein. Treibmittel, die aus Alkohol und Petroleumdestillaten bestehen, werden durch Zusatz größerer Mengen Benzols mischbar gemacht. Erhöhten Anforderungen genügen solche Mischungen hinsichtlich der Kältebeständigkeit nicht. Um nun vollkommen kältebeständige Mischungen zu erzielen, soll man dem Gemisch aus Alkohol, Petroleumdestillaten und aromatischen Kohlenwasserstoffen einige Prozente Äther (Diäthyläther) zusetzen. Es wird folgende Mischung vorgeschlagen: 40 Teile Alkohol, 30 Teile Benzol, 30 Teile Gasolin oder Naphtha (52—66° Bé) und 5 Teile Schwefeläther. An Stelle des Äthylalkohols kann auch Methylalkohol oder Butylalkohol, an Stelle von Benzol Toluol und an Stelle von Schwefeläther Butyläther benutzt werden (D.R.P. 386 236 Kl. 23).

Mischungen von Alkohol mit Petroleumdestillaten sind sehr empfindlich gegen Temperaturschwankungen, wobei sie sich leicht entmischen. Als Lösungsvermittler hat man vielfach Benzol benutzt, das aber in der Kälte leicht auskristallisiert. Gegen diese Entmischung soll ein Zusatz von Äther und gleichzeitig von Toluol wirken. Ein Treibmittel, das etwa bei — 45 bis — 50° C noch frostsicher ist, hat etwa folgende Zusammensetzung: 40 Teile Alkohol, 30 Teile Gasolin, 17 Teile Benzol, 9—15 Teile Äther und 8 Teile Toluol (D.R.P. 392 016 Kl. 23).

Benzol, Benzin, hydrierte Naphthaline o. ä. lassen sich mit wasserhaltigen Treibmitteln, wie Spiritus, Aceton u. dgl., nur in ganz beschränkten Verhältnissen mischen und liefern äußerst unbeständige Mischungen. Als Homogenisierungsmittel zur Herstellung kältebeständiger Mischungen haben sich die hydrierten Phenole, z. B. das Cyclohexanon und seine Homologen oder die Cyclohexanole als äußerst geeignet erwiesen. Ein Gemisch aus 50 Teilen Benzin und 50 Teilen Spiritus bildet eine milchartige Flüssigkeit, die durch den Zusatz von 3—5 Teilen Cyclohexanol vollkommen klar wird und sich erst bei — 10° C entmischt. Gemische aus 40 Teilen Tetrahydronaphthalin (Tetralin) und 60 Teilen Spiritus oder 50 Teilen Dekahydronaphthalin und 50 Teilen Spiritus bilden milchige Lösungen, die durch einen Zusatz von Cyclohexanol homogenisiert werden. An Stelle des Cyklohexanols kann man auch Methylcyclohexanol oder Cyclohexanon verwenden (D.R.P. 393 627 Kl. 23).

Es ist bereits vorgeschlagen worden, Furfurol, insbesondere in Mischungen mit anderen Treibmitteln als Brennstoff zu verwenden. Solche Mischungen zeigen den Übelstand, daß sie leicht verharzen, abgesehen davon, daß der Flammpunkt des Furfurols sehr hoch liegt. Man kann aber, vom Furfurol ausgehend, zu einem Brennstoff mit guten Eigenschaften kommen, wenn man Furfurol und Alkohol unter Zusatz von Kondensationsmitteln, wie Schwefelsäure, Salzsäure, sauren Salzen, Alkalien o. dgl., auch bei Gegenwart von Katalysatoren, aufeinander einwirken läßt. Man erhält dabei Produkte, die zwischen 80—172° destillieren. Nimmt man die Einwirkung in Gegenwart von Wasserstoff unter Zusatz eines Katalysators, wie Palladium, Nickel usw. vor, so wird die Beständigkeit des Reaktionsproduktes erhöht und sein Siedepunkt erniedrigt. Vorgeschlagen wird die Kondensation von Furfurol mit Alkohol unter Zusatz von Aluminiumchlorid oder Zinkchlorid, bzw. von Ätzkali oder Bisulfat. Ein Zusatz von Reaktionsbeschleunigern, wie Quecksilbersulfat oder Eisensulfat ist vorgesehen (D.R.P. 413 091 Kl. 23).

Um Alkohol zu carburieren, d. h. seine Triebkaft zu erhöhen, und Gemische herzustellen, die möglichst reich an Alkohol sind, soll man Gemische von Alkohol und Rohpetroleum der Destillation unterwerfen. Die Herstellung derartiger Brennstoffe vollzieht sich besonders leicht unter Mitverwendung von Toluol. Demnach nimmt man die Destillation des aus Alkohol und Rohpetroleum bestehenden Gemisches zweckmäßig unter Zusatz von Toluol vor Ö.P. 18 109).

Aus den im vorstehenden besprochenen Patentschriften sind Mischungen von Alkohol mit Petroleumdestillation und unter Verwendung von Benzol, Äther und Kresol als Lösungsvermittler bekannt geworden. Eine gleichfalls auf Alkoholbasis, indessen ohne Petroleumkohlenwasserstoffe zusammengesetzte Mischung erläutert das Ö.P. 98 714. Die Mischung hat folgende Zusammensetzung: 500 Teile Alkohol, 335 Teile Rohnaphthalin, 15 Teile Nitronaphthalin, 100 Teile Krystallbenzol, 10 Teile Äther, 40 Teile Kresol. Der Brennstoff soll keine besonderen Vergaser erfordern (Ö.P. 98 714).

Um die Mischbarkeit von Alkohol mit niedrig siedenden Kohlenwasserstoffen zu ermöglichen, hat man ihn schon in wasserfreiem oder fast wasserfreiem Zustand benutzt. Die Mischung soll sich aus etwa gleichen Teilen Alkohol absol. und Benzin zusammensetzen. Die Verwendung von Alkohol, der durch Einwirkung von Calciumcarbid wasserfrei gemacht wurde, ist bereits in dem vorher besprochenen D.R.P.370 469 Kl. 23 näher erläutert worden (Schweiz. P. 75 155).

In den bereits besprochenen Patentschriften ist darauf hingewiesen worden, daß man homogene Mischungen aus Alkohol und Petroleumkohlenwasserstoffen und Schwefeläther herstellen kann. Eine ähnliche Mischung beschreibt das Schweiz. P. 87 045. Nach den dort gemachten Angaben hat die Mischung etwa folgende Zusammensetzung: 50 Teile Kerosin, 25 Teile wasserhaltiger Alkohol, 5 Teile Fuselöl, 10 Teile Schwefeläther und 8 Teile Toluol. Als Betriebsstoff für Flugzeuge soll man folgende Mischung wählen: 40 Teile Kerosin, 31 Teile Alkohol, 4 Teile Fuselöl, 15 Teile Äther und 10 Teile Toluol. Der Schwefeläther kann durch Petroläther ersetzt werden oder auch durch Gasolin (Schweiz.P. 87 045). Bei Verwendung von fast wasserfreiem Alkohol bietet es geringe Schwierigkeiten, homogene Mischungen mit Petroleumdestillaten herzustellen. Bei Verwendung eines Alkohols von mindestens 95—98 vH soll man zu homogenen Produkten gelangen, wenn man 30 Teile Gasolin oder Naphtha (52—60° Bé) mit 40 Teilen Alkohol und 30 Teilen Benzol mischt. Bei Verwendung eines Alkohols von mindestens 98 vH soll das Benzol in der Kälte nicht auskrystallisieren. Den Äthylalkohol kann man durch Methyl oder Butylalkohol ersetzen, das Benzol auch durch Toluol (Schweiz.P. 92 695).

In den deutschen Patentschriften 386 236 und 392 016 Kl. 23 sind homogene Mischungen aus Alkohol und Petroleumdestillaten beschrieben, denen auch geringe Mengen Äther und aromatische Kohlenwasserstoffe zugesetzt wurden. Als Treibmittel, insbesondere für Luftschiffmotoren, soll man ähnliche Mischungen, indessen ohne Petroleumkohlenwasserstoffe und unter Erhöhung des Gehalts an Benzol und Äther herstellen. Es wird folgende Vorschrift gegeben: 40 Teile Alkohol, 30 Teile Benzol, 30 Teile Äther. Der Alkohol soll mindestens 95proz., zweckmäßig aber wasserfrei sein. An Stelle des Äthylalkohols soll man Methyl- oder Butylalkohol verwenden, sowie an Stelle des Schwefeläthers Butyläther (Schweiz.P. 93 813).

Aus wasserhaltigem Handelsspiritus kann man nur in beschränktem Maße Gemische mit Kohlenwasserstoffen unter Mitverwendung von Lösungsvermittlern herstellen. Deshalb ist es zweckmäßig, den Sprit vorher z. B. mit gebranntem Kalk zu entwässern. Man kann aber auch auf dem Wege der Destillation zu wasserfreiem Sprit kommen, wenn man ein Gemisch von z. B. 39,25 Teilen Alkohol (92—94 vH) mit 0,25 Teilen Fuselöl und 60 Teilen Benzol der Destillation unterwirft. Bei etwa 64° C geht ungefähr 40 vH der Mischung über, und zwar enthält das erste Destillat das Benzol, Alkohol und die Hauptmenge Wasser. Das Benzol wird von dem stark wasserhaltigen Alkohol getrennt, der durch Destillation auf 95 vH gebracht wird, während das Benzol in den Prozeß zurückgeht. Bei Wiederholung dieses Prozesses ist etwa das dritte, aus Alkohol und Benzol bestehende Destillat praktisch wasserfrei. An Stelle von Benzol kann man auch Gasolin, Leuchtöl oder Teeröle anwenden. Um dem Gemisch aus wasserfreiem Alkohol und Petroleumdestillat eine höhere Zündfähigkeit zu verleihen, setzt man ihm 50 vH Äther und zur Verhütung des Ätherverlustes 5 vH Toluol zu (Schweiz. P. 95 663).

Um hochsiedende Petroleumkohlenwasserstoffe, wie z. B. Leuchtpetroleum, als Treibmittel verwendbar zu machen, setzt man ihm eine Mischung von Alkohol und Acetaldehyd zu. Der Zusatz von Acetaldehyd allein ist nicht ratsam, weil er wegen seines niedrigen Siedepunktes zu leicht aus dem Gemisch verdunstet. Ein Gemisch von 2 Teilen Alkohol und 1 Teil Acetaldehyd destilliert zum größten Teil erst bei 77° C über. Den Aldehyd muß man zuerst mit Natriumcarbonat neutralisieren. An Stelle von Petroleumdestillaten kann man auch Teeröle, Schieferöle u. a. verwenden (Schweiz.P. 103 653).

Zur Herstellung von Treibmitteln aus Schwerölen werden Mischungen empfohlen, die einen aliphatischen Kohlenwasserstoff enthalten, dessen Siedepunkt zwischen 130 und 400° C liegt, ein Destillat des Teers mit einem Siedepunkt unter 300° C und kleineren Zusätzen, wie Ketone, Aldehyde, Äther und Ester sowie etwa 100 vH absoluten Alkohol oder Spiritus (Schweiz. P. 98 084).

Auch das Schweiz.P. 105486 enthält ähnliche Gedankengänge wie das zuletzt erwähnte. Man soll Schweröle, wie Destillate vom Rohpetroleum oder von Teeren aus Steinkohle, Braunkohle, Schiefer, Torf, Holz o. dgl. oder Mischungen derselben, mit einem Zusatz mischen, dessen Siedepunkt unter 70° C liegt. Als leichtflüchtigen Zusatz nimmt man Äther in einer Menge von etwa 10 vH. Außerdem kann man diesen Mischungen auch noch Alkohol zusetzen. Zum Fixieren des Äthers wird ein Zusatz von 3—8 vH Phenol oder Kresol erwähnt (Schweiz.P. 105 486).

b) Zusätze, welche die Zündfähigkeit erhöhen.

Um die dynamische Energie von als Treibmittel benutztem Methyl-, Äthyl- oder Amylalkohol zu erhöhen, soll man in einem der vorgenannten Alkohole oder in einem Gemisch derselben Nitrobenzol auflösen. Durch den Zusatz des Nitrobenzols wird das Heizvermögen des Alkohols nicht erhöht, aber der Zusatz des Nitrobenzols verleiht dem Alkohol explosive Eigenschaften, die ihm sonst fehlen. Das Nitrobenzol ist zwar an sich kein explosiver Stoff, obwohl beim Erwärmen der Sauerstoff der Salpetersäure oxydierend auf den Rest des Benzolringes einwirkt. Es ist hier anscheinend an die bei Sprengstoffen bekannte Tatsache gedacht, durch die Brisanz einer Zündung entweder zu weichen oder scharfen Schüssen zu kommen (D.R.P. 154 575 Kl. 23).

Eine Erhöhung der Zündfähigkeit soll man auch durch Verwendung von Acetylen bewirken. Man kann das Acetylen entweder den alkoholischen Brennstoffen selbst zumischen oder den vergasten Brennstoffen in der Brennstoffkammer. Der Zusatz von Acetylen zu einer Mischung von Benzol und Spiritus soll 5—6 Vol. betragen. Zweckmäßiger ist es, das Acetylen, in Aceton gelöst, welches das Dreißigfache seines Volumens an Acetylen aufnimmt, anzuwenden. Man kann aus Acetylen auch unter Druck auf den Brennstoff einwirken lassen (D.R.P. 176 297 Kl. 23). Vgl. auch D.R.P.370 469.

Die vielfach benutzte Mischung von Benzol mit Alkohol gibt manchesmal Schwierigkeiten bei der Zündung. Alkohol allein zündet nur in angewärmtem Zustand. Man kann nun die Zündungsschwierigkeiten beheben und die Explosionsenergie erhöhen, wenn man den Betriebsstoffen Äther, insbesondere Dimethyläther, und zwar in Mengen von nicht unter 5 vH zusetzt (D.R.P. 296 193 Kl. 23).

Gewisse Brennstoffe entwickeln bei der Verbrennung saure Produkte, welche auf Metallteile korrodierend einwirken. Um diesen Übelstand zu vermeiden, setzt man den Brennstoffen ein oder mehrere aliphatische Amine, zusammen mit Ameisensäureestern zu. Besonders kommt dieser Zusatz für Brennstoffe in Betracht, die aus Alkohol und Äther bestehen. Der Zusatz der Ameisensäureester soll den Zweck haben, die Bildung saurer Verbindungen bei der Verbrennung herabzusetzen. Es wurden folgende Mischungen vorgeschlagen: Alkohol 52 Teile, Äther 40 Teile, Monomethylamin 1 Teil, Äthylformiat 1 Teil, oder Alkohol 39 Teile, Äther 57 Teile, Trimethylamin 3 Teile, Äthylformiat 1 Teil (D.R.P. 347 827 Kl. 23).

Um die Zündfähigkeit von alkoholischen Mischungen zu erhöhen, soll man ihnen Acetaldehyd zusetzen. Es ist folgende Mischung angegeben: 20 Teile Benzol, 20 Teile Paraldehyd, 20 Teile Spiritus und 40 Teile Acetaldehyd (D.R.P. 370 339 Kl. 46). Wie bereits häufiger erwähnt, hat man zur Erhöhung der Zündfähigkeit von Alkohol oder stark alkoholhaltigen Brennstoffgemischen kleine Zusätze von Äther vorgeschlagen. Eine wirksame Verbrennung des Alkohols als Treibmittel soll man erst dann erreichen, wenn man dem Alkohol 40—60 vH Äther zusetzt. Dieser Mischung soll man zur Vermeidung von Korrosionen der Metallteile noch 0,5 vH Ammoniak zufügen, ebenso auch 0,5 vH Pyridin und 0,5 vH Rohpetroleum (Schweiz. P. 90 302).

Bei Mischungen von Alkohol und Petroleumdestillaten hat man zur Erhöhung der Zündfähigkeit und als Lösungsvermittler bereits die Verwendung von Schwefelkohlenstoff vorgeschlagen. Es wird folgende Mischung angegeben: 25 Teile Sprit, 25 Teile Gasolin und 8 Teile Schwefelkohlenstoff (Schweiz.P. 92 986).

Auf die Herstellung von Treibmitteln, die neben Alkohol Schwefelkohlenstoff enthalten, ist bereits in dem vorstehenden Schweiz.P. 92 986 hingewiesen. Bei der Herstellung derartiger Mischungen, die aus 90 Teilen Alkohol (90 vH) und 30 Teilen Schwefelkohlenstoff bestehen, soll man den Schwefelkohlenstoff vorher mit Kalk behandeln (Ital.P. 94 698).

Zu den Mischungen, die sich des Acetylens und des Schwefeläthers zur Erhöhung der Zündfähigkeit bedienen, gehört auch die im Schweiz.P. 105 001 beschriebene. Nach den dort gemachten Angaben soll man den Alkohol zunächst mit Calciumcarbid entwässern, wobei er naturgemäß Acetylen aufnimmt. Das Treibmittel setzt sich folgendermaßen zusammen: Alkohol (entw.) 93 Vol., Aceton 1 Vol., Acetylen 6 Vol., Äthyläther 2 Vol., Ammoniak (28° Bé) 0,3 Vol. (Schweiz. P. 105 001).

Auch das Verfahren des Schweiz.P. 108 710 verwendet als Ausgangsmaterial Alkohol, der mit Carbid entwässert ist. Dem so vorbehandelten Alkohol wird Benzin im Verhältnis 1 : 1 zugesetzt und zweckmäßig auch geringe Mengen hydrierter aromatischer Kohlenwasserstoffe, wie Cyclohexanol, oder auch flüssige Fettsäureester als Lösungsvermittler. Der Zusatz der hydrierten aromatischen Kohlenwasserstoffe zu Mischungen von Petroleumdestillaten zu wasserhaltigem Alkohol ist in dem deutschen Patent 393 267 Kl. 23 beschrieben (Schweiz.P. 108 710).

In der in dem Schweiz.P. 105 001 beschriebenen, aus Alkohol (entw.), Aceton, Acetylen, Äthyläther und Ammoniak bestehenden Mischung, kann man zur Erhöhung der Wirkung noch folgende Gase auflösen: Methan, Äthan, Propan, Butan, Äthylen, Propylen, Butylen, Amylen usw. Hierdurch wird die Dampftension des Treibmittels bedeutend erhöht. Bei der Herstellung dieses Mittels kann man auch basische Verbindungen, wie Kalk oder Bleisalze, zusetzen, welche die Säuren neutralisieren und Schwefelverbindungen binden (Schweiz.P. 108 866).

Zur Herstellung von Mischungen aus Alkohol und Äther soll man mit Vorteil solche Mischungsverhältnisse wählen, bei denen etwa gleiche Teile Äther und Alkohol (z. B. 45 : 55) zur Anwendung kommen. Die Korrosion solcher Brennstoffe soll durch Zusatz von Ammoniak zum Brennstoff vermieden werden (Ö.P. 93 787). Vgl. a S. 37, Schweiz. P. 90 302.

c) Zusätze explosiver Natur.

Die Verbrennung, die z. B. Alkohole als Treibmittel für Explosionsmotoren erleiden, ist häufig unvollkommen und dabei als Kraftquelle nicht ausgiebig genug. Man hat zu diesem Zweck Nitroverbindungen des Benzols zugesetzt, um die Explosionsfähigkeit zu erhöhen. Zu dem gleichen Zweck kann man auch Ammoniumnitrat gegebenenfalls in Gegenwart von Salpetersäureestern oder von Nitroverbindungen gleichzeitig mit den Treibmitteln zur Anwendung bringen.

Dieser Zusatz kann entweder direkt zu den Treibmitteln erfolgen oder erst im Augenblick des Gebrauches durch getrennte Zuleitungen den Treibmitteln zugesetzt werden. Das Ammoniumnitrat ist in Alkohol löslich und kann in dieser Lösung auch mit Petroleum und Benzin vermischt werden. Als Zusätze sind folgende angegeben: Ammoniumnitrat mit Dinitronnaphthalin, Nitronaphthol, Dinitrobenzol, Dinitrotoluol, Pikrinsäure, Nitroglycerin, Nitronaphthalin (D.R.P. 164 634 Kl. 46).

An Stelle der vorstehend genannten Gemische von Ammoniumnitrat mit Salpetersäureestern kann man auch die Salpetersäureester allein zur Anwendung bringen, um die Verpuffungsfähigkeit alkoholischer Treibmittel zu erhöhen. Als Salpetersäureester wurden folgende empfohlen: Methyl(Äthyl-)nitrat, Nitroglycerin, Dinitrozellulose (D.R.P. 164 635 Kl. 46).

Das im Verfahren des Patents 164 634 verwendete Ammoniumnitrat kann auch in wässeriger Lösung dem Raume zugeleitet werden, in dem die Treibmittel mit dem Sauerstoff der Luft verbrennen. Man wird dadurch unabhängig von der relativ geringen Löslichkeit des Ammoniumnitrates in Alkohol und ist in der Lage, den Verbrennungseffekt in beliebiger Weise zu beeinflussen (D.R.P. 178 341 Kl. 46).

Um Brennstoffe, z. B. auch Alkohol, in Explosionsmotoren zum Carburieren benutzen zu können, werden sie vorher mit Sauerstoff gesättigt. Diese Sättigung erfolgt in einem geschlossenen Kessel, in den der Sauerstoff durch ein mit dem Sauerstoffbehälter in Verbindung stehendes Rohr eingeleitet wird, während die gesättigte Flüssigkeit durch ein Rohr nach dem Carburator geleitet wird (D.R.P. 197 942 Kl. 46).

In den üblichen Motoren gelangt der Alkohol im Zustand der Verdampfung oder Vernebelung zur Zündung. Hierbei bleibt der Alkohol chemisch unverändert. Es ist nun bekannt, Alkohol unter Zusatz von Kontaktstoffen, wie Aluminiumoxyd, in energiereiche Verbindungen, wie Äther oder Äthylen, umzuwandeln. Man kann diese Umwandlung kurz vor dem Verbrennungsvorgang durch einen Kontaktvergaser bewirken. Der durch die Auspuffgase heiß gehaltene Kontaktvergaser besteht aus einem mit Oxyden, wie Aluminiumoxyd, versehenes Aluminiumrohr, in welches der Alkohol in geeigneter Menge gelangt und in dem er in ein Gemisch von Äther mit Äthylen umgewandelt wird. Diese Umwandlungsfähigkeit erstreckt sich auch auf Gemische von Spiritus mit Benzol (D.R.P. 365 115 Kl. 46).

Bei dem vorgenannten Verfahren hat es sich durch Beobachtung ergeben, daß die Abgaswärme nicht ausreicht, um die gesamte Spiritusmenge umzubilden. Es genügt indessen auch schon, wenn nur ein Teil desselben im Kontaktvergaser umgebildet wird. Man arbeitet also folgendermaßen, daß die Hauptmenge des Spiritus als Dampf oder Nebel in den Zylinder eingeführt wird, während nur ein Teil des Spiritus in Äthylen oder Äther im Kontaktvergaser umgewandelt wird, der nunmehr in kleinen Dimensionen gehalten werden kann (D.R.P. 405 994 Kl. 46). In gewisser Hinsicht erinnert dieses Verfahren an den bekannten Zusatz von Äther oder gasförmigen Kohlenwasserstoffen zu alkoholischen Treibmitteln (D.R.P. 174 333, 370 469, Schweiz. P. 105 001 und 108 866 S. 30, 31, 37, 38).

d) Zusätze anderer Natur.

Als Betriebsstoff für Motoren hat sich Furfurol, das als Nebenprodukt bei verschiedenen technischen Prozessen gewonnen wird, bewährt. Versuche haben gezeigt, daß das Furfurol hinsichtlich der Kraftentfaltung außerordentlich günstige Ergebnisse liefert. Zu einer praktischen Anwendung kann man es im Gemisch mit einem der üblichen Brennstoffe, d. h. also auch Alkohol, anwenden (D.R.P. 312 201 Kl. 23).

Die als Motortreibmittel benutzte Mischung von Benzol und Spiritus besitzt den Nachteil, daß sie Metallteile, mit denen sie in Berührung kommt, leicht korrodiert. Dieser Nachteil wird dadurch behoben, daß man dem Benzolspiritus sehr geringe Mengen (etwa $^1/_2$ vH) von Ölsäure bzw. Harzsäure (Kolophonium) zusetzt. Mit der bekannten Verwendung von größeren Mengen von Ölsäure zur Erzielung homogener Mischungen aus Alkohol und Benzin hat das beschriebene Verfahren keine Berührungspunkte (D.R.P. 414 246 Kl. 23).

In dem Patent 414 245 ist ein Brennstoff aus hydrierten Naphthalinen und aliphatischen Kohlenwasserstoffen beschrieben, die teilweise unter 100° C sieden. Diesem Gemisch soll man vorteilhaft auch eine bestimmte Menge Spiritus hinzusetzen. Durch diesen Zusatz wird bei etwas zu reichlicher Einstellung des Vergasers die Rußbildung verhindert, andererseits wird eine Energiesteigerung erreicht infolge der vorteilhafteren Verbrennung des Kraftstoffgemisches. Derartige Gemische sind überaus empfindlich gegen Wasserabkühlung u. dgl. und neigen zur Entmischung. Man kann ihre Homogenität erhalten und sie kältebeständig machen, wenn man ihnen geringe Mengen Äther oder eines höher siedenden Alkohols, wie Amylalkohol, zusetzt (D.R.P. 416 838 Kl. 46).

Ein Treibmittel für Motoren soll man erhalten, wenn man (mindestens 88 vH) Alkohol, Aceton oder Acetaldehyd und Acetylen zusetzt. Als Alkohole sind folgende genannt: Methyl-, Äthyl-, Propyl-, Butyl-, Amylalkohol. Der Zusatz des Acetons soll 5—50 vH betragen. Bei der Herstellung dieses Treibmittels kann die Erzeugung von Acetylen auch durch Zusatz von Calciumcarbid zu dem wasserhaltigen Gemisch erfolgen. Als Schmiermittel kann man Ricinusöl, Glycerin oder Vaseline zufügen. Zusätze von niedrig siedenden Paraffinkohlenwasserstoffen, Benzol oder flüssigem Naphthalin sind vorgesehen. Zur Fällung des aus dem Carbid in der Mischung entstandenen Kalkes wird die Verwendung von Ammoniak und Kohlensäure empfohlen (Schweiz. P. 100 197).

IV. Schwelbenzine, hydrierte Treibmittel, Krackbenzine, synthetisch hergestellte Treibmittel, wasserhaltige Treibmittel und Verschiedenes.

Der Mangel an Treibmitteln, sowie auch eingehende Forschungen auf dem Gebiete des Schwelverfahrens, insbesondere über die Einwirkung der innegehaltenen Temperatur, haben zu Produkten geführt, die man unter dem Namen der Schwelbenzine versteht. Man war seit undenklichen Zeiten daran gewöhnt, in dem bei hohen Temperaturen hergestellten aromatischen Steinkohlenteer als niedrig siedende Bestandteile aromatische Kohlenwasserstoffe, wie Benzol u. dgl., anzutreffen. Nach Einführung der Verschwelung bei niedrigen Temperaturen bilden sich aber in den Tieftemperaturteeren leicht siedende Produkte, die man mit dem Namen Schwelbenzine belegt hat und die auch als Treibmittel vorgeschlagen worden sind. Für das Studium dieser Verbindungen empfiehlt sich u. a. die diesbezüglichen Veröffentlichungen in der Zeitschrift Brennstoff-Chemie zu verfolgen. Neben den Schwelbenzinen kommen auch die Produkte der sogenannten Krackdestillation in Betracht. Wie bereits an mehreren Stellen erwähnt, ist das primäre Vorkommen von Benzin im Rohöl äußerst gering. Es überwiegen in dem Rohöl Kohlenwasserstoffe, die für die Treibmittel-Industrie zu hoch sieden. Es ist nun seit langem, insbesondere in Amerika, gelungen, durch ein prinzipiell schon seit vielen Jahren bekanntes Verfahren, d. h. durch die sogenannte destruktive Destillation, d. h. eine Destillation unter Anwendung von hoher Hitze, vorzugsweise kombiniert mit Druck aus den zu hoch siedenden Ölen, niedrig siedende Spaltprodukte zu gewinnen. Hingewiesen muß auch noch auf andere in erster Linie deutsche Verfahren werden, nach denen aus Kohle durch Druckhydrierung (Bergius) oder aus Wassergas und Katalysatoren (Synthol) auf rein synthetischem Wege Benzine u. dgl. gewonnen werden sollen. Soweit über diese Verfahren genauere Angaben vorliegen, sind sie im nachstehenden beschrieben.

Treibmittelmischungen aus Petroleum- oder Schieferöldestillationsprodukten in Verbindung mit leichten Kohlenwasserstoffen sind an sich bekannt und in den vorstehenden Vorschriften häufiger erwähnt worden. Gegenüber diesen lediglich Mischungen darstellenden Kompositionen hat man aber auch schon vorgeschlagen, die Vereinigung des Petroleums oder Schieferöles mit Gasolin erst nach einer Reinigung dieser Öle erfolgen zu lassen. Hierzu werden diese Öle mit 1—2 vH Teeröl, spez. Gew. 1,1, versetzt und 1 vH techn. Schwefelsäure zugefügt. Das Gemisch wird mit Dampf durchgerührt und absitzen gelassen. Die klare überstehende Flüssigkeit wird mit Kalk behandelt, der im Öl durch Wasser gelöscht wird. Dann wird 12 Stunden absitzen gelassen. Die Behandlung mit Schwefelsäure und Kalk wird wiederholt, filtriert und das Filtrat nunmehr mit Gasolin zweckmäßig unter Zusatz von 5—20 vH Benzol versetzt. Die Auspuffgase dieses Brennstoffes sollen geruchlos sein (D.R.P. 269 348 Kl. 23).

Unter die vielen neueren Brennstoffe, die in den letzten Jahren vorgeschlagen worden sind, zählt auch das Furfurol. Dieses bei der Verarbeitung des Holzes gewonnene Nebenprodukt soll als Motorbetriebsstoff wichtige Vorteile aufweisen. Es ist vor allem in großer Menge, und zwar im eigenen Lande, zu erzeugen. Es ist schwerer als Wasser, was für die Löschung von Bränden von Bedeutung ist. Seine dynamische Kraftentwicklung ist sehr günstig. Er treten weder Niederschläge noch Krustenbildungen auf. Die Zylinderwandungen bleiben blank. Zum Anlassen des Motors empfieht sich ein Zusatz von Benzol. Man kann dem Furfurol auch andere bekannte Treibmittel zusetzen (D.R.P. 312 201 Kl. 23).

Zur Herstellung der im vorstehenden beschriebenen Mischungen, die zum Teil große Mengen von Äther, z. B. 60 vH, enthalten (vgl. S. 38 Schweiz. P. 90 302), hat man fast ausschließlich den sogenannten Schwefeläther des Handels, d. h. Diäthyläther, benutzt. Rein ist der Diäthyläther als Treibmittel nicht vorgeschlagen worden. Hingegen ist bereits der Vorschlag gemacht worden, Dimethyläther, der aus Methylalkohol, den man bekanntlich sehr leicht auf synthetischem Wege aus Kohlenoxyd und Wassergas gewinnen kann (vgl. F.P. 580 949), als Brennstoff für Motoren zu benutzen. Dem gasförmigen Dimethyläther können noch andere Gase, wie Propylen, Propan, Äthylen, Äthan u. ä. zugesetzt werden. Der Brennstoff besitzt ganz andere Eigenschaften als die üblichen Treibmittel, wie Benzin u. dgl. (D.R.P. 412 184 Kl. 23).

Auf die Wichtigkeit der Hydrierung von Brennstoffen ist schon früher hingewiesen worden (vgl. Ostwald, Autler-Chemie, 1910, S. 195). Die Knappheit an Brennstoffen, die insbesondere im Kriege eintrat, und die Lösung der Brennstofffrage, die auch heute noch ungelöst im Vordergrunde steht, hat die chemische Technik dazu gezwungen, aus minderwertigem oder nicht fehlerfrei arbeitendem Rohmaterial, insbesondere durch die Anlagerung von Wasserstoff, hochwertige Treibmittel zu machen. In erster Linie ist hier das Tetralin zu nennen, das, wie bekannt, durch

Anlagerung von vier Atomen Wasserstoff an das Naphthalin entsteht und, bekanntlich aus dem festen Naphthalin eine als Treibmittel leicht zu behandelnde Flüssigkeit liefert (vgl. Ostwald, Autler-Chemie, 1910, S. 140). Nachdem das Tetralin seine Eignung als Treibmittel erwiesen hatte, hat man auch andere Kohlenwasserstoffe der Hydrierung unterworfen, wie z. B. das Benzol. Wenn man die Formel des Benzols C_6H_6 mit der eines Benzinkohlenwasserstoffes mit sechs Kohlenstoffatomen C_6H_{14} vergleicht, so wird man ohne weiteres erkennen können, daß im Benzol auf 1 Atom Kohlenstoff 1 Atom Wasserstoff kommt, während die Wasserstoffmenge beim Benzin etwas mehr als doppelt so groß ist. Wie bekannt, neigt das Benzol leicht zum Rußen, während man diese Erscheinung beim Benzin nur in geringem Maße findet. Man kann aber aus dem Benzol leicht zu einem Kohlenwasserstoff gelangen, in dem das Verhältnis von Kohlenstoff zu Wasserstoff etwa das gleiche ist wie im Benzin, wenn man das Benzol hydriert, wobei Hexahydrobenzol von der Formel C_6H_{12} entsteht. Dieses Produkt ist dem Benzin gleichwertig. Der Erstarrungspunkt des Hexahydrobenzols liegt bei $+ 4°$ C. Er kann aber durch einen Zusatz von 5 vH Benzol auf $-17°$ C erniedrigt werden (D.R.P. 302474 Kl. 23).

Durch die Aufnahme der Tieftemperaturverkokung werden große Mengen Urteer gewonnen, die als Hauptbestandteile die sauer reagierenden Phenole enthalten. Es war bisher nicht möglich gewesen, diese in großer Menge anfallenden technischen Produkte zu motorischen Zwecken nutzbar zu machen. Man kann aber aus dem Phenol selbst, wie auch aus seinen Homologen den Kresolen, Xylenolen usw. zu brauchbaren Treibmitteln gelangen, wenn man sie zunächst hydriert und dann mit wasserabspaltenden Mitteln behandelt. Man erhält dann aus diesen Produkten Cyclohexane mit etwa 25proz. Polymerisationsprodukten, die im übrigen aber auch im Motor restlos verbrannt werden. Beim Hydrieren von Phenol erhält man Cyclohexanol, das durch Abspaltung von Wasser in Cyclohexan übergeführt wird, dem Polymerisationsprodukte vom Sdp. 100—200° C beigemischt sind. Aus Rohkresol gewinnt man auf diese Weise Methylcyclohexanol bzw. nach der Abspaltung von Wasser Methylcyclohexan vom Sdp. 90—120° C, dem Bestandteile beigemischt sind, deren Siedepunkte zwischen 90—210° C liegen (D.R.P. 402 617 Kl. 23).

In der Patentschrift 302 474 ist die Überführung des Benzols in Hexahydrobenzol beschrieben. Man kann aber auch in gleicher Weise die Homologen des Benzols in Hydrierungsprodukte überführen. So erhält man durch Hydrierung von Toluol das Methylcyclohexan und von Xylol das Dimethylcyclohexan, die im Gegensatz zum Cyclohexan, dem Hydrierungsprodukt des Benzols noch bei — 40° C flüssig bleiben. Sie ergeben verbunden mit hoher Verbrennungswärme eine völlig rußfreie Verbrennung (D.R.P. 367 128 Kl. 46).

Das wohlfeile Naphthalin hat man bereits als Zusatz von Treibmitteln nutzbar gemacht, was aber infolge seines festen Zustandes mit Schwierigkeiten verknüpft war. Diesem Übelstande hat man durch Herstellung des flüssigen Tetrahydronaphthalins, des Tetralins bzw. Dekahydronaphthalins abgeholfen. Diese beiden Flüssigkeiten sind an sich als Treibmittel nicht brauchbar. Sie können aber zu motorischen Zwecken benutzt werden, wenn man sie im Gemisch mit den Cyclohexanen des D.R.P. 367 128 Kl. 23, z. B. 50—70 vH Methylcyclohexan und 30—50 vH Tetrahydronaphthalin als Treibmittel verwendet (D.R.P. 370 846 Kl. 46).

Auf die Möglichkeit, aus bekannten, als Treibmittel bereits benutzten, Stoffen durch Hydrierung veredelte Kraftstoffe zu gewinnen, hat W. Ostwald bereits im Jahre 1910 (vgl. Autler-Chemie, 1910, S. 195ff.) hingewiesen. Besonders aufmerksam gemacht ist dort auf die Hydrierungsprodukte der Benzolkohlenwasserstoffe, insbesondere des Naphthalins und auch der Teeröle.

Gegenstand des zuletzt besprochenen Patents 370 846 bilden Verfahren zur Herstellung von Betriebsstoffen aus Methyl- bzw. Dimethylcyclohexanen, die durch Reduktion von Toluol bzw. Xylol hergestellt worden sind mit Hydrierungsprodukten des Naphthalins, wie Tetra- oder Dekahydronaphthalin. Man kann diese zuletzt erwähnten Naphthalinderivate auch durch andere bekannte Treibmittel, z. B. solche mit hohen Siedegrenzen, die ohne weiteres im Explosionsmotor nicht zu verwenden sind, ersetzen. Solche Stoffe sind Petroleum, Solventnaphtha, höher siedende Alkohole, wie Amylalkohol, Cyclohexanol o. ä. Empfohlen wird folgende Mischung: 50 Teile Methylcyclohexan, 25 Teile Cyclohexanol, 25 Teile Petroleum (D.R.P. 405 750 Kl. 46).

Wie aus den Angaben des D.R.P. 370 846 Kl. 46 hervorgeht, hat man die Hydrierungsprodukte des Naphthalins durch Zusatz von Hydrierungsprodukten des Benzols und seiner Homologen, d. h. der Cyclohexane, für den Motor als Treibmittel geeignet gemacht. Man kann diese Aufgabe auch noch in anderer Weise lösen. Das Tetrahydronaphthalin hat das spez. Gew. 0,976 und den Sdp. 205—210° C, das Dekahydronaphthalin das spez. Gew. 0,900 und den Sdp. 190° C. Wenn man diese Stoffe ohne Vorwärmung im Motor verbrennen will, so versetzt man sie zweckmäßig mit niedrig siedenden aliphatischen Kohlenwasserstoffen (vgl. Ostwald, Autler-Chemie, 1910, S. 124), und zwar verwendet man zweckmäßig als Zusatz 10 vH unter 100° siedende und 30 vH unter 150° siedende Bestandteile. Es werden Gemische aus 50 Teilen Tetrahydronaphthalin und 50 Teilen eines leichten Benzins (0,725) oder 50 Teilen Tetrahydronaphthalin und 40 Teilen Schwerbenzin (0,760) sowie 10 Teilen Leichtbenzin (0,650) empfohlen. Kompressionszündungen kommen so gut wie gar nicht vor. Zu den vorstehenden Gemischen kann man auch 50—100 Teile Motorenbenzol hinzufügen, ohne daß wesentliche Änderungen in den Treibmitteln auftreten. An Stelle des Tetrahydronaphthalins kann auch das Dekahydronaphthalin benutzt werden (D.R.P. 414 245 Kl. 23).

In der zuletzt genannten, aus Tetralin, Leichtbenzin und Schwerbenzin bestehenden Mischung kann man das Schwerbenzin vorteilhaft auch durch Alkohol ersetzen. Durch diesen Zusatz wird die Rußbildung verhindert, als auch eine Ersparnis gewonnen infolge der vorteilhafteren Verbrennung des Kraftgemisches. Die vorgenannten Substanzen lassen sich nicht ohne weiteres mischen und bedürfen eines Homogenisierungsmittels, wie Äther oder eines höher siedenden Alkohol, z. B. Amylalkohol. Es wird folgende Mischung vorgeschlagen: 30 Teile Tetralin, 35 Teile Leichtbenzin, 30 Teile Brennspiritus, 5 Teile Amylalkohol (D.R.P. 416 838 Kl. 46).

Wasserhaltige Brennstoffe, die aus einer Emulsion von insbesonders schweren Ölen in Seifenlösungen bestehen, sind in den D.R.P. 298 309 und 306 283 Kl. 23 beschrieben. Es sind dort u. a. Mischungen vorgeschlagen, die sich 400—600 Teile Benzol und 200—300 Teile Steinkohlenteeröl, oder 400—600 Teile Schwerbenzin und 200—300 Teile Gasöl oder Petroleum und 50—100 Teile einer 5—10 vH wässrigen Seifenlösung insbesondere Ammoniumoleat auch unter Zusatz von Alkohol zusammensetzen, und denen auch noch Stoffe, wie Schwefelkohlenstoffe oder Pentachloräthan zugesetzt werden können. Man soll aber auch ohne Verwendung von emulgierend wirkenden Mitteln zu stark wasserhaltigen Mischungen in folgender Weise gelangen. Man geht von wenigstens 88 proz. Alkohol aus und einem Oxydationsprodukt des Alkohols, z. B. Aceton. Diese Mischung wird mit Acetylen versetzt. Als Alkohole wurden folgende verwendet: Methyl-, Äthyl-, Propyl-, Butyl-, Amylalkohol, als Zusätze Aceton oder Acetaldehyd. Um die höheren Alkohole mit Wasser zu mischen, setzt man ihnen wasserhaltiges Aceton zu. Bei hoch siedenden Alkoholen werden etwa 40 vH Aceton zugesetzt, bei niedrig siedenden 25 bis 20. Dann werden die Mischungen mit Acetylen gesättigt. Wenn man das Acetylen durch Zusatz von

Calciumcarbid auf die wasserhaltige Mischung entwickelt, so erhält man wasserfreie Mischungen. Man kann folgende Stoffe zusetzen: etwa 3 vH Ricinusöl oder Glycerin bzw. Vaseline, ebenso Paraffin, Paraffinkohlenwasserstoffe, Benzol oder flüssiges Naphthalin (Schweiz.P. 100 197).

Alle Vorschläge, die bisher behandelt worden sind, haben sich in erster Linie auf die Herstellung von Treibmittelgemischen aus an sich bekannten organischen Flüssigkeiten bezogen. Man ist aber schon seit langem, insbesondere in Amerika, dazu übergegangen, daß man entweder die bisher benutzten, zum Teil aus natürlichen Produkten gewonnenen Treibmitmittel auf dem Wege der Synthese gewonnen hat oder aus ungeeigneten Rohmaterialien gleichfalls auf synthetischem Wege zu Treibmitteln gelangte. Als Beispiel für die zuerst genannte Arbeitsweise soll die Herstellung des Methylalkohols dienen, den man aus Kohlenoxyd und Wasserstoff, d. h. aus dem sogenannten Wassergas, mit Hilfe von Katalysatoren hergestellt hat (vgl. Franz.P. 580 949) und den man früher in erster Linie bei der Destillation des Holzes gewann. Im übrigen werden nach diesem Verfahren, bei Innehaltung bestimmter Arbeitsbedingungen, auch Treiböle hergestellt. Abgesehen von diesem im ersten Stadium der Entwickelung stehenden Verfahren, zu denen auch z. B. das Druckhydrierungsverfahren von Bergius zu rechnen ist, gibt es aber auch schon seit einigen Jahren in Amerika eine Industrie, die Kunstbenzine, d. h. sogenannte Krackbenzine, herstellt, die heute in Amerika bereits die Hälfte des Treibmittelbedarfs decken.

Bei diesem Krackverfahren handelt es sich darum, Ausgangsmaterialien, insbesondere Schweröle, die für den Motor nicht verwendbar sind, durch brutale Behandlung, wie Hitze und Druck, in niedrig siedende Kohlenwasserstoffe (Gasoline) überzuführen. Es ist hier nicht der Ort, eine erschöpfende Darstellung der modernen Krackverfahren, über die etwa 3000 lediglich amerikanische Patentschriften existieren, zu geben, sondern es sollen nur solche Verfahren behandelt werden, die nach ihren hervorstechenden Merkmalen besonderes Interesse besitzen. Zur Umwandlung von höher siedenden Kohlenwasserstoffen, wie Solaröl, Kerosin o. ä., in leichtflüchtige Treibmittel, soll man das umzuwandelnde Öl in flüssiger Form mit Wasser in eine Retorte einführen, die mit hocherhitzten Eisenspänen gefüllt ist, die dem Gemisch eine große Oberfläche bieten. Das flüssige Gemisch wird durch das heiße Eisen katalytisch zersetzt. Die entstehenden, zum großen Teil aus Leichtölen bestehenden Dämpfe werden kondensiert und durch Destillation gereinigt. Die Retorte soll etwa auf 480° C erhitzt sein (Ö.P. 51 464).

Beim Vergasen von Rohöl, aus dem man auch das Benzin vorher abdestilliert haben kann, führt man das Gas in bekannter Weise durch glühende Röhren und von hier aus die Spaltungsprodukte in eine Kühlanlage, die unter einem Druck von 10—30 Atm. steht. Hier scheidet sich ein flüssiger Bestandteil aus, der eine bräunlichgelbe, leicht bewegliche, widerlich riechende Flüssigkeit darstellt. Aus dieser Flüssigkeit kann man durch geeignete Behandlung einen benzinartigen Kohlenwasserstoff, spez. Gew. 0,84—0,87, Heizwert 8000—9000 Cal., herstellen. Man kann in folgender Weise nachbehandeln:

1. durch konz. Schwefelsäure, auch mit Zusatz von salpetriger oder untersalpetriger Säure, dann wird mit Wasserdampf destilliert und mit Alkalien nachbehandelt;
2. durch Einleiten von Chlor, worauf nach Hinzufügung von wenig Nitrobenzol destilliert wird;
3. durch Zusatz von Trichloressigsäure und Nitrobenzol, Destillieren;
4. durch Behandlung mit Chlorzinksalzsäure;
5. durch Behandlung mit nascierendem Wasserstoff oder mit einem Superoxyd;
6. durch Behandlung mit Zinkstaub und Ammoniak, dann Chlor (Ö.P. 68 640).

Man soll zu einem Brennstoff gelangen, wenn man Wasser, dem kohlenstoffhaltige Stoffe zugesetzt sind, wie z. B. Fette, tierische Öle, Mineralöle u. dgl., verdampft und den Dampf überhitzt. Es sollen zweckmäßig verhältnismäßig geringe Mengen dem Wasser zugesetzt werden (Schweiz.P. 63 977).

Es ist auch schon versucht worden, mit Hilfe des elektrischen Lichtbogens synthetische Kohlenwasserstoffe herzustellen. Zu diesem Zwecke werden Gasgemische, die z. B. aus 1 Teil Wasserstoff und 13—15 Teilen Acetylen bestehen, auf eine Temperatur von mindestens 2000° C erhitzt, wodurch kondensierbare Kohlenwasserstoffe entstehen. Als gasförmige Kohlenwasserstoffe benutzt man solche der Methan-, Äthylen- oder Acetylenreihe, z. B. die Produkte der trockenen Destillation von Torf, Steinkohlen o. ä. Die Methode kann in Rohren oder Retorten in Wärmeakkumulatoren (Regeneratoren), vorzugsweise aber mit Hilfe des elektrischen Lichtbogens oder elektrischen Funkenentladungen ausgeführt werden. Das Gasgemisch wird nach Abscheidung der kondensierbaren Anteile im Kreislauf durch den Apparat geschickt (Schweiz. P. 67 592).

Während die zuletzt erwähnte Vorschrift von einem Gemisch von leichten gasförmigen Kohlenwasserstoffen und Wasserstoff ausgeht, die man Temperaturen von etwa 2000° C, insbesondere dem elektrischen Lichtbogen aussetzt, bedient sich das Verfahren des Schweiz. P. 71 769 als Ausgangsmaterial einer Mischung von z. B. 28 Teilen Kohlenoxyd und 4—6 Teilen Wasserstoff, die gleichfalls in einem elektrischen Flammenofen erhitzt werden sollen, wobei sich benzinähnliche Flüssigkeiten bilden (Schweiz. P. 71 769).

Zur Herstellung benzinähnlicher Treibmittel kann man auch von höher siedenden Kohlenwasserstoffen, Teerölen, Mineralölen, Pechen und sonstigen Rückständen ausgehen. Bei den meisten dieser auf dem Prinzip des Krackens beruhenden Verfahren treten unerwünschte Nebenreaktionen unter Ausscheidung von Kohlenstoff auf. Man soll diesen Mißstand vermeiden, wenn man z. B. Teeröle mit Wasserstoff behandelt bei Gegenwart von Metallen als Katalysatoren, die bei der Reaktionstemperatur flüssig sind. Als derartige Metalle kommen folgende in Frage: Zinn, Wismut, Antimon, Zinnlegierungen, Wismutlegierungen, Antimonlegierungen. Man arbeitet zweckmäßig in verzinnten Apparaten und mit einem Druck von 10—20 Atm. Wasserstoff, obwohl man auch ganz ohne Druck arbeiten kann. Es wird bis auf 250—300° C erhitzt. Falls man ohne Druck arbeiten will, müssen die Ausgangsöle in sehr feiner Verteilung mit einem großen Überschuß von Wasserstoff in den mit den Katalysatoren gefüllten Apparaten, die den Dämpfen einen großen Widerstand entgegensetzen, auf Rotglut erhitzt werden. Man verwendet hierzu einen Apparat mit einer Reihe kolonnenartig gegeneinander versetzter Prellplatten. Beim Arbeiten ohne Druck muß die Temperatur 600—800° C betragen (Schweiz. P. 101 171).

Bei den bekannten Krackverfahren entstehen große Mengen ungesättigter Kohlenwasserstoffe, die durch Hydrierung in gesättigte übergeführt werden können. Die Anlagerung von Wasserstoff wird aber erst bei hohen Drucken technisch durchführbar. Die unerwünschte Bildung der Olefine hört aber auf, wenn man den Spaltungsprozeß der Öle bei Gegenwart von Wasserdampf vornimmt. Man kann bei Temperaturen von 400—1000° C arbeiten, als Katalysatoren werden u. a. Aluminium, Blei, Zinn oder deren Legierungen benutzt. Man braucht nur etwa 10 vH Wasserdampf. Die spaltende Wirkung der benutzten Schmelzen wird durch metallorganische Verbindungen, anorganische Anhydride, Säuren, wie Ameisensäure, Essigsäure, Oxalsäure, schweflige Säure, salpetrige Säure, Salzsäure, Fluorwasserstoffsäure u. dgl. erheblich gesteigert. Der zu spaltende Kohlenwasserstoff muß das Spaltungsbad, z. B. geschmolzenes Blei, drei- bis viermal durchstreichen. Von dem Bleibad gelangen die gekrackten Dämpfe in einen mit hochsiedenden Ölen, Rieselvorrichtungen, Raschigringen beschickten Apparat. Das Endprodukt wird fraktioniert; die Schweröle gehen in die Spaltkammern zurück. Als Kontaktsubstanzen verwendet man u. a. auch Bäder aus Kochsalz, dem 1 bis 4 vH Aluminium- oder Zinkchlorid zugesetzt ist. Nach diesem Verfahren, sollen Petroleum, rohes Erdöl, phenolfreies Urteeröl, Schieferöle, Braun- und Steinkohlenteeröle, Harzöle u. dgl. gespalten werden (Schweiz. P. 108 279).

Während man bei den zuletzt beschriebenen Verfahren bestrebt war, die bei der Spaltung der Öle entstehenden Kohlenwasserstoffe, sofern sie ungesättigt waren, durch Wasserstoffanlagerung in gesättigte umzuwandeln, ist auch schon vorgeschlagen worden, sich an Stelle des Wasserstoffes des Alkohols zu bedienen. Man arbeitet derart, daß man den Krackprozeß bei Gegenwart von Katalysatoren und Alkohol sich vollziehen läßt. Der bei der Reaktion unbeteiligte Alkohol bleibt in dem Brennstoff zurück. Es werden z. B. 100 Teile Petroleum und 100 Teile Äthylalkohol mit 4—8 Teilen Aluminiumchlorid an einem kurzen Rückflußkühler erhitzt. Das Endprodukt wird durch ein Kondensat der gleichen Flüssigkeit absorbiert und das Endprodukt mit Bisulfat oder Chloraluminium gereinigt. Zur Erhitzung kann man auch eine elektrisch auf 350—700° C geheizte Drahtspirale verwenden. Als Erhitzungsmittel können auch geschmolzene Metalle oder Salze dienen. Auch kann bei Gegenwart von Wasserstoff gearbeitet werden. Ein automatisches Ventil für Höchstdrucke ist vorgesehen (Schweiz. P. 108 280).

Man hat vielfache Versuche unternommen, um Mischungen von Benzin mit Alkohol und Äther herzustellen. Solche Mischungen sind nur unter Zusatz von Homogenisierungsmitteln, wie Tetralin, Cyclohexanol u. dgl. beständig. Es hat sich nun gezeigt, daß die nach dem Verfahren des Schweiz. P. 108 279, d. h. bei Gegenwart von Wasserdampf gekrackten Kohlenwasserstoffe sich mit Alkohol, Aceton und Benzol in fast allen Verhältnissen glatt mischen lassen. So kann man aus 50 Teilen des nach dem Schweiz. P. 108 279 gewonnenen Krackbenzins und 50 Teilen vergälltem Methylalkohol, insbesondere in einer Kolloidmühle, einen sich nicht entmischenden Brennstoff herstellen. An Stelle von Methylalkohol kann man ein Gemisch von Alkohol und Benzol benutzen (Schweiz. P. 108 496).

Wie aus zahlreichen Versuchen hervorging, ist die Eigenschaft, sich mit Alkoholen u. dgl. glatt zu mischen, nicht auf die Krackbenzine des Schweiz. P. 108 279, die nach einem bestimmten Verfahren und auch unter Verwendung von Wasserdampf hergestellt werden, beschränkt, sondern sie kommt auch allen aus anderen Verfahren gewonnenen Krackbenzinen zu, sofern sie nur bei Gegenwart von Wasserdampf gekrackt worden sind. Für die Herstellung der niedrig siedenden Kohlenwasserstoffe können beliebige, unter Anwendung von Wasserdampf arbeitende Verfahren benutzt werden, z. B. Druckdestillationen, Hindurchleiten durch geschmolzene Salze oder Metalle, elektrische Heizdrähte, Heizröhren o. dgl. (Schweiz.P. 108 709).

Man kann sehr leicht siedende Kohlenwasserstoffe, die sich auch für den Motorenbetrieb eignen, aus den Erdgasen und auch bei Ausführung der bekannten Krackverfahren gewinnen, ebenso auch bei der Hydrierung von Kohlenwasserstoffen. Für den praktischen Gebrauch derartiger Produkte war es unbedingt erforderlich, ihre Verdunstungsgeschwindigkeit zu verringern. Durch Zusatz von schwerflüchtigen Stoffen erreicht man nicht den gewünschten Erfolg, weil der Dampfdruck von Mischungen solcher Stoffe mit dem leichtflüchtigen Kohlenwasserstoffe höher liegt, als der nach der Mischungsregel berechnete. Zur Erreichung des angestrebten Zweckes genügen aber sehr geringe Mengen, etwa 2—4 vH, leicht verbrennlicher hochsiedender Verbindungen, wie Tetrahydronaphthalin, Dekahydronaphthalin oder Hexahydrophenol (D.R.P. 405 534 Kl. 23).

Die bei der Verschwelung von Steinkohle aus dem Gas und aus dem Teer gewonnenen Leichtöle besitzen zufolge ihrer besonders gearteten Zusammensetzung eine Reihe von Eigenschaften, die ihre Verwendung als Treibmittel ausschlossen. Vor allem war es der hohe Schwefelgehalt, der zur starken Korrosion von Metallteilen Veranlassung gab. Diese Leichtöle besitzen im übrigen einen sehr unangenehmen Geruch und geben starke Abscheidung von Harzen. Eine Reinigung mit Schwefelsäure ist wegen des starken Verlusts nicht angängig. Man kann solche Öle aber mit einem Gemenge von aktiver Kohle und Eisenhydroxyd reinigen. Vorteilhaft leitet man die Kohlenwasserstoffe im Gegenstrom durch ein Gemisch von Eisenhydroxyd und aktiver Kohle. An Stelle des Eisenhydroxyds kann Aluminiumhydroxyd benutzt werden. Die aktive Kohle kann durch Holzkohle ersetzt werden (D.R.P. 402 488).

Die als Motortreibmittel verwendete Mischung von Benzol und Spiritus besitzt den Nachteil, daß sie Metallteile, mit denen sie in Berührung kommt, angreift und zum Rosten bringt. Dieser Nachteil wird dadurch vermieden, daß man dem Benzolspiritus sehr geringe Mengen, etwa $^1/_2$ vH, Ölsäure bzw. Harzsäure, z. B. Kolophonium, zusetzt (D.R.P. 414 246 Kl. 23).

Die Anordnung von Karbonisierungsmitteln, wie Naphthalin in Tablettenform, wird in dem Schweiz.P. 96 670 vorgeschlagen. Neben dem Naphthalin, das den Hauptbestandteil der Mischung ausmacht, werden auch Nitroprodukte, wie Pikrinsäure und Nitronaphthalin, verwendet. Die Tabletten sollen folgende Zusammensetzung haben: 85,75 vH Naphthalin, 10 vH Pikrinsäure, 1 vH Benzaldehyd, 3 vH Nitronaphthalin, $^1/_4$ vH Methylenblau. Eine Tablette soll 2,2 g wiegen und für 5 l Betriebsstoff genügen (Schweiz.P. 96 670).

Bei der Herstellung von Treibmitteln, die aus rohen Erd- und Teerölen bestehen, die ohne Anwendung von chemischen Reinigungsmitteln lediglich durch Destillation gereinigt werden, soll man derart verfahren, daß man eine Mischung aus rohen, d. h. lediglich destillierten Erd- und Teerölen kleinere Zusätze von niedrig siedenden Flüssigkeiten, wie Ketone, Aldehyde, Äther, Ester, Alkohole o. dgl. hinzufügt. An Stelle der rohen Erdöle soll man auch Kohlenwasserstoffe, die aus dem Tieftemperaturteer der Kohle stammen, oder Generatorteeröle verwenden (Schweiz. P. 98 084).

Die Herstellung niedrig siedender Öle aus hochsiedenden beruht entweder auf dem Krack- oder Hydrierungsverfahren bei Gegenwart von Katalysatoren. Die gesättigten Kohlenwasserstoffe spalten sich beim Kracken in ungesättigte Kohlenwasserstoffe, Gase und Teer. Um die ungesättigten Kohlenwasserstoffe den Naturbenzinen möglichst ähnlich zu machen, muß man sie hydrieren, z. B. auch nach Bergius bei 100—150° C. Man kann aber auf diese Weise auch nicht zu Naturbenzinen gelangen. Es wird deshalb folgende Arbeitsweise vorgeschlagen. Man kocht unter Druck das Gemisch der schweren Kohlenwasserstoffe und der leichten und destilliert hierauf. Man gelangt so zu einer guten Ausbeute an leichten Kohlenwasserstoffen auf Kosten der schweren. Diese Umsetzung wird durch Katalysatoren begünstigt. Diese Reaktion vollzieht sich in der Weise, daß die Dämpfe der schweren Kohlenwasserstoffe sich bei Gegenwart von Katalysatoren in ungesättigte, leicht siedende Verbindungen verwandeln. Gleichzeitig werden diese Olefine von den vorhandenen, sehr niedrig siedenden Kohlenwasserstoffen hydriert (Schweiz.P. 105 487).

Als Brennstoffe kann man Acetale, die leicht aus Aldehyden und Alkoholen herstellbar sind, für sich oder auch mit anderen Treibmitteln gemischt verwenden. Man kann sie in Mischungen mit Alkoholen, Ketonen, Äthern, Estern, aromatischen oder aliphatischen Kohlenwasserstoffen, wie Benzin, Benzol, Hexahydrobenzol, Tetrahydronaphthalin, benutzen (D.R.P. 421 814 Kl. 46).

B. Französische Vorschläge zur Herstellung von Treibmitteln.

Die einzelnen Vorschläge sollen in der gleichen Reihenfolge abgehandelt werden, die im ersten Teil dieser Abhandlung innegehalten wurde und die kurz hier noch einmal wiederholt werden soll:

I. Kohlenwasserstoffe des Erdöls, wie Gasolin, Petroläther, Petroleumessenz, Benzin, Petroleum, Gasöl u. ä.

II. Produkte der Teerdestillation, Benzol und seine Homologen, Teeröle, Schieferöle u. ä.

III. Alkohole, Aldehyde, Ketone.

IV. Schwelbenzin, hydrierte Treibmittel, Krackbenzine, synthetisch hergestellte Treibmittel, wasserhaltige Treibmittel und Verschiedenes.

a) Zusätze, welche die Mischbarkeit und Wirkung erhöhen.
b) Zusätze, welche die Zündfähigkeit erhöhen.
c) Zusätze explosiver Natur.
d) Zusätze mit verschiedener Wirkung.

Um sich ein ungefähres Bild über den Stand der Treibmittel-Bestrebungen in Frankreich zu machen, soll das Vorwort berücksichtigt werden, das Paul Sabatier dem Werk „Aubert, Combustibles liquides, 1924" vorausgeschickt hat. Er bespricht zunächst die bekannte Verarbeitung des Erdöls auf Brennöl, wobei, wie bekannt, die Benzine als unbrauchbares Material ausgeschieden wurden, die dann eine freudige Aufnahme als Treibmittel fanden. Aber bald zeigte es sich, daß die Menge der von der Natur gelieferten Benzine für den ungeheuer gesteigerten motorischen Bedarf nicht mehr ausreichte, und man mußte auf neue Wege sinnen, um den Bedarf an Treibmitteln zu decken. Die Destillation der Steinkohlen und der Braunkohlen kann zum Teil in Form von Benzol u. dgl. das Benzin ersetzen. Verwendbar sind auch die Teeröle und auch das Naphthalin, nachdem es durch Hydrierung in flüssige Produkte umgewandelt worden ist. Alle diese Produkte werden mit dem Augenblick verschwinden, in dem es keine Steinkohle mehr gibt. In diesem Zeitpunkt müssen wir zu Produkten des Bodens, d. h. zu einer Nutzbarmachung der Sonnenenergie, unsere Zuflucht nehmen. An erster Stelle stehen hier die vegetabilischen Öle, welche die tropische Vegetation in ungeheuren Mengen produziert. Dazu gehören auch die Destillationsprodukte des Holzes und in erster Linie der Äthylalkohol, dessen Herstellung man entweder auf synthetischem Wege über die weiße Kohle durchführt, oder den man in großem Maßstab durch Gärung aus stärkehaltigen oder zuckerhaltigen Pflanzenteilen gewinnen kann. Für ein Land wie Frankreich, das alle Petroleumprodukte importieren muß, erscheint die Verwendung des im eigenen Lande erzeugten Alkohols äußerst vorteilhaft und im Kriegsfalle unbedingt erforderlich. Um diesem Ziele näher zu kommen, hat man zunächst die Verwendung von Benzinen eingeschränkt, indem man ihnen wechselnde Mengen von Alkohol oder Benzol zusetzte. Der Name nationaler Brennstoff ist den Mischungen verliehen worden, die möglichst nur aus Alkohol bestehen.

Die flüssigen Brennstoffe, die heute benutzt werden, sind äußerst zahlreich, dennoch bleibt das Bestreben vorherrschend, die Treibmittelfrage auf der Basis des Alkohols zu lösen.

I. Kohlenwasserstoffe des Erdöls, wie Gasolin, Petroläther, Petroleumessenz, Benzin, Petroleum, Gasöl u. ä.

Um ausgehend vom Rohpetroleum zu einem Treibmittel zu gelangen, soll man folgendermaßen verfahren. Man erwärmt das Rohöl etwa eine halbe Stunde lang auf 45° C und setzt hierauf Blei oder Eisenpulver zu, um die Pyridine zu fällen. Dann gießt man vom Niederschlag ab und behandelt mit Schwefelsäure. Diese Behandlung wird mit Schwefelsäure von 66° Bé wiederholt und schließlich mit Ätzkalk nachbehandelt. Die so gewonnene Flüssigkeit versetzt man im Verhältnis von 10 : 1 mit einem Leichtöl, das man durch Destillation von Petroleum oder Schiefer erhalten hat. Schließlich werden noch 2 vH Naphthalin zugefügt (F.P. 392 175).

Um Naphtha zu reinigen, soll man sich des Äthers bedienen. Hierzu fügt man der Naphtha 5—30 vH Äther zu. Geltend gemacht für die Mischung wurden in erster Linie Effekte, die auf dem Gebiete der leichteren Zündung oder höheren dynamischen Wirkung liegen. Der Zusatz von Äther zu beliebigen Treibmitteln ist u. a. in dem D.R.P. 296 193 Kl. 23 S. 10 beschrieben (F.P. 553 095).

a) Zusätze, welche die Mischbarkeit und Wirkung erhöhen.

Man kann Petroleum zur Herstellung von Treibmitteln geeignet machen, wenn man es im Gemisch mit Alkohol, Benzinen und Mittelölen des Steinkohlenteers destilliert. Hierzu stellt man etwa folgende Mischung her: 60 Teile Rohpetroleum, 55 Teile Benzin, 85 Teile gereinigtes Steinkohlenteeröl (Mittelöl) und 300 Teile Alkohol. Bei der Destillation dieses Gemisches entweicht zuerst Rhigolen o. ä., dann der Alkohol mit dem größten Teil der Petroleum- und Teerkohlenwasserstoffe (etwa 90 vH). Als Rest verbleiben 10 vH des Gemisches zurück. An Stelle des Alkohols kann man ein Gemisch mit Methylalkohol nehmen. Man kann auch folgende Mischung in der Kälte herstellen: 15 Teile Motornaphtha, 65 Teile Alkohol, 20 Teile Teeröl (Mittelöl) (F.P. 344 129).

Zum Carburieren von Gasolin bzw. Leichtbenzin hat man vorgeschlagen, in diesem Campher aufzulösen, und zwar etwa 20 g Campher in 1 l Benzin. Durch diesen Zusatz soll eine merkliche Schonung des Motors erreicht werden (F. P. 350 210).

Außer dem Campher allein sind auch schon Mischungen von Campher mit Naphthalin, und zwar 3 g Campher und 2 g Naphthalin, in Petroleumkohlenwasserstoffen aufgelöst worden (F.P. 6333, Zus. zu F.P. 350 210).

Zur Herstellung homogener Mischungen aus leichten Kohlenwasserstoffen, wie Benzin, mit schweren Kohlenwasserstoffen, wie Teerölen (von spez. Gew. 1,000), soll man folgendermaßen verfahren. Man mischt x l 68er Benzin mit y l eines schweren Teerkohlenwasserstoffes (spez. Gew. 1,000) und fügt dieser Mischung 3 vH Schwefelsäure 66° Bé zu. Man rührt gut durch und läßt absitzen. Zu der von der Säure getrennten Flüssigkeit setzt man 3 vH Zinkoxyd zur Neutralisation der Schwefelsäure (F.P. 372 366).

Auch das folgende Verfahren geht vom Rohpetroleum aus. Man wäscht das Rohöl zunächst mit Schwefelsäure von 28—30° Bé und hierauf mit Seifenwasser, dann setzt man Kalk oder Soda in Pulverform hinzu und läßt absitzen. Die so gewonnene Flüssigkeit wird mit Alkohol, auch unter Zusatz einer geringen Menge Naphthalin und Soda versetzt, filtriert und schließlich Gasolin oder ein anderer niedrig siedender Kohlenwasserstoff zugefügt. Es sind folgende Angaben gemacht: 9 l Rohpetroleum, 0,5 l Schwefelsäure, 0,1 l Seifenwasser, 2 l Alkohol, 40—80 vH, 1 l Gasolin (F.P. 389 616).

Der hohe Preis des Gasolins hat Bestrebungen hervorgerufen, diesen Brennstoff durch Zusätze zu verbilligen. Man kann dies durch einen Zusatz von Kreosot erreichen. Mischt man gleiche Mengen von Gasolin mit Kreosot, so erhält man ein Treibmittel vom spez. Gew. 0,91, dessen Flammpunkt bei 33° C liegt und das 10 174 Cal. entwickelt. Man kann die Menge des verwendeten Kreosots auch auf das Dreifache erhöhen (F.P. 394 460).

Man soll das Benzin mit einem Extrakt mischen, den man durch Destillation einer alkoholischen Lösung verschiedener Substanzen erhalten hat. Dieser Extrakt soll die Entflammbarkeit und Flüchtigkeit des Treibmittels erhöhen. Zu seiner Herstellung löst man 15 Teile Kolophonium, 5 Teile Bleiacetat, 10 Teile Äther in 100 Teilen Alkohol und destilliert. Ein Zusatz von Aceton ist vorgesehen. Von dem Destillat sollen 1—4 vH dem Benzin zugesetzt werden (F.P. 451 301).

Wenn man Gemische von Petroleumdestillaten oder Schieferöl mit leichten Kohlenwasserstoffen, wie Gasolin, als Treibmittel verwendet, so erzielt man nicht die gleichen Resultate, als wenn man nur einen der beiden Brennstoffe für sich anwendet. Man muß dieser Mischung vielmehr noch geringe Mengen (5—20 vH) Benzol zusetzen, um eine bessere Mischbarkeit zwischen dem Petroleumdestillat und dem leichten Kohlenwasserstoff und damit eine Erhöhung der Wirkung zu erreichen. Vor Herstellung der Mischung hat es sich als zweckmäßig herausgestellt, die Petroleum- oder Schieferöldestillation einer vorherigen Reinigung zu unterwerfen, indem man sie mit 1—20 vH Teeröl und mit 1 vH Schwefelsäure mischt. Durch das Gemisch wird 5—10 Minuten Dampf geblasen. Man läßt absitzen, dekantiert und entsäuert mit Kalk (F.P. 451 382).

Wenn man ein Treibmittel herstellen will, das billiger als Petroleumessenz (0,67—0,68 spez. Gew.) und Benzol ist, so soll man vom Petroleum ausgehen. Dieses wird bei etwa 270° C destilliert, und es werden drei verschiedene Mischungen hergestellt. 1. 3,5 l destilliertes Petroleum, 0,5 l Gasolin, 0,25 l Ligroin; 2. 0,1 l Alkohol, 0,1 l Ligroin, 40 Tropfen Schwefeläther; 3. 0,2 l Alkohol, 0,1 l Ligroin, 25 Tropfen Petroläther. Man mischt Lösung 2 mit 3 und fügt dann Lösung 1 hinzu. Zu der Gesamtmischung soll man noch $^1/_2$ l Benzol und Naphthalin hinzufügen oder aber 3 l Petroleum und 1 l Petroleumessenz (F.P. 460 397).

Um die Zündfähigkeit hoch siedender Treibmittel, wie Petroleum, zu erhöhen, hat man ihnen bekanntlich leicht siedende Bestandteile, wie Gasolin, zugesetzt. Es soll die bloße Mischung dieser beiden Komponenten nicht zu dem gewünschten Ziele führen, sondern es hat sich als erforderlich gezeigt, die hochsiedende Flüssigkeit in fein verteiltem Zustand, d. h. durch eine Düse fein zerstäubt, in die mit einem Rührwerk ausgestattete Mischtrommel einzuführen. Man kann dieser Mischung beliebige Mengen von Gasolin zusetzen (F.P. 461 513).

Um aus Gemischen von verbrennlichen Kohlenwasserstoffen u. dgl., wie Rohpetroleum, Mineralölen, Teerölen, Benzol, Alkohol, Harzölen u. dgl., Treibmittel herzustellen, soll man sie in Gegenwart von Körpern destillieren, die Sauerstoff abgeben, wie Pikrinsäure, Peroxyde, wie Magnesiumperoxyd, Oxybenzoesäure, Pyrogallussäure u. ä. Zunächst unterwirft man die Gemische einem Reinigungsprozeß mit kaustischen Alkalien und hierauf mit Schwefelsäure. Dann werden sie mit wasserfreiem Natriumsulfat entwässert. Den Rest des Wassers entfernt man durch Ausfrieren oder durch Einleiten von kalter Luft. Um die Einwirkung des Sauerstoffes zu erleichtern, fügt man Sauerstoffüberträger, wie Terpentinöl oder Amylacetat hinzu. Sollte bei der Destillation eine Braunfärbung eintreten, so wird mit Ozon nachbehandelt. Man fügt zu einer Mischung von Rohpetroleum mit 5 vH Benzol etwas Natronlauge, $^1/_2$ vH Terpentinöl und 0,6 vH Pikrinsäure. Nach gutem Rühren wird ein kleiner Überschuß von Schwefelsäure zugesetzt. Dann wird mit wasserfreiem Natriumsulfat entwässert und destilliert. Man kann auch folgende Mischung herstellen: Man setzt raffiniertem Petroleum 5 vHBenzin und Benzol, $^1/_2$ vH Terpentinöl, $^1/_2$—1 vH Amylazetat hinzu und leitet Ozon ein (F.P. 462 935).

Mineralöle, die zu Treibzwecken benutzt werden sollen, besitzen häufig einen für diesen Verwendungszweck zu hohen Viscositätsgrad, weil sie Paraffin enthalten. Man kann die Viscosität stark herabmindern, wenn man den Ölen Naphthalin (etwa 8 vH) zusetzt. An Stelle des Naphthalins kann man auch solche Rohprodukte nehmen, die auch Naphthalin enthalten, wie Gasteer, Teeröl, Rohpretoleum, Schieferöl u. a. (F.P. 473 529).

Um leichtes Gasöl vom spez. Gew. 800—850 oder Schieferöl als Treibmittel verwenden zu können, soll man ihm Petroläther oder Schwefeläther bzw. Benzol zusetzen, ebenso auch Schwefelkohlenstoff und Aceton. Es wird u. a. folgende Mischung empfohlen, in der etwa 30 vH leichtes Gasöl und 15—30 vH von einigen der genannten Zusätze enthalten sind (F. P. 520 090).

Als Carburierungsmittel für Petroleum, Petroleumessenz, Benzin u. dgl. kann man Kohlenwasserstoffe der aromatischen Reihe, wie Dimethylbenzol (Xylol) und Diphenylmethan, benutzen. Zu einem gleichen Zweck ist schon Benzol, Toluol, Naphthalin u. a. m. vorgeschlagen worden (F.P. 531 367).

Das Schieferöl ist an sich kein empfehlenswertes Carburierungsmittel, was darauf zurückzuführen ist, daß es aus einem Gemisch von gesättigten und ungesättigten Verbindungen besteht. Es wurde nun gefunden, daß das Schieferöl gerade infolge der Gegenwart bestimmter Kohlenwasserstoffe ein sehr gutes Lösungsmittel für cyklische Kohlenwasserstoffe, wie Naphthalin, ist. Die Löslichkeit des Naphthalins im Schieferöl ist eine Funktion der Temperatur. Sie liegt nicht unter 25—30 vH, kann aber 75—80 vH erreichen. An Stelle des Schieferöls kann man auch ein hydriertes oder auf katalytischem Wege verändertes Öl verwenden. Auch das Naphthalin kann als hydriertes Derivat mit dem nicht hydrierten oder hydrierten Schieferöl gemischt zur Anwendung kommen (F.P. 549 795).

Die Petroleumkohlenwasserstoffe bilden ein bekanntes Carburierungsmittel für alkoholartige Treibmittel. Dem Kohlenwasserstoff gegenüber besitzt der Alkohol den Vorteil einer höheren Kompressionsfähigkeit. Dieser Vorteil kommt aber den Gemischen aus Benzinen und Alkohol nicht mehr zu, weil die Gasoline bereits bei relativ niedrigen Drucken zur Selbstentzündung neigen. Man kann aber mit diesen Gemischen auch bei hohen Kompressionen arbeiten, wenn man die Benzine vor der Mischung durch Distillation von den leicht siedenden Gasolinen befreit. Bei der fraktionierten Destillation der Benzine erhält man Gasoline, 0,63—0,65 spez. Gew., und Petroleumessenzen, 0,67—0,68 und 0,70—0,71 spez. Gew. Verwendbar für hohe Drucke sind die Benzine vom spez. Gew. 0,67 bis 0,71. Auf eine gleiche Weise kann man auch das Benzol von leicht siedenden Bestandteilen, wie Schwefelkohlenstoff usw., befreien (F.P. 556 308).

Als Carburierungsmittel für Benzine, Benzol, Alkohol, Petroleumöle soll man Halogenderivate des Naphthalins verwenden. In Betracht kommen die Mono-, Di- und Trichlorderivate. Diese Verbindungen lösen sich in fetten und Mineralölen, Benzinen, Äthern, Alkoholen, Aceton u. a. Ihr Gehalt an Calorien beträgt 13 000—16 000. Sie wirken nicht nur als Carburierungsmittel, sondern auch als Regulatoren für die Explosion. Durch ihre Verwendung soll der kalorische Effekt um 40 vH gesteigert werden. Man verwendet sie in einer Menge von 2—10 g auf 1 l. Im Gegensatz hierzu sind die Chlorderivate des Äthylens, Methylens usw. als Carburierungsmittel nicht brauchbar, da Chloroform, Di- und Trichloräthylen nicht brennen (F. P. 559 925).

Insbesondere zur Homogenisierung von solchen Gemischen, die schwere Kohlenwasserstoffe neben leichten und Alkohol enthalten, hat man bereits einen Zusatz von aromatischen Hydroxylderivaten (Phenolen) vorgeschlagen. Ein solcher Zusatz hat sich auch bei Gemischen von Kohlenwasserstoffen mit weit auseinanderliegendem Siedepunkt als vorteilhaft erwiesen, weil hierdurch eine Homogenisierung der Dämpfe des Treibmittels und dadurch eine bessere dynamische Verwertung bewirkt wird (F.P. 26 783, Zus. zum F.P. 560 909).

Die Dampftension der niedrig siedenden Kohlenwasserstoffe ist so hoch, daß sie sich aus Gemischen mit höher siedenden Treibmitteln sehr leicht verflüchtigen. Diese niedrig siedenden Kohlenwasserstoffe entstehen bei einer großen Anzahl technischer Verfahren, wie bei der Destillation von Petroleum, der Extraktion von Gasolin aus Erdgas, dem Krackverfahren, der synthetischen Herstellung von Kohlenwasserstoffen durch Hydrierung oder Katalyse. Die technische Bedeutung dieser leicht siedenden Produkte verleiht dem Verfahren, sie in Gemischen zu konservieren, eine besondere Wichtigkeit. Als Stabilisatoren kommen Produkte der Hydrierung in Betracht, wie z. B. Hexahydrophenol. Auch kann man Tetrahydronaphthalin, Dekahydronaphthalin u. a. anwenden (F.P. 578 310).

Man soll zu einem Treibmittel kommen, wenn man Benzine mit den Nebenprodukten bei der Gasherstellung, d. h. aromatischen Kohlenwasserstoffen, Aminen, Phenolen u. dgl., vermischt. Zur Ausführung des Verfahrens fügt man Benzin zu den Nebenprodukten der Gasherstellung und behandelt das Gemisch mit einer starken Säure, z. B. Schwefelsäure, um die Basen zu entfernen, dann wird mit Soda nachbehandelt, welches die Säuren, Phenole u. ä. entfernt. Das von Basen und Phenolen befreite Gemisch kann mit Petroleumessenz, Benzin, Alkohol oder Äther vermischt werden (F.P. 586 311).

b) Zusätze, welche die Zündfähigkeit erhöhen.

Zur Herstellung von Treibmitteln bedient man sich vorzugsweise solcher Produkte, die vorher einem Reinigungsprozeß unterworfen worden sind. Man soll aber auch von relativ rohen Produkten zu einem befriedigenden Brennstoff gelangen, wenn man 10 Teile des gewöhnlichen Handelskerosins mit 1 Teil gewöhnlichem Handelsgasolin mischt (F.P. 324 266).

Es ist bereits häufiger darauf hingewiesen worden, daß man Gemische von Alkohol mit Acetylen durch Einwirkung von Calciumcarbid auf wasserhaltigen Alkohol hergestellt hat, und daß man dem Alkohol zur Erhöhung der Lösungsfähigkeit für Acetylen Zusätze von Aceton hinzugefügt hat. In ähnlicher Weise soll man auch Gemische von Acetylen mit Gasolin oder Petroleum herstellen, indem man diesen Kohlenwasserstoffen zunächst Aceton, Äther oder andere Lösungsmittel für Acetylen zufügt und hierauf diese Mischungen mit Acetylen sättigt, oder indem man Aceton oder Äther, die vorher mit Acetylen gesättigt worden sind, den Petroleumkohlenwasserstoffen zufügt. Dieser Zusatz erhöht die motorische Wirkung und die Zündfähigkeit (F.P. 355 030).

Die für das vorstehend beschriebene Verfahren geltend gemachte Erhöhung der motorischen Wirkung und der Zündfähigkeit beschränkt sich nicht allein auf den Zusatz des Acetylens, sondern dieses kann auch durch andere Gase, wie Sauerstoff oder Leuchtgas, ersetzt werden. Die Auflösung des Gases in dem Kohlenwasserstoff (Petroleum, Benzin o. dgl.) kann mit oder ohne Druck, sowie bei gewöhnlicher oder erhöhter Temperatur stattfinden (F.P. 381 827).

Vorstehend sind Gemische von Kohlenwasserstoffen mit Acetylen, Sauerstoff oder Leuchtgas beschrieben. Man soll unter Erreichung der gleichen Wirkungen auch andere Gase benutzen können, z. B. Wasserstoff oder Stickoxyde, oder auch Gemische von Acetylen mit Stickoxyden bzw. von Kohlensäure, Wasserstoff und Sauerstoff, von denen einzelne Gase auch allein zur Verwendung kommen sollen. Zweckmäßig sollen sie unter Druck auf die Kohlenwasserstoffe einwirken. Für Leichtöle empfiehlt sich Acetylen und Stickoxyde, für Schweröle dagegen Kohlensäure mit oder ohne Wasserstoff (F.P. 384 177).

Die Zündfähigkeit schwerer Petroleumdestillate, z. B. des Kerosins, ist bekanntlich gering. Es gelingt aber auch, diesen Kohlenwasserstoff leicht zündfähig zu machen, wenn man ihn mit Luft mischt und dann fein zerstäubt. Hierzu kann man sowohl den Kohlenwasserstoff als auch die Luft in kaltem Zustand anwenden und sie dann fein zerstäuben. Dieses Gemisch wird auf seinem Durchgang zu dem Verbrennungsraum noch einmal mit Luft gemischt, zerstäubt und angewärmt. Zur Ausführung dieses Verfahrens wird ein besonders ausgebildeter Apparat vorgeschlagen (F.P. 416 836).

Zur Erhöhung der Zündfähigkeit von Treibmitteln ist z. B. im F.P. 384 177 ein Zusatz von Wasserstoff vorgeschlagen worden. Einen gleichen Vorschlag enthält das F.P. 455 299. Besonders hervorgehoben ist, daß nur geringe Mengen Wasserstoff erforderlich sind, um die Zündfähigkeit und die motorische Wirkung bedeutend zu erhöhen. Man soll selbst solche Kohlenwasserstoffe, deren Siedepunkt über dem des Petroleums liegt, zu sicherer Zündung bringen können. Die Zufügung des Wasserstoffes zu dem Treibmittel soll in erster Linie zusammen mit der zur Verbrennung notwendigen Luft vonstatten gehen. (F. P. 455 299).

In dem F.P. 355 030 ist ein Treibmittel beschrieben, das auch neben Petroleum eine Auflösung von Acetylen in Äther enthält. Dieser Zusatz ist in den Treibmitteln erfolgt, um ihre Zündfähigkeit und Wirkung zu erhöhen. Man kann in solchen Treibmitteln auch das Acetylen fortlassen und lediglich mit einem Zusatz von Äther arbeiten. Es wird unter anderem folgende Mischung vorgeschlagen: Rohpetroleum 4,5 l, Benzin vom spez. Gew. 0,74° Bé 1,7 l, Äther 62 g, pulverisierter Alaun 10 g. An Stelle von Rohpetroleum kann man Kerosin verwenden. Mit diesem Treibmittel soll auch ein kalter Motor anspringen (F.P. 484 249).

Als leichtsiedenden Zusatz zur Erhöhung der Zündfähigkeit hat man auch schon Schwefelkohlenstoff benutzt. Der Schwefelkohlenstoff entwickelt bei seiner Verbrennung saure Dämpfe, die indessen durch die Gegenwart von Terpentinöl und Fettstoffen unschädlich gemacht werden, indem das Terpentinöl Schwefelsäureester bilden soll, während die Fettstoffe mechanisch deckend wirken. Für die Mischung wird folgende Vorschrift gegeben: 35—50 Teile Schwefelkohlenstoff, 15—25 Teile Benzin, 8—15 Teile Petroleumessenz, 15—25 Teile Cumol, 4—15 Teile Terpentinöl, 4—15 Teile Fettstoffe (F.P. 497 623).

Bei der Destillation von Rohpetroleum erhält man 40—70 vH Leuchtpetroleum neben 10—12 vH Benzin im Maximum 18 vH Benzin. Um nun die Hauptmenge des Destillats, d. h. das Petroleum, zum Treiben von Motoren brauchbar zu machen, muß man ihm Zusätze machen, wie z. B. Aceton, durch das seine Viscosität verringert, die Rauchbildung unterdrückt und das Verschmutzen des Motors beseitigt wird. Es werden folgende Mischungen vorgeschlagen: 30—70 Teile Petroleum, 0,5—25 Teile Benzol und 3—6 Teile Aceton oder 80—90 Teile Benzol, 5—15 Teile Petroleum (roh oder raffiniert) und 3—10 Teile Aceton oder 30 bis 50 Teile Alkohol, 40—60 Teile Benzol, 10—15 Teile Petroleum und 5—10 Teile Aceton. Das Petroleum, das Benzol und den Alkohol muß man durch eine vorhergehende Filtration über Tier- oder Knochenkohle reinigen (F.P. 548 324).

In der zuletzt genannten Mischung kann man Leuchtpetroleum oder Schieferöl an Stelle des Rohpetroleums oder Benzols oder an Stelle dieser beiden Substanzen in Anwendung bringen. Man kann demnach auch ganz ohne Benzol arbeiten. Das Petroleum oder Schieferöl kann man, wie bereits im Hauptpatent beschrieben, gleichfalls durch eine Filtrierung über Tierkohle oder über Kalk reinigen. Das Aceton kann durch Substanzen, die gleiche

Eigenschaften haben, ersetzt werden (F.P. 25776, Zus. zum F.P. 548324).

Als gasförmiges Treibmittel hat man bereits das Acetylen in Vorschlag gebracht, das unter Druck in Aceton gelöst wurde. Man kann aber auch zu einem gleichen Zweck andere gasförmige Stoffe der Äthylenreihe verwenden. In Betracht kommen Äthylen, Propylen, Butylen oder Amylen. Diese beiden letzteren lassen sich leicht verflüssigen und stellen in flüssigem Zustand gute Absorptionsmittel für das Äthylen und Propylen dar. Diese Mischungen lassen sich unter geringem Druck in Metallflaschen aufbewahren (F.P. 558 894).

Im allgemeinen sind hochsiedende Öle irgendwelcher Provenienz als Treibmittel nicht oder nur unter Schwierigkeiten verwendbar. Man kann aber derartige schwersiedende Produkte, wie Rohpetroleum oder Leuchtpetroleum, Gasöl, Vaselinöl, Steinkohlenteeröl, Braunkohlenteeröl, Schieferöl, Torföl, Destillate von Holz o. dgl., als Treibmittel benutzen, wenn man ihnen Acetal, Paraldehyd oder Acetaldehyd zusetzt. Die Höhe des Zusatzes richtet sich nach dem Siedepunkt des Treibmittels. Die Zusätze können in einer Menge von 50 vH und darüber benutzt werden. Diese Zusätze sollen bessere Resultate ergeben als Äther, trotzdem dieser eine sehr hohe Dampftension besitzt, indessen soll eine Mitverwendung von Äther neben den Aldehyden von Vorteil sein. Es sind u. a. folgende Zusammensetzungen empfohlen: 60 Teile Petroleum, 20 Teile Benzin, 15 Teile Äther, 15 Teile Paraldehyd oder 36 Teile Petroleum, 36 Teile Benzin, 14 Teile Paraldehyd, 12 Teile Acetal, 20 Teile Acetaldehyd (F.P. 559 677).

Die Mitbenutzung von Acetaldehyd gestattet es aber auch, relativ hochsiedende Kohlenwasserstoffe als Treibmittel zu benutzen. Zu diesem Zwecke soll man etwa 20 vH Kerosin (Petroleum), 60 vH Benzin und 20 vH eines Gemisches von Alkohol mit Acetaldehyd (2 : 1) zusammen mischen. Beim Mischen von Acetaldehyd mit Alkohol soll zunächst ein Abfallen und dann ein Ansteigen der Temperatur stattfinden, woraus auf die chemische Einwirkung dieser beiden Flüssigkeiten geschlossen wurde. Die Dampftension dieses Gemisches ist sehr günstig. Der verwendete Aldehyd muß neutral sein. Zum Neutralisieren soll man zur Vermeidung von Aldolkondensation und der Bildung von Aldehydharzen Calciumkarbonat anwenden. An Stelle eines Gemisches von Alkohol mit fertigem Acetaldehyd kann man auch das Rohprodukt verwenden, das man bei der Aldehyddarstellung erhält. Wenn man dieses Gemisch mit Benzol vereinigt, kann der Alkohol etwas Wasser enthalten. Beim Mischen mit Petroleum muß er dagegen wasserfrei sein. Der vorbeschriebene Zusatz, der auch das Klopfen der Motoren verhindern soll, kann auch den Destillaten von Schiefer, Steinkohlenteer, Torf usw. zugesetzt werden. An Stelle von Acetaldehyd kann auch Paraldehyd benutzt werden (F.P. 28 414, Zus. zum F.P. 559 677).

In dem F.P. 558 894 ist bereits auf die Verwendbarkeit von gasförmigen Kohlenwasserstoffen der Äthylenreihe, wie Äthylen und Propylen und verflüssigtem Butylen und Amylen hingewiesen worden. Diese Mischungen sollten in Stahlflaschen unter Druck aufbewahrt werden. Zu einem gleichen Zweck ist auch schon das Methan vorgeschlagen, das wegen seines Reichtums an Wasserstoff mit dem Sauerstoff der Verbrennungsluft Gemische bildet, welche ähnliche Eigenschaften wie das Knallgas aufweisen. Zur Ausführung zerstäubt man das Benzin durch einen starken Strom Methan, dem die erforderliche Verbrennungsluft zugesetzt ist. Dieses Gemisch wird dann in den Motor geleitet (F.P. 592 030).

Bereits in dem F.P. 384 177 ist auf die Erhöhung der Zündfähigkeit und der motorischen Wirkung hingewiesen worden, wenn man neben dem Kohlenwasserstoff Wasserstoff benutzt. Etwa der gleiche Vorschlag liegt dem F.P. 592 292 zugrunde. Nach den dort gemachten Aufstellungen soll die Ersparnis an Benzin etwa 45 vH betragen. Vorgeschlagen wird folgende Mischung: Benzin 96 vH, Wasserstoff 4 vH und das 20proz. Volumen dieses Gemisches Luft (F.P. 592 292).

Zu einem ähnlichen Zweck, wie dies im F.P. 592 292 beschrieben ist, hat man auch schon Leuchtgas benutzt (F.P. 381 827). Dieser Vorschlag ist erneut in dem F.P. 592 345 gemacht worden, wobei außer Leuchtgas auch Ölgas oder andere Gase empfohlen wurden, die reich an Wasserstoff sind (vgl. F.P. 592 030 — Methan). Die Erhöhung der motorischen Kraft und der Zündfähigkeit soll etwa die gleiche sein wie bei der Verwendung von Wasserstoff, weil z. B. das Leuchtgas reich an Wasserstoff, Methan und Äthylen ist. Das günstigste Zusatzverhältnis von Gas zum Kohlenwasserstoff beträgt etwa 15—30 vH. Die Mischung des Gases mit dem Verbrennungsgemisch findet kurz vor der Verbrennung statt (F.P. 592 345).

c) Zusätze explosiver Natur.

In dem D.R.P. 164 635 Kl. 23 ist bereits auf Treibmittel hingewiesen, die auch aus Kohlenwasserstoffen bestehen können und denen zur Verbesserung ihrer motorischen Eigenschaften Salpetersäureester, wie Methylnitrat, Äthylnitrat, Nitroglycerin usw. zugesetzt werden sollen. Dieser Vorschlag ist durch das F.P. 321 940 bereits vorweggenommen, in dem die Ester der Salpetersäure bzw. salpetrigen Säure mit einwertigen Alkoholen der Fettreihe, und zwar die Methyl-, Äthyl-, Propyl-, Butyl- und Amylderivate, zu einem gleichen Zweck vorgeschlagen werden. Diese Ester sollen entweder in den Treibmitteln selbst oder zunächst in anderen Lösungsmitteln, wie Aceton, Äther usw. gelöst und dann den Treibmitteln zugesetzt werden (F.P. 321 940).

Wie aus dem vorstehend genannten D.R.P. 164 635 hervorgeht, ist dort schon der Vorschlag gemacht worden, Nitroglycerin zu Kohlenwasserstoffen zuzusetzen. Dieser Vorschlag kehrt in dem F.P. 379 714 wieder. Auf 1000 Teile des Treibmittels soll man 50—100 Teile Nitroglyzerin anwenden. Dieses Treibmittel soll keine explosiven Eigenschaften zeigen (F.P. 379 714).

Einen etwas komplizierten Weg, und zwar auch unter Verwendung von Explosivstoffen, hat das F.P. 384 946 beschritten. Man soll drei Lösungen herstellen: 1. eine Mischung von Kerosin mit Benzol und etwas Alkali; 2. eine Lösung von Pikrinsäure und 0,1 vH Schwefelsäure in Benzol oder Benzin. Man mischt diese drei Lösungen miteinander, gießt in eine Lösung von Magnesiumsulfat, rührt stark um, läßt absetzen und destilliert das abgeschiedene Öl bei Temperaturen bis 200° C. Vor der Destillation kann man dem Öl noch etwas Amylacetat zusetzen (F.P. 384 946).

In dem vorhergehenden Kapitel sind in den F.P. 355 090, 381 827 und 384 177 Treibmittel beschrieben, denen Acetylen, Sauerstoff oder Stickoxyde zugesetzt waren. Man soll ein Gemisch solcher Gase aus folgender Masse erhalten, wenn man sie mit Wasser zusammenbringt: 120 g Chromsäure, 200 g Chlorkalk, 150 g Bariumsuperoxyd, 30 g trockenes Eisensulfat, 200 g Calciumcarbid, 150 g trockenes Zink- oder Kupfersulfat, 150 g Ammoniumnitrat. Diese Bestandteile werden pulverisiert, gut miteinander vermischt, granuliert und mit einem Überzug von Krystallzucker, Glukose o. dgl. versehen (F.P. 385 366.)

Im Eingang dieses Kapitels ist bereits auf Vorschläge hingewiesen worden, aus denen es bekannt ist, Salpetersäureester von fetten Alkoholen als Zusatz zu Treibmitteln zu verwenden; auch ist bereits im D.R.P. 164 634 vorgeschlagen worden, Nitroderivate von Kohlenwasserstoffen, wie Nitroderivate von Benzol, Naphthalin usw. als Zusätze zu verwenden. Auch das F.P. 477 145 geht von ähnlichen Erwägungen aus, indem es vorschlägt, entweder leichte Kohlenwasserstoffe (Sdp. unter 150° C) oder schwere Kohlenwasserstoffe oder aber ein Gemisch leichter mit schweren Kohlenwasserstoffen mit einer Mischung von Salpeter- und Schwefelsäure zu nitrieren. Es soll z. B. folgende Mischung nitriert werden: 40—50 Teile Leuchtpetroleum, 20—30 Teile Benzol, 25 Teile leichte Kohlenwasserstoffe (unter 150° C) und 5 Teile Petroleumessenz. Es soll in der Hitze nitriert werden, und zwar mit etwa 30 vH Nitriersäure (F.P. 477 145).

Man soll Treibmitteln, wie Benzin oder Petroleum zur Erhöhung ihrer dynamischen Wirkung Nitroderivate des Toluols, Benzols, Naphthalins, Anilins u. dgl., zusetzen (F.P. 496 099).

Für die Kohlenwasserstoffe des Erdöls hat man als Carburierungsmittel schon Xylol oder Diphenylmethan in Vorschlag gebracht. Ferner wurde solchen Mischungen zur Erhöhung ihrer motorischen Kraft Naphthalinpikrat zugesetzt und außerdem Tetra- oder Dekahydronaphthalin (F.P. 25 291 und 27 383, Zus. zu F.P. 531 367).

d) Zusätze verschiedener Natur.

Die Auspuffgase der Motoren pflegen im allgemeinen keinen übermäßig angenehmen Geruch zu besitzen. Deshalb hat man den Vorschlag gemacht, dem Treibmittel selbst Riechstoffe zuzusetzen. Es ist empfohlen worden, auf 1 l Benzin 1 g Lavendelessenz zuzusetzen (F.P. 576 539).

Es ist eine bekannte Tatsache, daß jeder Brennstoff nur eine bestimmte Kompression verträgt, oberhalb deren er anfängt zu klopfen. Man kann diesen Grenzpunkt als die kritische Kompression bezeichnen. Man kann ihn weit hinausschieben, wenn man den als Treibmitteln benutzten Kohlenwasserstoffen verschiedene Zusätze macht, wie gewöhnliches Jod, Jodäthyl, Anilin, Xylidin oder Pseudohomologe des Anilins. Es ist durch diese Zusätze möglich, die Kompression zu vergrößern, ohne Selbstzündungen befürchten zu müssen und ohne daß ein Klopfen auftritt. (F.P. 516 719).

Gleiche Wirkungen wie das zuletzt besprochene Patent strebt auch das F.P. 562 404 an. Auch hier sollen es bestimmte Zusätze ermöglichen, unter hohen Drucken und ohne Klopfen zu arbeiten. Man soll z. B. 0,25 vH. Tetraäthylblei dem Gasolin zusetzen. Dieser Zusatz soll es gestatten, mit viel höheren Kompressionen zu fahren und soll große Ersparnisse an Treibmitteln ermöglichen. Außer dem Bleitetraäthylat hat man zu einem gleichen Zweck auch Verbindungen des Phenols und andere Derivate der Methylreihe verwendet. Man kann auch Derivate des Selen, Tellur, Zinn, Arsen und Antimon, und zwar sowohl Phenyl- als auch Methyl- oder Äthylderivate benutzen. Im allgemeinen haben die Methylderivate eine viel größere Wirkung gegenüber dem Klopfen als die Phenylderivate. Der Wert dieser metallorganischen Verbindungen hängt aber auch wesentlich von dem verwendeten Metall ab. Die größte Wirkung erzielt man mit solchen metallorganischen Verbindungen, die sich in dem Treibmittel auflösen. Die geringste Wirkung zeigten das essigsaure und ölsaure Blei. In dem vorerwähnten Bleitetraäthylat kann man einen Äthylrest durch die Hydroxylgruppe austauschen. Man erhält dann das Hydrat des Bleitriäthyls, das etwa die gleiche Wirkung hat wie die nichthydroxylierte Bleiverbindung. Die klopfverhindernde Wirkung scheint von der Stellung abzuhängen, welche das verwendete Metall in dem periodischen System der Elemente nach Mendelejeff einnimmt. Die Äthylderivate der vierten, fünften und achten Gruppe auf der rechten Seite sind alle beständige Verbindungen. Der Wert der Zusätze wächst in der vierten Gruppe vom Zinn zum Blei, in der Gruppe 5 vom Arsen zum Antimon und in der Gruppe 6 vom Selen zum Tellur. Auch steigt der Wert mit dem wachsenden Atomgewicht (F.P. 562 404).

Um bei der Anwendung der Tetraalkyl- bzw. Tetraamylderivate des Bleis für den Motor möglichst günstige Umstezungsprodukte der Bleiverbindungen zu erzielen, hat es sich als vorteilhaft gezeigt, diese metallorganischen Bleiverbindungen, wie z. B. das Tetraäthyl-, Tetraphenyl-, Tetramethyl-, und Tetraamylblei oder anderen ähnlichen Bleiverbindungen zusammen mit Halogenderivaten anzuwenden. Als solche kommen in Betracht Kohlenstofftetrachlorid oder ein Chlorderivat der Amyl-, Hexyl- oder Äthylreihe, die sich mit dem Blei unter Bildung von Chlorblei umsetzen. An Stelle der Chlorderivate können auch Jodderivate oder Bromderivate angewendet werden. Man verwendet beispielsweise eine Mischung von 2 Teilen Kohlenstofftetrachlorid und 3 Teilen Bleitetraäthylat und Bleitetramethylat. Auf 5 l Gasolin wurden 5 ccm der vorgenannten Mischung zugesetzt. Bei der Verbrennung bildet sich Bleichlorid. Es kommen auch noch andere Halogenderivate in Betracht, um unter anderem eine Bildung von Legierungen mit den Metallteilen des Motors zu verhindern. Mit Vorliebe werden solche Halogenderivate benutzt, die im Motor verdampfen und sich sowohl in dem Treibmittel als auch in der benutzten Bleiverbindung lösen. Man hat auch schon andere halogenisierte Verbindungen vorgeschlagen, wie Chlorderivate des Toluols, Xylols, Cumols, Naphthalins, das Chloral, Chloralalkoholat, Chloralhydrat, Benzylchlorid, chlorierte Ketone und Aldehyde, Dichlorpropan und chlorierte Öle. Man kann auch solche organische Verbindungen anwenden, die sowohl Blei als auch Halogene enthalten, z. B. Bleidiphenylbromid, Bleidiphenyljodid, Bleidiphenylchlorid oder die entsprechenden Methyl-,

Äthyl-, Alkyl- oder Amylderivate, ferner Bleitriäthylchlorid, Bleitriäthylbromid und andere Alkyl- oder Amylderivate, die neben Blei ein Halogenatom, wie Chlor, Brom oder Jod enthalten. Die Halogenderivate der Bleialkyle mit 2 Mol. Halogen sind gewöhnlich weniger löslich in Kerosin oder Gasolin als das Bleitetraäthylat. Um ihre Löslichkeit zu erhöhen, verwendet man als Zwischenlösungsmittel Benzol und einen in Kohlenwasserstoffen löslichen Alkohol. Der Gesamtzusatz des Zwischenlösungsmittels beträgt etwa 1 vH des Treibmittels, wenn man Trialkylmonohalogenderivate anwendet und für Dialkyldihalogenderivate 5 vH. Gleiche Mengen benutzt man von den Phenylderivaten (F.P. 574 111). Das Verfahren des zuletzt besprochenen F.P. 574 111 hat durch das F.P. 592 383 eine weitere Ausbildung erfahren. Dort werden neben den Bleialkylderivaten außer den gewöhnlichen Schmiermitteln auch vorzugsweise aromatische halogenisierte Öle, wie z. B. das Monochlornaphthalin angewendet. Daneben werden noch Bromderivate zugesetzt, die das Absetzen von Bleiverbindungen auf den Teilen des Motors verhindern sollen. Als solche kommen in Betracht Äthylendibromid und Propylendibromid. Diese Bromverbindungen können mit oder ohne die vorgenannten Schmiermittel benutzt werden. Es ist folgende Mischung angegeben: 40 Teile Bleitetraäthylat, 7 Teile Monochlornaphthalin, 18 Teile Äthylendibromid, 5 Teile Propylendibromid. Zu 5 l Kerosin setzt man 4—5 ccm dieses Gemisches zu. Das Monochlornaphthalin kann man durch Chlorbenzol oder die entsprechenden Toluolderivate ersetzen. In der Kälte empfiehlt sich die Verwendung eines Gemisches von Äthylendibromid und Propylendibromid. Sie können ersetzt werden durch Äthylen-, Butylen- oder Amylenchlorobromid, Tribromanilin, Bromäthyl, durch die Dichlorderivate des Äthylen, Propylen, Butylen, durch das Trichloranilin. Die Verwendung eines Schmiermittels neben einer aromatischen Chlorverbindung hat gute Resultate gegeben mit Körpern wie Arsen, Zinn, Nickel, Eisen, Zink u. a. Es sind von den Kohlenwasserstoffderivaten dieser Metalle außer Äthylderivaten die Carbonylverbindungen (Nickelcarbonyl, Eisencarbonyl) verwendbar auch das Tetrachlortitan und Tetrachlorzinn. Gut verwendbar sind solche Verbindungen, die sich in den Treibmitteln lösen und deren Dämpfe sich nicht aus dem Dampfgemisch ausscheiden. In den folgenden Vorschriften ist das übliche Schmiermittel fortgelassen: 1. 3 Teile Bleitetraäthylat, 2 Teile Äthylenchlorobromid; man nimmt 2 ccm auf 5 l Gasolin; 2. 3 Teile Bleitetraäthylat, 2 Teile Äthylendibromid. Man nimmt 5 ccm auf 5 l Kerosin. Das Monochlornaphthalin allein besitzt bereits Antiklopfwirkung (F.P. 592383).

II. Produkte der Teerdestillation, Benzol und seine Homologen, Teeröle, Schieferöle u. a.

Es ist durch Versuche festgestellt worden, daß die Naphthalindämpfe zur Bildung einer blau brennenden Flamme geeignet sind und im Explosionsmotor mit Luft gemischt besser detonieren, als solche von Petroleum. Es ist unbedingt erforderlich, daß alle Leitungen für das Naphthalin bis zum Ort seiner Verbrennung eine über 79° C liegende Temperatur aufweisen. Das Naphthalin wird in einen Vorratsbehälter, der durch Abwärme erhitzt wird, gepumpt und in einen Heizkörper geleitet, aus dem das verdampfte Naphthalin durch einen Abzugskanal in die Leitung übertritt F.P. 319 599).

Man kann bei der beschriebenen Verwendung des Naphthalins auch in der Weise verfahren, daß man das geschmolzene Naphthalin in Form eines Strahles direkt in die Verbrennungskammer des Motores einspritzt, nachdem man es mit einem starken Luftstrom gemischt hat. Die Vergasung tritt durch die warmen Heizflächen und den Luftstrom ein, der automatisch von dem Motor angesaugt wird (F.P. 2294, Zus. zum F.P. 319 599).

Zwecks Herstellung eines Treibmittels soll man Schieferöl folgendermaßen behandeln: Man erhitzt ein Schieferöl, das bei 15° C etwa ein spezifisches Gewicht von 0,800—1,000 hat, auf etwa 45° C, dann fügt man pulverisiertes Blei oder metallisches Eisen hinzu, um die Pyridine zu fällen. Dann läßt man absetzen und fügt 2 Teile Schwefelsäure auf 100 Teile Öl zu, dann folgt ein Zusatz von Schwefelsäure von 66° Bé. Man dekantiert und entsäuert mit Kalkmilch. Das auf diese Weise gereinigte Schieferöl wird mit einem etwa bei 120° C siedenden Schieferöldestillat versetzt, dem 2 vH Naphthalin zugefügt sind. Das Reinigungsverfahren mit Blei oder Eisen kann vor, nach oder während der Behandlung mit Schwefelsäure vorgenommen werden (F.P. 392 175).

Zum Betrieb von stationären Motoren hat man vielfach Petroleum als Treibmittel benutzt. An Stelle des Petroleums kann man indessen auch die unter dem Namen Kreosot bekannten Handelsprodukte anwenden. Obwohl diese Produkte vielfache Verunreinigungen enthalten, so eignen sie sich trotzdem zum Betriebe der genannten Motoren (F.P. 397 847).

Durch eine besonders geleitete Destillation kann man aus Torf ein flüssiges Treibmittel herstellen. Zu diesem Zweck wird ein Gemisch von entwässertem Torf mit Schwefel und Wasser in einer

Generatorkammer unter Einblasen von heißer Luft der Destillation unterworfen. Die Bestandteile sollen in folgendem Mischungsverhältnis angewendet werden: 75 kg Torf, 35 kg Wasser und 1 kg Schwefel (F.P. 463 104).

Zur Herstellung von Treibmitteln aus Goudron oder Karbolineum wird folgendes Verfahren empfohlen: 100 Teile Goudron werden in einem Kessel mit gleichen Teilen einer 1proz. Sodalösung vermischt. Man mischt und läßt etwa sechs Stunden stehen. Man dekantiert, bringt in einen geräumigen Kessel und destilliert. Bis 100° C geht Wasser, vonn 100—110° C Ammoniak über. Zwischen 150—280° C destilliert dann ein Öl über, das grünlichgelb ist und fluoresciert. Es besitzt einen schwachen Geruch nach Teer. Seine Dichte beträgt bei 15° C etwa 1,000. Es verbrennt beinahe restlos. Sein Flammpunkt liegt 70—75° C. Es wird bei — 20° C fest. Man kann aus dem Rohteer bis 90 vH Öl gewinnen (F.P. 472 860).

Um aus Rohbenzol eine benzinartige Flüssigkeit herzustellen, soll man es zunächst über Tierkohle filtrieren und dem Filtrat dann einen Zusatz von 2—5 vH Aceton zusetzen (F.P. 548 353).

Für die Reinigung der Teeröle zwecks Herstellung eines Treibmittels soll folgendes Verfahren dienen. Man behandelt die Öle entweder in der Kälte oder auf dem Wasserbad mit ausreichend Schwefelsäure, um die Amine und teerigen Produkte auszuscheiden. Dann trennt man die Öle durch Dekantieren und behandelt zur Entfernung der Phenole mit Alkalien, dann wird filtriert. Man kann zur Reinigung auch konzentrierte oder rauchende Schwefelsäure anwenden und auch Mangansuperoxyd. Die so hergestellten Öle werden vorteilhaft mit anderen Treibmitteln, wie Benzinen oder Alkohol, versetzt (F.P. 589 195).

a) Zusätze, welche die Mischbarkeit und Wirkung erhöhen.

Teeröle können auch bei der Raffination von Petroleum verwendet werden, wobei schließlich ein aus Teerölen, Petroleum und Alkohol bestehendes Treibmittel resultiert. Zur Ausführung stellt man eine Mischung aus 60 Teilen Rohpetroleum, 55 Teilen Motornaphtha, 85 Teilen Mittelöl (Teeröl) und 300 Teilen Alkohol her, die der Destillation unterworfen wird. Zunächst gehen etwa 2 Teile Gas und sehr leichte Kohlenwasserstoffe über, dann destilliert die Hauptmenge, d. h. etwa 450 Teile. Als Rest bleiben 48 Teile zurück. Der Rückstand wird mit Steinkohlenteerpech vermischt und ist als Anstrichmittel brauchbar (F. P. 344 129).

Die Herstellung einer Mischung aus Teerölen mit Petroleum kann man auch mit einer chemischen Reinigung verbinden. Zur Ausführung mischt man: x l Petroleumessenz vom spez. Gew. 680° Bé und y l Steinkohlenteergoudron (spez. Gew. 1,000). Dieser Mischung fügt man 30 vH Schwefelsäure (66° Bé) zu, rührt gut durch und läßt absitzen. Die dekantierte Mischung wird zur Klärung und zur Entsäuerung mit Zinkoxyd behandelt, die auf diese Weise erhaltene Mischung stellt das gewünschte Treibmittel dar (F.P. 372 366).

Die aus Steinkohlenteer gewonnenen Mittelöle enthalten leicht Naphthalin, das bei ihrer technischen Verwendung in den Leitungen und an den Ventilen auskrystallisiert. Man vermeidet diesen Übelstand, wenn man die Öle bei Temperaturen unterhalb von 200° C überdestilliert (F.P. 375 540).

Anstatt daß man die Mittel- oder Schweröle des Steinkohlenteers bei bestimmten Temperaturen destilliert, um sie vom Naphthalin zu befreien, kann man zu einem gleichen Zweck auch den Teer selbst destillieren, sofern man nur in den Destillationsapparaten die erforderlichen Fraktionierungseinrichtungen anwendet. Man kann diese Destillate mit 30—50 vH Alkohol mischen. Bei Anwendung dieser Mischungen werden die Ventile stark angegriffen. Man muß sie vergolden oder aus einem unangreifbaren Material herstellen (F.P. 8624, Zus. zum F.P. 375540).

Es ist in der letzten Veröffentlichung darauf hingewiesen worden, daß die unter 200° C destillierten Öle Metalle stark angreifen. Deshalb hat man sie durch eine Behandlung mit Alkalien von den sauer reagierenden Stoffen befreit. Auch ist es erforderlich, sie von den Schwefelverbindungen durch Behandlung mit Eisensulfat zu befreien, die lange Zeit zur Einwirkung kommen muß (F.P. 10 210, Zus. zum F.P. 375 540).

Auf die Reinigung des Schieferöles zwecks Herstellung von Treibmitteln, ist bereits in dem F.P. 392 175 hingewiesen worden. Eine ähnliche Arbeitsweise betrifft das im folgenden näher erläuterte Verfahren. Schieferöl wird mit etwa 4 vH Schwefelsäure (66° Bé) gut verrührt und dann absitzen gelassen. Das gereinigte Öl wird dann in Petroleumessenz gelöst, und zwar im Verhältnis 1 : 2. Das Gemisch wird wiederum mit 4 vH Schwefelsäure versetzt, gemischt und absetzen gelassen. Hieran schließt sich noch eine Reinigung mit Oxalsäure an. Der so erhaltene Brennstoff soll restlos verbrennen (F.P. 375 735).

Man hat die Teerkohlenwasserstoffe vorgeschlagen, um dem anderartig karburierten Alkohol die unangenehme Eigenschaft zu nehmen, Krusten an den Ventilen und den Zylinderwandungen abzusetzen, und sowohl nach der Verbrennung als auch vorher eine saure Reaktion auf die Metallteile auszuüben. Diese Nachteile sollen auf die nicht ausreichende Dampftension des Alkohols zurückzuführen sein. Zur Erhöhung der Dampftension soll man dem Alkohol u. a. auch Benzol zusetzen. Zunächst soll eine Neutralisation des Alkohols mit Soda und dann erst seine Vermischung mit dem Benzol vorgenommen werden (F.P. 384 472).

In dem F.P. 397 847 hat man Kreosot zum Betrieb von Motoren vorgeschlagen. Zu einem gleichen Zweck sind auch Mischungen von Gasolin mit Kreosot benutzt worden. Vorteilhaft mischt man miteinander: 1 Teil Gasolin und 1—3 Teile Kreosot. Man erhält auf diese Weise Treibmittel vom spez. Gew. 1,000—0,900, dessen Flammpunkt etwa bei 33—37° C liegt. Der Calorienwert beträgt 10 174 Cal. (F.P. 394 460).

Die Ester organischer Säuren, wie z. B. das Äthylacetat bzw. Äthylbutyrat, sind bekannte Zusatzmittel zu alkoholischen Treibmitteln, man kann sie aber auch solchen Treibmitteln zusetzen, die in erster Linie aus aromatischen Kohlenwasserstoffen bestehen, wie Benzol, Toluol, Xylol, Naphthalin und seinen Homologen, ebenso auch Petroleum, Schieferölen und Torfölen (F.P. 18 947, Zus. zum F.P. 461 520).

Teeröle soll man derart in Treibmittel umwandeln, daß man sie bei Gegenwart harzartiger Stoffe und solcher, die Sauerstoff abspalten, destilliert. Zunächst unterwirft man das Öl vorteilhaft einer Reinigung durch Einwirkung von kaustischen Alkalien und von Schwefelsäure. Um das Öl zu trocknen, kann man ihm Natriumsulfat o. dgl. zusetzen. Man kann das Wasser auch ausfrieren lassen. Bein Einblasen von kalter Luft scheidet sich das Wasser als Eis auf den Röhren ab. Als sauerstoffabgebende Stoffe sind genannt: Pikrinsäure, Peroxyde, z. B. des Magnesiums, Oxybenzoesäure, Pyrogallussäure u. dgl. Als Sauerstoffüberträger dienen Harze oder harzartige Produkte, wie Terpentinöl. An Stelle der Harze soll man auch Amylacetat verwenden können. Der Zusatz des Terpentinöls beträgt etwa 0,5—2 vH. Man kann auch 2 vH Harz, $^1/_2$ vH Terpentinöl und $^1/_2$—1 vH Amylacetat anwenden (F.P. 462 935).

Zur Herstellung eines Treibmittels aus Teerölen hat man als Zusatz auch Alkohol aus Most verwendet. Nach der Vorschrift soll man 300 Teile Most destillieren, die 8 vH Alkohol enthalten, und so lange destillieren, bis das Destillat 48 vH Alkohol enthält Zu dem Mostdestillat, das 48 vH Alkohol enthält, setzt man: Steinkohlenteeröl und noch etwas Campher bzw. Fichtenpech o. dgl. (F.P. 487 617).

Bei Überschreitung der kritischen Kompression eines Treibmittels treten Klopferscheinungen ein. Die Begrenzung durch die kritische Kompression hat zu einem Verlust an Leistung geführt, denn die Leistung wird bekanntermaßen um so größer, je höher die Kompression ist. Man kann nun durch geeignete Zusammensetzung der Treibmittel die Grenze für die kritische Kompression heraufsetzen, ohne daß man Explosionsstöße zu befürchten braucht. Zur Lösung dieser Aufgabe stellt man sich Gemische aus Benzol, das eine hohe Kompression verträgt, mit z. B. Kerosin, das eine niedrigere kritische Kompression besitzt, her. Man kann diesen Mischungen auch noch etwas Naphthalin hinzufügen (F.P. 494 540).

Die Mittelöle, welche man durch Destillation des Teers erhalten kann, enthalten für gewöhnlich bis zu 27 vH Naphthalin und etwa 65 vH Teersäuren, wie Kresole und Phenole; deshalb sind sie ohne weiteres als Treibmittel nicht brauchbar. Man muß den Überschuß des Naphthalins soweit entfernen, daß das Öl bei 55° C kein Naphthalin abscheidet. Die Teersäuren werden durch Waschen oder durch Neutralisation entfernt. Die gereinigten Teeröle werden mit Petroleum, Paraffinölen o. dgl. gemischt. Man nimmt etwa 25—50 vH Teeröle auf 75—50 vH Petroleum. Zur Reinigung der Teeröle verwendet man zunächst Natronlauge, dann Schwefelsäure, worauf gewaschen wird (F.P. 503 481).

Gleichfalls von dem Mittelöl der Teerdestillation geht das F.P. 503 482 aus. Diese Öle werden mit 10—30 vH Natronlauge versetzt, von der Lauge getrennt, mit Schwefelsäure und dann mit Wasser gewaschen. Dann wird das Öl bis auf 40° C heruntergekühlt, um das Naphthalin auszuscheiden. Es folgt darauf eine Destillation bei etwa 230° C unter nochmaliger Abkühlung der Destillate. Das so gereinigte Öl wird mit Petroleum oder anderen Erdöldestillaten vermischt (F.P. 503 482). Das zuletzt beschriebene Verfahren kann man auch in der Weise ausführen, daß man das Teeröl nach der chemischen Reinigung und nach der Abscheidung des Naphthalins einer fraktionierten Destillation unterwirft und nur diejenigen Teeröldestillate auffängt, deren Flammpunkt zwischen 38—49° C liegt. Diese Fraktion wird dann, wie bereits erwähnt, mit Petroleum oder anderen Destillaten des Erdöls gemischt, ehe sie als Treibmittel zur Anwendung kommt (F.P. 503 484).

Derivate aromatischer Kohlenwasserstoffe, insbesondere deren Hydroxylderivate, besitzen die Fähigkeit, homogene Mischungen aus wasserhaltigen aliphatischen Alkoholen und Petroleumdestillaten zu bilden. Vorgeschlagen für diese Zwecke wurden Kresole,

Xylenol, Butylphenole, Propylkresol, Amylphenol, Amylkresol, Butylkresol u. a. Wie bekannt, hat man zu einem gleichen Zweck auch andere Verbindungen in Vorschlag gebracht, wie höhere Alkohole, z. B. Propyl-, Butyl-, Amyl-, Isobutyl-, Isopropyl-, Isoamylalkohol, Terpenderivate, wie Terpineol, oder auch hydroaromatische Verbindungen, wie Cyclohexanol oder Methylcxclohexanol (F.P. 537858). In dem zuletzt erwähnten Verfahren kann man an Stelle der aliphatischen oder hydroaromatischen Kohlenwasserstoffe Kohlenwasserstoffe der Naphthalinreihe, insbesondere alkylierte Naphthaline, anwenden (F.P. 25086, Zus. zum F.P. 537858).

Die zwischen 160—270° C übergehenden Mittelöle des Teeres enthalten höhere Benzole, Naphthalin, Alkylnaphthaline, Phenole u.dgl. Die letzteren vermitteln die Löslichkeit in Alkohol von 90° C. Dagegen sind die höheren Benzolhomologen in 90proz. Alkohol direkt löslich. Die Alkylnaphthaline sind direkt in 95proz. Alkohol löslich, entweder für sich allein oder aber in Mischung mit den höheren Benzolhomologen. Solche Mischungen, denen außerdem noch Petroleumdestillate zugesetzt sein können, bilden gute Treibmittel (F.P. 25 205, Zus. zu F.P. 537 858).

Man hat zu den Mischungen aus Kohlenwasserstoffen und Alkohol auch schon Ammoniak oder aliphatische Amine zugesetzt sowie Basen der Pyridin- oder Chinolinreihe. Falls in dem Treibmittelgemisch auch Phenole als Homogenisierungsmittel vorhanden sind, soll man den Zusatz an Basen so hoch wählen, daß er dem Gehalt an Phenolen entspricht (F.P. 25 558, Zus. zum F.P. 537 858).

Als Homogenisierungsmittel zwischen aliphatischen Kohlenwasserstoffen und Alkohol hat man auch schon die Schweröle oder Mittelöle der Teerdestillation vorgeschlagen, die höhere Benzolhomologen, Kohlenwasserstoffe der Naphthalinreihe, Kresole, Xylenole o. dgl. enthalten. Die verwendeten Teeröle muß man aber vorher reinigen. z. B. indem man die in ihnen enthaltenen Phenole mit normalem Äthyl- oder Butylalkohol bei Gegenwart eines wasserentziehenden Mittels kondensiert. Zur Ausführung kocht man 100 l Teeröl mit 20 vH Phenolgehalt mit 15 kg normalem Butylalkohol oder 10 kg Äthylalkohol und 40 kg entwässertem Chlorzink. Die obere Schicht wird nach mehrstündigem Kochen abgehoben und dann mit Alkohol- und Petroleumersatz vermischt (F.P. 26 000, Zus. zum F.P. 537 858). Die in den letzten Verfahren genannten Homogenisierungsmittel der aliphatischen, aromatischen, hydroaromatischen und der Terpenreihe soll man eventuell auch nebeneinander anwenden (F.P. 26 392, Zus. zum F.P. 537 858).

Die Öle, welche man durch Destillation der Steinkohle, der Braunkohle, des Torfes, Holzes usw. erhält, besitzen einen zu hohen Siedepunkt, als daß man sie zu motorischen Zwecken verwenden könnte. Man kann ihre Zündfähigkeit aber dadurch erhöhen, daß man sie mit technischem Holzgeist, Methylalkohol, Aceton, aliphatischen Ketonen, aromatischen und hydroaromatischen Ketonen, Aldehyden, Äther, Äthersalzen, auch im Gemisch miteinander versetzt. Es wurden folgende Mischungen vorgeschlagen: 45 Teile Teeröl (Sdp. 75—130° C), 50 Teile Mineralöl (Sdp. 50—260° C), 5 Teile Methylalkohol oder 40 Teile Borneoöl und 5—10 Teile Aceton (F.P. 545 587).

Aus der Naphthalinreihe eignen sich auch die Chlorderivate als Brennstoff. Von ihnen kommen in Betracht das Mono- und Dichlorderivat, die beide etwa einen Sdp. von 260° C aufweisen, während der Sdp. des Trichlorderivats bei 280° C liegt. Diese Verbindungen sind in fetten wie auch in Mineralölen, in Äther, Alkoholen (Äthyl-, Methyl-, Amyl-) sowie in Aceton löslich. Ihre calorimentrische Wirkung beträgt 13 000—16 000 Cal. Sie brennen direkt an der Luft und sind entzündlich. In den Brennstoffgemischen wirken sie regulierend auf die Verbrennung ein. Man kann sie auch in geringen Mengen (d. h. 2—10 g auf den Liter) verwenden. Die Chlorderivate der Äthan- oder Methanreihe, wie Chloroform, Di- oder Trichloräthylen sind nicht brennbar. Man verwendet die chlorierten Naphthaline auch in Mischung mit Petroleumessenz, Alkoholen, Benzolen und Aceton (F.P. 559 925).

Zur Herstellung von Treibmitteln soll man auch Teeröle vom Sdp. 180—300° C benutzen, welche eventuell das gesamte Rohnaphthalin enthalten können. Von diesen Ölen mischt man 400 Teile mit 600 Teilen raffiniertem Mineralöl bzw. Benzol oder Alkohol. Man kann auch folgende Mischung herstellen. 200 Teile Teeröl, 300 Teile raffiniertes Mineralöl oder Benzol und 500 Teile Alkohol. Man mischt zuerst das Teeröl mit der Hälfte des Mineralöls o. dgl. und erwärmt auf 30—35° C, dann erst wird unter starkem Rühren die zweite Hälfte des Verdünnungsmittels zugesetzt (F.P. 567 652).

Bei der Destillation von Coniferenharzen zwecks Gewinnung von Terpentinöl gewinnt man einen Harzdestillationsrückstand, aus dem man 30—50 vH Teer gewinnen kann. Man kann im übrigen auch aus anderen Rückständen bei der Verarbeitung von Harzen, die man zweckmäßig einer teilweisen Verbrennung in geeigneten Öfen unterwirft, einen Teer gewinnen, der bei einer Destillation etwa 80 vH leichtes Harzöl liefert, das sich von dem gewöhnlichen Harzöl durch seine leichtere Löslichkeit in Alkohol unterscheidet. Zur Herstellung von Treibmitteln mischt man es u. a. auch mit Teerölen (F.P. 575 229).

Bei der Herstellung von Leuchtgas erhält man einen Teer, der aromatische Kohlenwasserstoffe, Amine, Phenole und deren Homologe enthält. Um aus diesen Nebenprodukten Treibmittel zu erhalten, soll man sie mit Petroleumessenz mischen, dann behandelt man die Mischung mit einer starken Säure, z. B. mit konzentrierter Schwefelsäure, um die Basen und teerartige Stoffe abzuscheiden. Nach dieser Behandlung folgt eine Einwirkung von Natronlauge zur Entfernung der Phenole. Das auf diese Weise von Aminen und Phenolen befreite Produkt wird nun mit anderen Treibmitteln, wie Petroleum, Benzin, Alkohol, Aceton u. dgl. versetzt (F.P. 586 311).

Alle Treibmittel, die sich von Rohprodukten, wie Alkohol, Benzol, Teerölen usw. ableiten, besitzen Unreinlichkeiten, welche beim Gebrauch eine Korrosion der Metallteile bewirken. Diese Unreinlichkeiten bestehen u.a. aus Schwefelkohlenstoff, Mercaptanen, Xanthogenaten, Estern sowie sauer reagierenden Verbindungen o. dgl. Man soll diese Treibmittel, die Alkohol, Petroleumessenz, Benzole, Teeröle u. dgl. enthalten können, dadurch reinigen, daß man sie bei Gegenwart einer geringen Menge eines Metalles, Oxydes, Hydrates, Carbonates, Alkoholates, eines Alkali oder Erdalkalimetalles destilliert, wobei vor der Destillation eine Erhitzung mit den Reinigungsmitteln vorausgehen kann (F.P. 589 712).

Um aus Rohbenzol ein Treibmittel herzustellen, soll man folgendermaßen verfahren. Der Alkohol wird verdampft und gelangt dampfförmig dann über wasserentziehende Körper, wie z. B. gebrannten Kalk. Die trockenen Dämpfe werden dann in Rohbenzol eingeleitet. Zur Herstellung dieses Gemisches dient ein besonderer Apparat (F.P. 593 606).

b) Zusätze, welche die Zündfähigkeit erhöhen.

Zur Herstellung eines leicht entzündlichen Treibmittels soll man 40 Teile Alkohol, der auch entwässert sein kann, mit 96 Teilen Benzol mischen und diesem Gemisch ein oder mehrere Teile Aceton, Methylalkohol oder Derivate des Alkohols zusetzen (F.P. 11 176, Zus. zum F.P. 380 310).

Die Teeröle von relativ hohem Siedepunkt sind wegen ihrer geringen Zündfähigkeit als Treibmittel nicht brauchbar. Deshalb wird ein geringer Zusatz (etwa 1 vH) von leicht siedenden organischen Flüssigkeiten empfohlen, wie Äthyläther, Schwefelkohlenstoff oder leicht siedende Kohlenwasserstoffe, wie Ligroin, Gasolin u. ä. Man soll z. B. zu einem Teeröl von 160—260° C Sdp., dessen Flammpunkt bis 51° C liegt, 1 vH Gasolin, Schwefelkohlenstoff oder Äther hinzufügen (F.P. 380 883).

Die Zündfähigkeit des Benzols soll auch durch darin aufgelöste Gase erhöht werden. Als Gase werden folgende benutzt: Acetylen, Stickoxyde, Kohlensäure, Wasserstoff und Sauerstoff. Das Einleiten der Gase erfolgt zweckmäßig unter Druck. In die Schweröle soll man in erster Linie Kohlensäure mit oder ohne Wasserstoff einleiten (F.P. 384 177).

Außer den bereits genannten niedrig siedenden Verbindungen, wie Äther, Aceton, Alkohol, Schwefelkohlenstoff, hat man auch Aldehyde zur Erhöhung der Zündfähigkeit von Stein- und Braunkohlenteerölen, Schieferölen, Torfölen u. dgl. verwendet. Vorgeschlagen wurde das Acetal, d. h. der Äther des Äthylidenglykols, Paraldehyd und Acetaldehyd, die man sowohl einzeln als auch nebeneinander anwenden soll. Der Zusatz dieser Zündvermittler muß um so größer sein, je höher der Siedepunkt des verwendeten Öles ist; man sollte aber 50 vH nicht überschreiten. Um den Grad der Zündfähigkeit noch zu erhöhen, wird ein weiterer Zusatz von Äther, Petroleumessenz, Benzol, leichten Teerölen, Aceton, Acetylen, Äthylen, Propylen o. dgl. vorgeschlagen. Es werden folgende Mischungen vorgeschlagen: 65 Teile Teeröl (Sdp. 80—340° C), 20 Teile Paraldehyd, 13 Teile Acetal, 2 Teile Acetaldehyd oder 15 Teile Teeröl, 20 Teile Gasöl, 20 Teile Petroleum, 10 Teile Benzin, 15 Teile Äther, 5 Teile Alkohol, 15 Teile Acetal oder Paraldehyd (F.P. 559 677).

Bei dem zuletzt beschriebenen Verfahren soll man vorteilhaft in folgender Weise arbeiten, daß man zunächst den Acetaldehyd mit Alkohol versetzt und diese Mischung dem Treibmittel zusetzt. Beim Vermischen dieser beiden Flüssigkeiten soll die Temperatur zunächst von 15° C auf 11° C fallen und hierauf auf 40° C steigen. Das spezifische Gewicht der Mischung ist höher als das der Komponenten, nämlich 0,900. Während die Komponenten bei 21° C und bei 78° C sieden, liegt der Siedepunkt der Mischung etwa bei 77° C. Der Acetaldehyd wird also durch den Alkohol fixiert. Vor der Mischung muß der Aldehyd durch Calciumcarbonat neutralisiert werden. Der Zusatz dieses Gemisches aus Alkohol und Aldehyd soll etwa 20 vH betragen. Er erfolgt auch zu Treibmitteln aus Schieferölen, Steinkohlenteerölen und Torfölen (F.P. 28 414, Zus. zum F.P. 559 677).

Bereits in den früheren Veröffentlichungen ist schon auf die Verwendung von Äther als Zusatzmittel zu Steinkohlenteerölen hingewiesen worden. Auch das F.P. 564 483 betrifft einen ähnlichen Vorschlag. Nach den dort gemachten Angaben soll man in einen Behälter zunächst 10 g Äther bringen und hierauf 2 l Teeröl und dann 1 l Benzol gießen, worauf man das Gefäß verschließen soll (F.P. 564 483).

In dem vorstehend erwähnten F.P. 28 414 soll der Zusatz des Alkohols dazu dienen, den flüchtigen Acetaldehyd in der Mischung zu fixieren. Zu einem gleichen Zweck hat man bereits auch andere Substanzen vorgeschlagen, wie Tetralin (Sdp. 205° C), Petroleum (Sdp. 150—280° C). Als Zwischenglieder zwischen den hoch und niedrig siedenden Bestandteilen sollen Heptan (Sdp. 98° C), Toluol (Sdp. 111° C), Methylcyclohexanol (160—170° C) und Dekalin (185° C) Verwendung finden (F.P. 579 052).

c) Zusätze explosiver Natur.

Der Zusatz von Körpern explosiver Natur, wie z. B. Pikrinsäure, ist nur zum Benzol empfohlen worden, und zwar soll man die Pikrinsäure in Form des Benzolpikrates anwenden. Es hat sich ferner als zweckmäßig erwiesen, außer dem Benzolpikrat noch Nitrobenzol zuzusetzen (F.P. 416 325 und Zus. 14 817).

Man soll Treibmittel, wie z. B. Benzol, zur Erhöhung ihrer dynamischen Wirkung Nitroderivate des Toluols, Benzols, Naphthalins, Anilins u. dgl. zusetzen (F.P. 496 099).

III. Alkohole, Aldehyde, Ketone.

Man hat in Deutschland bereits etwa vor 20 Jahren Versuche gemacht, um die Treibmittelfrage, lediglich unter Verwendung von Alkohol und Benzol, d. h. also rein einheimischen Produkten, zu lösen. Die Bestrebungen, einen nationalen Brennstoff herzustellen, sind seit vielen Jahren in Frankreich im Vordergrund des Interesses gewesen und auch regierungsseitig eingehend gefördert worden. Deshalb soll kurz, unter Bezugnahme auf die von seiten der französischen Regierung vorgenommenen Untersuchungen[1]) über die Resultate berichtet werden, welche die zuständige Untersuchungskommission festgelegt hat.

Die Kommission hat sich zunächst mit der Frage befaßt, welche Treibmittel von Frankreich selbst oder von seinen Kolonien geliefert werden können. Als Lieferungsort für Erdöle kommt Pechelbronn in Betracht, das indessen nur 1—2 vH der benötigten Treibmittel zu liefern in der Lage sein würde. Dagegen kämen als Lieferanten für beträchtliche Mengen von Erdölen die Kolonien,

[1]) La technique moderne 1922, S. 497 ff.

Algier, Tunis, Madagaskar und Marokko, in Betracht. Aus den Kolonien und den Gasanstalten könnten etwa 10 vH des Bedarfes gedeckt werden, sofern man noch die Hydrierungsprodukte des Naphthalins hinzurechnet.

Im Gegensatz zu den quantitativ sehr beschränkten Treibmitteln könnten dagegen der Alkohol und die vegetabilischen Öle dazu berufen sein, das erforderliche Quantum an Treibmitteln zu liefern, weil sie in unbegrenzten Mengen gewonnen werden können.

Vor dem Kriege hat die Produktion an Alkohol mehr als 3 Millionen Hektoliter, d. h. mehr als die Hälfte der benötigten Treibmittelmenge betragen. Die Einfuhr größerer Mengen von Ölen aus den östlichen Kolonien bietet keine Schwierigkeiten, dagegen ist die Verwandlung von Ölen zu Petroleum bisher in den Kolonien praktisch nicht zur Ausführung gelangt. Die Öle selbst können nur in Spezialmotoren vom Diesel-Typus verbrannt werden und bilden demnach keinen Ersatz für Benzin. Aus allen diesen Gründen scheint der Alkohol bei Lösung der Treibmittelfrage an erster Stelle zu stehen.

Wenn man die Mengen an Alkohol berechnet, die zur Zeit in Frankreich erzeugt werden, und hiervon die Quantität in Abzug bringt, die von den pharmazeutischen und anderen technischen Betrieben verbraucht werden, so bleiben etwa 600 000 Hektoliter, d. h. 10 vH der erforderlichen Menge für Treibmittelzwecke übrig. Diese Menge kommt lediglich als Zusatz für die heute verbrauchten Brennstoffe in Frage, während die Alkoholproduktion ungeheuer erhöht werden müßte, um einen nationalen Brennstoff in ausreichender Menge herzustellen, der sich nur aus Alkohol, Benzol, Destillationsprodukten des Schiefers und der Braunkohle und Petroleum aus den Kolonien zusammensetzen würde.

Bei den vorgenommenen Mischungsversuchen stellte es sich heraus, daß es keinesfalls leicht ist, eine homogene Mischung von 10 vH Alkohol mit 90 vH Gasolin herzustellen, weil der übliche Handelsalkohol wegen seines Wassergehaltes von 4—5 vH mit Gasolin nicht mischbar ist. Um eine Mischbarkeit des Alkohols mit Kohlenwasserstoffen herzustellen, muß man etwas Lösungsvermittler, d. h. Homogenisierungsmittel, anwenden oder aber den Alkohol wasserfrei machen. Als Homogenisierungsmittel sind folgende angewendet worden: Butylkresol, Cyclohexanol, Butylalkohol, Isopropylalkohol u. a. Um bei der Verwendung von Homogenisierungsmitteln zu Mischungen zu gelangen, die auch noch bei -25° C kältebeständig sind, muß man etwa 5 vH Homogenisierungsmittel anwenden, selbst wenn man nur 10 vH

Alkohol zur Lösung bringen will. Deshalb hat man der Herstellung von wasserfreiem Alkohol ein besonderes Interesse zugewendet. Neben dem bekannten Verfahren, Alkohol unter Zusatz von Kohlenwasserstoffen einer mehrfachen Destillation zu unterwerfen (azeotropische Mischungen), werden zur Zeit besonders drei Verfahren ausgeführt.

1. Das Verfahren nach Loriette. Nach diesem Verfahren werden die Dämpfe des 95—96proz. Alkohols durch eine mit gebranntem Kalk beschickte Kolonne geleitet.

2. Das Verfahren nach Mariller — Granger — van Ruymbeke. Die Alkoholdämpfe durchströmen eine Kolonne, die von reinem Glycerin, auch unter Zusatz wasserentziehender Salze, durchflossen wird. Diese beiden Methoden liefern einen Alkohol von 99,8—100 vH.

3. Das Verfahren nach Ricard Allenet. Der Alkohol wird mit Kohlenwasserstoffen und Pottasche geschüttelt. Das Salz absorbiert das Wasser, wobei die Gegenwart der Kohlenwasserstoffe für eine Störung des Gleichgewichtszustandes sorgt. Bei diesem Verfahren ist eine Redestillation des Rückstandes überflüssig.

Es wurde festgestellt, inwieweit solche mit absolutem Alkohol hergestellten Treibmittel hygroskopisch sind. Drei Proben von 99,8proz., 99,7proz. und 96,4proz. Alkohol wurden in feuchter Luft etwa 27 Tage stehen gelassen, wobei sie auf 95,5 vH, 96,65 vH und 91,58 vH heruntergingen. Da aber für gewöhnlich kein reiner Alkohol als Treibmittel verwendet wird, und überdies die alkoholhaltigen Mischungen von der Luft abgeschlossen sind, lassen sich auf die Wasseraufnahme derartiger Mischungen in Tanks u. dgl. sichere Schlüsse nicht ableiten. Auf Grund praktischer Erfahrungen kann man sagen, daß die mit absolutem Alkohol hergestellten Treibmittel allen praktischen Bedingungen genügt haben. Wenn sich im Einzelfall die Mitverwendung von Homogenisierungsmitteln als notwendig erwiesen hat, so konnte man sich auf äußerst geringe Mengen beschränken.

Über die Verwendung von Alkohol als Treibmittel liegen seit 30 Jahren praktische Erfahrungen vor. Zunächst hat man dem Alkohol den Vorwurf gemacht, daß er Unreinlichkeiten, wie Äther, organische Säuren u. dgl. enthalte, von denen man ihn naturgemäß befreien muß. Im Hinblick auf den geringen Caloriengehalt des Alkohols gegenüber den Kohlenwasserstoffen hat man zunächst angenommen, daß der Verbrauch an Alkohol ungemein viel größer sein würde. Die Tatsachen haben diese Auffassung nicht bestätigt, denn da der Alkohol selbst sauerstoffhaltig ist, verbraucht er zu seiner Verbrennung viel weniger Luft als Kohlenwasserstoffe. Man kann weiterhin Kohlenwasserstoffe wegen der Gefahr der Selbstentzündung nur bis auf 4,5 kg komprimieren, während der Alkohol eine Kompression von 8 kg aushält. Mit Motoren von wechselnder Kompression hat man festgestellt, daß die Verbrauchsmenge des Alkohols etwa gleich der des Gasolins war. Von den zuständigen Kommissionen wurde darauf hingewiesen, daß der spezifische Verbrauch eines Treibmittels für die Pferdestärke/Stunde von der Natur des Treibmittels unabhängig ist, sofern identische Versuchsbedingungen vorliegen. Über die Verwendung von Treibmittelmischungen, die 10, 15 und 20 vH Alkohol enthalten, liegen vielfache Erfahrungen vor. Der Verbrauch dieser Mischungen war gleich dem von Benzins. Bei ihrer Verwendung waren weder Änderungen am Motor noch auch am Vergaser erforderlich. Um bei Verwendung von sehr alkoholreichen Mischungen oder von reinem Alkohol günstige Resultate zu erhalten, muß man besonders konstruierte Motoren mit hoher Kompression wählen.

Es steht zu erwarten, daß die Einführung des Alkohols als Treibmittel sich langsam und in mehreren Etappen vollziehen wird, wobei man nicht unberücksichtigt lassen darf, daß Gemische von Alkohol mit Äther sich sehr gut für Motoren eignen.

Man hat aber neben dem Alkohol auch andere nationale Brennstoffe, wie Benzol, Schieferöle, Leichtdestillate aus Braunkohle und Torf, hydrierte Naphthaline und Krackbenzine aus pflanzlichen Ölen nicht unberücksichtigt gelassen. Es werden noch einige Jahre vergehen, ehe die Produktion von Alkohol dem Bedürfnis gerecht werden kann. Inzwischen sind neue Beobachtungen darüber zu erwarten, inwieweit die Treibmittel auf synthetischem Wege, z. B. durch Hydrierung von Phenolen, die sich in großer Menge im Braunkohlenteer vorfinden, hergestellt werden können.

Von besonderer Bedeutung ist aus wirtschaftlichen Gründen der Preis des Treibmittels, der keinesfalls den der bisher benutzten Benzine überschreiten darf. Bei derartigen Feststellungen ist es unbedingt notwendig, den Preis des eingeführten Brennstoffes genau zu kalkulieren, wobei Währungsschwankungen von großer Wichtigkeit sein können. Frankreich hat große unvermeidliche unproduktive Ausgaben für die Maßnahmen der Landesverteidigung. Aber alle diese Ausgaben würden zwecklos sein, wenn eines Tages das Land blockiert und ohne Treibmittel sein würde.

Wenn man der Frage näher tritt, auf welche Weise ein möglichst billiger Brennstoff hergestellt werden kann, so wird sich diese Aufgabe bei den Destillaten aus Braunkohle, Schiefer, Torf wie bei Benzol erfüllen lassen. Das Hauptargument ist aber auf billigen Alkohol zu richten, der den Hauptteil des Treibmittels bilden soll. Man kann den Alkohol durch Erhebung einer Weinsteuer verbilligen, die etwa 40 Millionen je Jahr einbringen würde, sodann kann man die technischen Herstellungsmethoden für Alkohol verbessern, so daß der Herstellungspreis sinkt oder neue Quellen zur Herstellung von Alkohol sich erschließen. Man muß zugeben, daß auf dem zuerst genannten Wege noch viel getan werden kann, andererseits muß auf das Verfahren von Prodor hingewiesen werden, das von Sägespänen ausgeht und diese mit Säuren verzuckert, wobei es gelingen soll, aus 1 Tonne Sägespäne 250 Liter Alkohol herzustellen. Es werden noch technische Schwierigkeiten zu überwinden sein, ehe dieses Verfahren fabrikatorisch in Angriff genommen werden kann, aber an dem Endeffekt ist nicht zu zweifeln. Gleichfalls von großer Bedeutung scheint die Herstellung von Alkohol aus dem Äthylen zu sein, das sich in den Gasen der Kokereien und in anderen Destillationsgasen vorfindet.

Gleiche oder ähnliche Erwägungen betreffen auch die Ausführungen, die Aubert in seinem Buche Combustibles liquides, 1924, dem Kapitel über das Problem des Carburant National zugrunde gelegt hat. Nach diesen Ausführungen sollen, fußend auf einer Schätzung von Engler und unter Berücksichtigung des stetig anwachsenden Verbrauchs, die vorhandenen Vorräte an Petroleum noch für etwa 25 Jahre ausreichen. Alle Staaten, auch Amerika, werden sich auf Grund dieser Sachlage genötigt sehen, zu einem anderen Brennstoff überzugehen, der aus unerschöpflichen Quellen fließt, und dadurch einen nationalen Brennstoff zu schaffen.

Vornehmlich ist es der Krieg gewesen, der denjenigen Völkern, die keine Petroleumquellen besaßen, die Notwendigkeit gezeigt hat, sich einen nationalen Brennstoff zu schaffen. Bei der Lösung des Problems nach Beschaffung eines nationalen Brennstoffs handelt es sich aber nicht nur um das Treibmittel, sondern auch um neue Motorenkonstruktionen, die für den neuen Brennstoff in erster Linie geeignet sind. In engerem Sinne läuft das Problem darauf hinaus, in den vorhandenen Motoren ein Gemisch von Petroleumkohlenwasserstoffen und solchen Brennstoffen zu verwenden, wie sie von der eigenen Scholle geliefert werden, ohne daß das Treibmittel dadurch gegenüber dem Benzin hinsichtlich des Preises erhöht würde.

In Frankreich hat im Jahre 1922 die Alkoholproduktion für technische Zwecke den Bedarf um 600 000 Hektoliter überschritten. Diese Menge stellt etwa $^1/_{10}$ der gesamten Treibmittelmenge dar. Man hat demnach daran gedacht, ihn als Hilfskraftstoff zu verwenden. Im übrigen hat der reine Alkohol schon Proben seiner Verwendbarkeit im Motor abgelegt. Bereits im Jahre 1901—1902 wurden Stundengeschwindigkeiten von 70 km mit Alkohol erreicht.

Eine Mischung von Alkohol und Benzin, Petroleum oder Benzol ist nur bei mäßigen Temperaturen beständig, ohne daß sie fest wird oder sich in ihre Bestandteile scheidet, namentlich wenn durch Zufall geringe Mengen Wasser in das Gemisch gelangen.

Es wurden Vergleichsversuche unternommen mit Gemischen, die aus Alkohol und Benzin, und solchen, die aus Alkohol und Hexan bestanden, wobei sich zeigte, daß die mit Benzin hergestellten Mischungen beständiger sind, als die mit Hexan gewonnenen. Das gleiche gilt für die Verwendung von Borneo- und Sumatraölen.

In einem binären System kann man die Homogenität durch Anwendung eines dritten Körpers erhöhen, wodurch sowohl der Entmischung als auch dem Festwerden vorgebeugt wird.

Zu diesen Verbindungen gehören das Benzol, der Butylalkohol, das Cyclohexanol, das Äthyl- und Butylkresol und der Isopropylalkohol.

Es wurden eine größere Reihe von Versuchen vorgenommen mit Mischungen von einem Alkoholgehalt von 10—50 vH und Gasolin, dessen folgende Verbindungen als Homogenisierungsmittel zugesetzt wurden: Benzol, Äther, Aceton, Isopropylalkohol, Isobutylalkohol, Butylalkohol, Amylalkohol, Cyclohexanol, Butylkresol, Ricinusöl und Terpineol.

Im großen Durchschnitt wurde festgestellt, daß 6—7 Millionen Hektoliter derartiger Brennstoffgemische, 250000 Hektoliter Homogenisierungsmittel erfordern würden, was zur Zeit für einen Teil dieser Mittel technisch auf große Schwierigkeiten stoßen würde.

Deshalb hat man sein Augenmerk auf die Herstellung von wasserfreiem Alkohol gerichtet.

Die Verfahren zur Entwässerung von Alkohol kann man in zwei Kategorien einteilen. In der ersten macht man von dem besonderen Verhalten komplexer Mischungen in Dampfform Gebrauch, in der zweiten wird der Alkohol mit festen oder flüssigen Entwässerungsmitteln behandelt. E. und R. Urbain haben zu diesem Zweck die Diffusion durch eine poröse Scheidewand angewendet. Wenn ein Gemisch von zwei Dämpfen, die eine verschiedene Dichte besitzen, sich auf der einen Seite einer porösen Scheidewand befinden, so diffundieren sie mit einer Geschwindigkeit, die umgekehrt proportional der Quadratwurzel aus ihren Molekulargewichten ist. Auf diese Weise kann man durch mehrfache Wiederholung die beiden Dämpfe voneinander trennen. Diese analytische Methode nennt man Atmolyse nach Graham. Man kann nach dieser Methode aus wasserhaltigem Alkohol einen Alkohol von 99,8—100 vH erhalten.

Guinot bedient sich zur Herstellung von wasserfreiem Alkohol eines Verfahrens, das von Young im Jahre 1902 veröffentlicht worden ist, und das darin besteht, den wässerigen Alkohol bei Gegenwart solcher Flüssigkeiten, wie Benzin, Trichloräthylen, Tetrachlorkohlenstoff, Cyclohexan, Butylaldehyd, Isobutylaldehyd, Butylchlorid, Äthylacetat u. a. zu destillieren, die sogenannte azeotropische Mischungen ergeben.

Mariller und van Ruymbeke haben den Gebrauch von flüssigen Entwässerungsmitteln vorgeschlagen und verwenden zu diesem Zweck das Glycerin. Wenn man Alkohol von 95° G.-L. dampfförmig im Gegenstrom durch eine Kolonne mit Glycerin strömen läßt, so erhält man ein Produkt von 98,5—99° G.-L. Man kann dieses Verfahren auch bei Dämpfen anwenden, die nur 50° G.-L. besitzen, wobei eine einmalige Passage durch Glycerin genügt, um sie auf 98,5—99° G.-L. zu konzentrieren. Das Glycerin kann man leicht schließlich durch Vakuumdestillation in wasserfreien Zustand überführen. Um auch den Rest von Wasser aus dem 99proz. Alkohol zu entfernen, muß man Glycerin anwenden, in dem Entwässerungsmittel, wie Chlorkalcium, Kaliumcarbonat, Kaliumacetat, Chlorzink u. dgl. suspendiert sind. Zur Herstellung solcher Suspensionen mischt man Glycerin mit den wäßrigen Lösungen dieser Salze und dampft das Wasser im Vakuum ab. Besonders zu empfehlen ist das Kaliumcarbonat. Ein Glycerin mit 30 vH wasserfreiem Kaliumcarbonat liefert einen Alkohol von 99,9 vH. Die Regeneration des Glycerins findet durch Erhitzen unter Vakuum statt.

Nach dem Verfahren von Loriette wird zur Entwässerung der Alkohol nicht in flüssigem, sondern in dampfförmigem Zustand angewendet. Als wasserentziehende Substanz verwendet man Ätzkalk. Wenn man für eine ausreichende Anzahl von Trokkentürmen sorgt, so kommt man bei einem einmaligen Durchgang zu einem Alkohol von 99,8—100 vH. Bei Anwendung von Alkohol, der durch Methylalkohol denaturiert ist, wird nur das Wasser zurückgehalten. Versuche haben dargetan, daß man zum Entwässern von 1 Hektoliter Alkohol von 95—96 vH 21 kg Ätzkalk benötigt.

Es war von Interesse, festzustellen, inwieweit Mischungen aus absolutem Alkohol und Kohlenwasserstoffen hygroskopisch waren. Es wurde eine Mischung aus 15 vH Alkohol von 99,9 vH und

85proz. Gasolin zu den Versuchen benutzt. Diese Mischung wurde in einem geschlossenen Gefäß der Einwirkung von Luft ausgesetzt, die mit Wasserdampf gesättigt war. Man notierte nach bestimmten Intervallen, Trübung, Abscheidung von Tropfen und Rückkehr zur Homogenität. Während die neu zusammengestellte Mischung bei — 25° C keine Trübung zeigte, trat eine solche bei — 8° C nach 43stündiger Behandlung mit feuchter Luft ein. In der Praxis wird der Brennstoff nie einer so durchgreifenden Einwirkung feuchter Luft ausgesetzt sein. Im übrigen unterliegt auch der Alkohol von 95—96 vH etwa den gleichen Gesetzen der Wasseraufnahme, wie der absolute Alkohol.

Bezüglich der Beständigkeit der nationalen Brennstoffe, d. h. also einer Mischung aus absolutem Alkohol und Gasolin, wurde folgendes festgestellt. Er verliert seine Homogenität durch Zusatz von Wasser. Solche Verunreinigungen können durch Zufall vorkommen, wenn Vorratsgefäße u. dgl. nach vorgenommener Reinigung nicht ausreichend ausgetrocknet werden.

Wenn man zu einer Mischung von Benzin und Alkohol steigende Mengen von Wasser zusetzt, so bleibt die Mischung zunächst homogen. Wenn aber der Zusatz an Wasser eine gewisse Höhe überschreitet, so bilden sich plötzlich zwei voneinander getrennte Schichten. Die hierzu erforderliche Wassermenge ist abhängig von der Zusammensetzung des Gemisches und von der Temperatur. Im Augenblick der Trennung ist bei 15° C und bei Mischungen, die mindestens 26 vH Alkohol enthalten, die untere kleinere Schicht reich an Alkohol und Wasser und arm an Benzin. Die obere Schicht enthält viel Benzin und wenig Wasser. Bei weiterem Hinzufügen von Wasser wächst die untere Schicht, während die obere Schicht abnimmt, indem sie ihren Gehalt an Alkohol abgibt. Nach einer gewissen Zeit besteht die obere Schicht nur noch aus Benzin. Bei Mischungen, die mehr als 26 vH Alkohol enthalten, treten andere Erscheinungen ein. Die untere Schicht enthält dann Alkohol mit wenig Wasser und Benzin. Beim weiteren Zusatz von Wasser wird das Volumen der oberen Schicht größer, während das Volumen der unteren Schicht dagegen kleiner wird. Diese Versuche wurden auch mit Alkohol vorgenommen, der mit Methylalkohol denaturiert war.

Die Selbstentzündung des Alkohols liegt etwa bei 17 Atm., während sie bei dem Benzin bei 10—12 Atm. beobachtet wurde. Die Versuche von Ricardo haben den Beweis dafür erbracht, daß man bei Verwendung von Alkohol mit einer Kompression von 7,5 Atm., bei Benzin dagegen nur mit 4 Atm. arbeiten kann. Man kann dadurch beim Alkohol die Leistung im Verhältnis von

100 :140 steigern. Außerdem besitzt der Alkohol eine hohe latente Verdampfungswärme, wodurch gleichfalls eine Steigerung der Leistung ermöglicht wird. Man kann bei Verwendung von Kohlenwasserstoffen mit einem Kompressionsdruck von 4 Atm. und von Alkohol mit einem Kompressionsdruck von 7,5 Atm. etwa die gleichen Leistungen bei einem gleichen Verbrauch an Benzin einerseits und Alkohol andererseits erreichen.

Die Mischungen von Benzin—Alkohol bieten im Verhältnis zu ihrem Gehalt an Alkohol die gleichen Vorteile, als wenn man ihn allein anwendet.

Es ist von Bedeutung, daß Mischungen aus 80 vH Alkohol und 20 vH Benzin bei 0—50° C eine höhere Dampftension zeigen, als die einzelne der beiden Komponenten.

Bei der Anwendung solcher Mischungen wurden folgende Beobachtungen gemacht. Das Bureau des Standards in Amerika hat Vergleichsversuche mit einem Zwölfzylinder-Liberty-Motor gemacht, und zwar mit einem Standard-Benzin und andererseits mit einem Treibstoff mit dem Namen „Alcogas" von folgender Zusammensetzung: 40 vH Alkohol, 35 vH Benzin, 17 vH Benzol und 8 vH Äther. Die Versuche ergaben, daß die dynamische Wirkung bei Alcogas höher war, als beim Benzin. Vor allem wird als besonderer Vorteil hervorgehoben, daß man bei Verwendung von diesem Brennstoff die Kompression auf 7,2 Atm. erhöhen kann, ohne daß der Motor klopft.

Die in Frankreich unter Leitung des Ingenieurs Dumanois vorgenommenen Versuche haben die bereits mitgeteilten günstigen Versuchsresultate in jeder Hinsicht bestätigt.

Alkohol ohne wesentliche Zusätze.

Um Alkohol wasserfrei zu erhalten, soll man ihn im Gemisch mit Kohlenwasserstoffen, wie Benzol oder Petroleum und Fuselöl, destillieren. Bei den gewöhnlichen Verfahren der Rektifikation bleiben nur etwa 5 vH Wasser im Alkohol zurück. Man vermischt etwa 40 Teile Alkohol 92—94 vH 0,25 Teilen Amylalkohol und 60 Teilen Benzol (Gasolin, Kerosin, Teeröl u. dgl.). Diese Mischung siedet bei 64° C. Das Destillat, das etwa 40 vH der Gesamtmenge beträgt, enthält einen großen Teil des Kohlenwasserstoffes und einen stärker wasserhaltigen Alkohol als das Ausgangsmaterial. Das Destillat bildet zwei Schichten. Das Benzol geht in den Betrieb zurück, der wasserhaltige Alkohol wird rektifiziert. Durch mehrfache Destillation kann man so zu einem wasserfreien Alkohol gelangen (F.P. 531 641).

Man kann aber auch auf einem anderen Wege zu wasserfreiem Alkohol kommen, indem man die Entwässerung mit metallischem Calcium, Calciumcarbid, gebranntem Kalk, Baryumoxyd, Kaliumcarbonat (trocken), Ferrosulfat (wasserfrei) ausführt. Diese Entwässerungsmittel können entweder mit dem Alkohol selbst oder seinen Dämpfen zur Einwirkung gebracht werden, gleichfalls auch mit den bereits hergestellten Mischungen, wobei man Überschüsse an Entwässerungsmitteln tunlichst vermeiden soll. Das Reaktionsprodukt kann durch Filtrieren u. dgl. gereinigt werden (F.P. 554 905). Die vorbeschriebene Entwässerung des Alkohols kann man vorteilhaft in der Weise zur Ausführung bringen, daß man die bekannten Dephlegmierkolonnen mit den Entwässerungsmitteln beschickt. Man verfährt dabei derart, daß man die einzelnen Mittel entsprechend dem Grade ihrer Wirkungsfähigkeit zur Anwendung bringt, d. h. also an erster Stelle gebrannten Kalk, mit dem man einen Alkohol von 98,5 vH erreicht, und hierauf Calciumcarbid oder metallisches Calcium, welche den Wassergehalt auf 0,2 vH herabmindern. Auf das Hektoliter Alkohol soll man 25 kg gebranten Kalk und 3 kg Calziumcarbid nehmen, wenn man die Alkoholdämpfe entwässern will, die aus dem Dephlegmator mit einem Wassergehalt von 5,5 vH austreten (Zus. Nr. 26 180 zum F. P. 554 905).

a) Zusätze, welche die Mischbarkeit und Wirkung erhöhen.

Um die Mischbarkeit von wasserhaltigem Alkohol mit Petroleum zu erhöhen, soll man der Mischung höhere Alkohole, wie Amylalkohol, Butylalkohol, Propylalkohol oder Äther derselben zusetzen. Man soll Mischungen von gleichen Teilen Alkohol und Petroleum herstellen können, wobei man 2—15 vH Homogenisierungsmittel verwendet, je nachdem man 90proz. oder 94proz. Alkohol benutzt (F.P. 324 778).

Zu einem gleichen Ergebnis, d. h. zur Herstellung homogener Mischungen aus Alkohol und Petroleumkohlenwasserstoffen, soll man in der Weise gelangen, daß man zu dem trüben Gemisch tropfenweise so lange Aceton oder Amylacetat zufügt, bis eine Homogenisierung eingetreten ist (F.P. 326 637).

Zur Herstellung von Mischungen aus Alkohol und Rohpetroleum soll man derart verfahren, daß man Mischungen von gleichem Volumen der beiden Komponenten der Destillation unterwirft und ferner solange, bis der ganze Alkohol ühergegangen ist. Bei diesem Verfahren soll sich der Alkohol mit den Bestandteilen des Rohpetroleums sättigen, die den gleichen Siedepunkt besitzen, wie er selber (F.P .334 783). Bei diesem Verfahren hat es sich herausgestellt, daß ein großer Teil des Rohpetroleums, d. h. die schwereren Öle als Ballast wirken und in den Rückständen wirkungslos verbleiben. Man arbeitet deshalb zweckmäßig derart, daß man nicht das Rohpetroleum selbst, sondern nur seine durch eine vorhergehende Destillation gewonnenen leichten Bestandteile mit dem Alkohol mischt, zu dieser Mischung noch geringe Mengen Toluol hinzusetzt und dann erst destilliert (Fr. Zus. Nr. 2537 zum F.P. 334 783).

Auf einem ähnlichen Gedanken basiert auch das Verfahren des F.P. 344 129. Nach diesem soll man eine Mischung destillieren, die aus folgenden Bestandteilen zusammengesetzt ist: 60 Teile Rohpetroleum, 55 Teile Naphtha, 85 Teile Teeröle (Mittelöle), 300 Teile denaturierter Alkohol. Aus 500 Teilen von diesem Gemisch erhält man bei der Destillation 2 Teile Gase und niedrig siedende Kohlenwasserstoffe und 450 Teile einer Mischung, die den Alkohol, die Naphtha, das Teeröl und das Rohpetroleum zum größten Teil enthält. 48 Teile bleiben bei der Destillation zurück (F.P. 344 129).

Um den Alkohol geeigneter als Treibmittel zu machen, soll man ihn zum Teil verestern. Man erhält so durch Einwirkung von Essigsäure oder Benzoesäure das Äthylacetat bzw. Äthylbenzoat, deren Anwesenheit einen größeren Zusatz von Benzol ermöglicht. Man kann Mischungen herstellen, die über 90 vH Alkohol und 1 vH Äther enthalten. Diesen oder ähnlichen Mischungen kann man animalische, vegetabilische oder mineralische Kohlenwasserstoffe zusetzen, ebenso Öle beliebiger Herkunft, Fette, Harz, Gummilack, Terpene, Teeröle des Steinkohlenteers, Produkte der Destillation von Teeren, Petroleum, vegetabilischen Stoffen usw., Carbüre, Kohlenwasserstoffe, Stickstoffverbindungen, Alkalien usw. Man kann auch Terpentinöl zusetzen, Teeröle, Petroleum oder Benzol. Ferner ist ein Zusatz von Äther vorgesehen (F.P. 367 985).

Um Alkohol zu denaturieren und gleichzeitig zu carburieren, soll man ihm 20 vH Methylalkohol und 36 vH Kohlenwasserstoffe zusetzen, die man durch Destillation aus einem Gemisch von Teeren, Petroleum und Steinkohlenteerölen herstellt (F.P. 368713). Man kann bei der Herstellung derartiger Mischungen auch so verfahren, daß man Äthylalkohol, dem man etwa 2 vH Methylalkohol zugesetzt hat, auf Teer einwirken läßt. Diese Mischung wird dann der Destillation unterworfen und das Destillat mit Benzol, Naphtha und Rohpetroleum versetzt (F.P. 368 713, Zus. Nr. 10 854).

An Stelle von Benzol soll man zur Carburierung des Alkohols Teeröle, d. h. die sogenannten Mittel- oder Schweröle, benutzen, nachdem sie einem Reinigungsprozeß unterzogen worden sind. Dieser Reinigungsprozeß kann beispielsweise derart ausgeführt werden, daß man die bis 300° C übergehenden Destillate des Teers längere Zeit stehen läßt, bis sich das Naphthalin und andere feste Kohlenwasserstoffe abgesetzt haben. Weitere Versuche haben schließlich dazu geführt, daß man nur solche Destillate des Steinkohlenteers verwendete, deren Siedepunkt oberhalb 200° C liegt. Die so gewonnenen Destillate müssen durch eine Behandlung mit Alkalien von den Phenolen und mit Eisensulfat von Schwefelverbindungen befreit werden (F.P. 375 540, Zusätze Nr. 8167, 8624, 10 210).

Die relativ geringe Dampftension des Alkohols hat dazu geführt, ihn in Mischung mit anderen Substanzen als Treibmittel zu verwenden. Solche Zusätze sind die leicht siedenden Kohlenwasserstoffe der Benzol- und Benzinreihe sowie Äther und Aceton. Außerdem sollen diesen Mischungen noch gasförmige Kohlenwasserstoffe, wie Methan, Acetylen, Leuchtgas und andere Kohlenwasserstoffe, wie sie bei der Destillation von Teer, Petroleum, Holz u. dgl. entstehen, zugesetzt werden. Zur Ausführung des Verfahrens wird der Alkohol zunächst neutralisiert, dann dampfförmig mit den Dämpfen von Kohlenwasserstoffen vermischt und schließlich mit den vorgenannten gasförmigen Kohlenwasserstoffen gesättigt (F.P. 384 472).

Zur Carburierung von Alkohol hat man auch schon vorgeschlagen, ihm eine Lösung von Naphthalin in Benzin zuzusetzen (F.P. 388 272).

Vielfach besitzen die Treibmittel die unangenehme Eigenschaft, daß sie übelriechende Auspuffgase liefern. Diesem Mißstand soll in folgender Weise abgeholfen werden. Man geht vom Rohpetroleum aus, das man mit Schwefelsäure von 28—30° Bé mischt. Hierauf folgt eine Wäsche mit Seifenwasser unter Dekantation. In der so erhaltenen Flüssigkeit wird Kalk oder Natron in Pulverform zugesetzt. Zu dem so gereinigten Petroleum fügt man Alkohol hinzu, in dem man eine geringe Menge Naphthalin und eventuell Alkalicarbonat gelöst hat. Man rührt um, dekantiert und filtriert und fügt zu der so erhaltenen Flüssigkeit Gasolin, Benzin oder einen andern Kohlenwasserstoff, der die Entzündlichkeit erhöht (F.P. 389 616).

Lösungen bestimmter Stoffe in Alkohol sollen besonders geeignet sein, um die Zündfähigkeit von Treibmitteln zu erhöhen. Man soll z. B. in 100 Teilen Alkohol 15 Teile Kolophonium, 5 Teile

Bleiacetat, 10 Teile Petroläther lösen und nach vollzogener Lösung das Gemisch bei 100° C destillieren. Diesem Destillat kann man auch noch etwas Aceton zusetzen. Je nach dem Siedepunkt des benutzten Benzins setzt man kleinere oder größere Mengen des Destillats zu (F.P. 451 301).

Um ein stark petroleumhaltiges Alkohol enthaltendes Treibmittel herzustellen, verwendet man Petroleum, das man durch Destillation und Abkühlung gereinigt hat. Dann stellt man 3 Lösungen her. 1. 3 l gereinigtes Petroleum, $^1/_2$ l Gasolin, $^1/_4$ l Ligroin; 2. $^1/_{10}$ l Alkohol rein, $^1/_{10}$ l Ligroin, 40 Tropfen Schwefeläther; 3. $^2/_{10}$ l Alkohol 96 vH, $^1/_{10}$ l Ligroin, 25 Tropfen Petroläther. Diese drei Lösungen werden schließlich miteinander vermischt. Ein Zusatz von Benzol und Naphthalin ist vorgesehen (F.P. 460 397).

Zur Herstellung einer homogenen Mischung aus Kohlenwasserstoffen und Alkohol hat man Amylalkohol benutzt. Man soll etwa 2 Vol. Kerosin vom Flammpunkt 45—49° C verwenden, dem man 1 Vol. leicht siedendes Petroleumdestillat vom Sdp. 60—80° C oder ein Krackbenzin zusetzt. Hierzu fügt man 1 Vol. Alkohol von 95 vH und Amylalkohol als Lösungsvermittler. Diesem Gemisch kann man ohne Gefahr der Entmischung $^3/_4$—1 vH Wasser zusetzen (F.P. 486 444).

Zum Carburieren von Äthylalkohol soll man Destillationsprodukte des Holzes oder Harzöle verwenden. Man hatte bisher zu dem gleichen Zweck Benzol oder Gasolin benutzt. Unter den Destillationsprodukten des Holzes sollen in erster Linie Terpentinöle oder Ausschwitzungen der Bäume verstanden werden. Durch diesen Zusatz soll der Heizwert des Alkohols bedeutend gesteigert werden. Man soll diese Zusätze auch ohne Alkohol zu Treibzwecken verwenden können (F.P. 491 224).

Es ist bereits im D.R.P. 372 593 Kl. 23 auf ein Treibmittel hingewiesen worden, das aus Alkohol und Kohlenwasserstoffen bestand und als Homogenisierungsmittel Ricinusöl enthielt. Dieses Verfahren wird durch das F.P. 498 565 insofern weiter ausgebildet, als das verwendete Öl durch die freie hydroxylhaltige Fettsäure, wie auch durch andere hydroxylierte Fettsäuren ersetzt werden soll (F.P. 498 565).

In gleicher Weise trifft auch das F.P. 499 407 eine Erweiterung des D.R.P. 373 926. In diesem letzten Patent sind Mischungen aus Alkohol und Gasolin bzw. Kerosin unter Zusatz von ungesättigten Fettsäuren, wie denen des Leinöls, Rüböls oder Rapsöls, beschrieben, man kann aber zu diesem Zweck auch die Ölsäuren des Kolzaöles benutzen (F.P. 499 407).

In den deutschen Patentschriften 373 925 und 372 002 ist die Verwendung von Phenol und von Nitrobenzol als Homogenisierungsmittel für alkoholische Gemische beschrieben. Nach den Angaben des F.P. 499 408 soll man diese Homogenisierungsmittel auch nebeneinander und auch noch unter Verwendung von Toluol anwenden, das bekanntlich in einer gleichen Richtung wirkt (D.R.P. 217 201). Von den vielen der angegebenen Mischungen soll nur folgende Erwähnung finden: 25 Teile Kerosin, 25 Teile Gasolin, 25 Teile Äthylalkohol, 17 Teile Methylalkohol, 17 Teile Benzin, 17 Teile Nitrobenzol, 1 Teil Kresol, 17 Teile Toluol. Als Kohlenwasserstoff kann man auch Anthracen benutzen (F.P. 499 408).

In den französischen Patentschriften 499 409, 499 410, 499 411 sind als Homogenisierungsmittel Nitrobenzol und Nitrotoluol, Phenole, insbesondere Kresol und chlorierte Kohlenwasserstoffe, wie Chloroform, Tetrachlorkohlenstoff, Tetrachloräther und Perchloräthan genannt. Diese Mittel sind zum Teil schon in dem vorgenannten F.P. 499 408 beschrieben, zum Teil bereits in den D.R.P. 372 002 (Nitrobenzol), 373 925 (Phenol) und 357 769 (Chloroform) abgehandelt.

Das Verfahren des F.P. 499 412 macht Gebrauch von der Eigenschaft des Benzols, als Homogenisierungsmittel zu wirken. Ein solches Verfahren ist bereits in dem D.R.P. 216 699 beschrieben.

Neben dem als Homogenisierungsmittel benutzten Benzol hat man auch schon Äther, und zwar in kleinen Mengen, benutzt. Es sind folgende Mischungen empfohlen: 40 Teile Alkohol, 30 Teile Benzol, 30 Teile Gasolin und 5 Teile Äther. Im übrigen sei auf das bereits besprochene D.R.P. 386 236 verwiesen (F.P. 499 656).

Man kann in den gleichen Mischungen den Äthergehalt indessen bedeutend erhöhen. So gibt z. B. das F.P. 499 657 folgende Mischung an: 40 Teile Äthylalkohol, 30 Teile Benzol, 30 Teile Äther, wobei der Äther das Benzol daran hindern soll, bei tiefen Temperaturen auszukrystallisieren. An Stelle von Äthylalkohol soll man den Methyl- oder Butylalkohol verwenden, an Stelle von Benzol Toluol, und an Stelle von Diathyläther den Butyläther (F.P. 499 657).

Das F.P. 499 658 entspricht im wesentlichen dem Inhalt des D.R.P. 216 699, nach dem als Homogenisierungsmittel Benzol angewendet werden soll. Es enthält aber in der Beschreibung u. a. zwei Beispiele, welche dem vorerwähnten D.R.P nicht entnommen werden können, nämlich 1. 20 Teile Alkohol, 20 Teile Gasolin, 15 Teile Kerosin, 35 Teile Methyläthylketon, 5 Teile Äther und

2. 12 Teile Benzol, 30 Teile Gasolin, 40 Teile absol. Alkohol. In dem ersten Beispiel ist als Homogenisierungsmittel anscheinend das Methyläthylketon ausersehen, während das zweite Beispiel mit absolutem Alkohol arbeitet, demnach also auf ein Homogenisierungsmittel verzichten kann (F.P. 499 658).

Als Mittel, beständige Mischungen zwischen wasserhaltigem Alkohol und Kohlenwasserstoffen herzustellen, kann man auch Schwefelkohlenstoff benutzen. Es wird folgende Mischung vorgeschlagen: 25 Teile Äthylalkohol, 25 Teile Gasolin, 8 Teile Schwefelkohlenstoff (F.P. 504 833).

Um aus Schweröl und Alkohol ein Treibmittel von hoher Treibkraft herzustellen, hat man vorgeschlagen, diese beiden Bestandteile miteinander zu mischen und einen Zusatz von Äther, Fuselöl und Toluol hinzuzufügen. Es wird folgende Mischung vorgeschlagen: 50 Teile Kerosin oder Schweröl, 30 Teile Alkohol, 5 Teile Fuselöl, die auch in dem Rohalkohol verhanden sein können, 10 Teile Äther und 8 Teile Toluol (F.P. 506 719).

In den früheren Literaturstellen ist bereits darauf hingewiesen worden, daß sowohl Fuselöl bei Gegenwart von aromatischen Kohlenwasserstoffen, als auch aromatische Kohlenwasserstoffe unter Zusatz von Äther gute Homogenisierungsmittel sind, vgl. Schweiz. P. 75 155 und D.R.P. 386 236.

Man hat bereits Mischungen aus etwa gleichen Teilen Alkohol und Äther hergestellt, denen man wegen der Bildung saurer Verbrennungsprodukte geringe Mengen von Ammoniak zugesetzt hat. Die Gegenwart des Ammoniaks ist aber für die Metallteile, mit denen das Treibmittel in Berührung kommt, keineswegs unbedenklich. Außerdem besitzen auch diese viel Äther enthaltenden Mischungen die unangenehme Eigenschaft, daß der Äther leicht aus ihnen verdunstet. Auch kann man eine solche Mischung nicht ohne weiteres in einem Zweitaktmotor verwenden.

Es hat sich nun ergeben, daß man die genannten Mißstände vermeiden kann, wenn man der aus Alkohol und Äther bestehenden Mischung Ricinusöl oder ein anderes vegetabilisches Öl und außerdem Mineralöl zusetzt, das sich infolge der Anwesenheit des vegetabilischen Öles mischt. Die Anwesenheit des vegetabilischen Öles schützt die Metallteile vor der korrodierenden Einwirkung des Treibmittels.

Als alkalisch reagierende Substanz kann man Pyridin zusetzen. Es wird folgende Mischung vorgeschlagen: 53 Teile Alkohol, 48 Teile Äther, 1,5 Teile Ricinusöl, 1,5 Teile Mineralöl, 1 Teil Pyridin (F.P. 511 487).

Mischungen aus Alkohol und Kohlenwasserstoffen hat man bereits mit oder ohne Lösungsvermittler hergestellt; dafür sollen folgende Beispiele angegeben werden: 50 Vol. Alkohol, 50 Vol. Benzin oder 80 Vol. Alkohol und 50 Vol Benzol oder mit Lösungsvermittlern 10 Teile Alkohol, 90 Teile Gasolin, 2 Teile Äther, 20 Teile Alkohol, 70 Teile Gasolin, 12 Teile Amylalkohol; 7 Teile Alkohol, 90 Teile Gasolin, 4 Teile Amylalkohol. Alle diese Mischungen sind nicht beständig, wenn die Temperatur unter 0° C sinkt. Man kann aber die Entmischung vermeiden, wenn man zur Herstellung solcher Mischungen möglichst wasserfreien Alkohol (99—100 vH) anwendet. Während bei Verwendung eines Alkohols von 97,7 vH die Entmischung bei + 7° C eintritt, ist sie unter Verwendung eines Alkohols von 99,3 vH erst bei —21° C zu befürchten (F.P. 521 117).

Die Verfahren zum Carburieren von Alkohol verfolgen den Zweck, ihm Kohlenstoff zuzufügen. Das geschieht vielfach durch den Zusatz von Kohlenwasserstoffen, insbesondere stark kohlenstoffhaltigen, d. h. also aromatischen. Man hat aber auch zu dem gleichen Zweck Terpentinöl und Harzöle zugesetzt (F.P. 491 224). Auch das F.P. 530 907 bedient sich eines Harzölproduktes, und zwar eines Destillates aus Harzöl, das etwa das spez. Gew. 0,809 besitzt. Dieser Mischung setzt man außerdem noch Acetonöl zu. Für die Mischung wird folgende Vorschrift angegeben: 1000 g Alkohol, 200—500 g leichtes Harzöl, 125 g Acetonöl (F.P. 530 907).

Als Lösungsvermittler bei der Herstellung von Mischungen aus (Methyl-) Äthylalkohol und Kohlenwasserstoffen werden folgende empfohlen:

1. Alkohole, wie Propyl-, Butyl-, Amyl-, Isobutyl-, Isopropyl-, Isoamylalkohol, allein oder in Mischungen;
2. Hydroxylderivate der Terpenreihe, wie Terpineol;
3. Hydroxylderivate der hydroaromatischen Reihe, wie Cyclohexanol, Methylcyclohexanol u. a.;
4. Hydroxylderivate der aromatischen Reihe, wie Kresole, Xylenole, Butylphenole, Propylkresole, Amylphenole, Amylkresole, Butylkresole, allein oder in Mischung miteinander.

Es ist folgende Mischung angegeben: 20 Teile Petroläther, 10 Teile Alkohol, 4 Teile Methylcyclohexanol, 4 Teile Propylkresol (F.P. 537 858).

In den vorgenannten Mischungen kann man die aliphatischen oder hydroaromatischen Kohlenwasserstoffe durch flüssige alkylierte Naphthalinen ersetzen. Diese Verbindungen entwickeln bei Gegenwart von Methyl- oder Äthylalkohol die gleichen Homogenisierungswirkungen, wie das Phenol, die Kresole, Xylenole und ihre Methyl-, Äthyl-, Propyl- und Butylderivate (F.P. 25 086, Zus. zum F.P. 537 858).

Die Mittelöle des Steinkohlenteers vom Sdp. 160—270° C enthalten höhere Homologe des Benzols, wie Naphthalin, flüssige alkylierte Naphthaline und Phenole. Die letzteren sichern die Löslichkeit der Mittelöle in Alkohol von 90 vH. Im übrigen sind die höheren Kohlenwasserstoffe der Benzolreihe in Alkohol von 90 vH löslich. Dagegen bedürfen die flüssigen alkylierten Naphthaline auch bei Gegenwart der höheren Kohlenwasserstoffe der Benzolreihe eines Lösungsvermittlers, wie eines Phenols, um im Alkohol von 90 vH löslich zu sein. Dagegen sind die alkylierten Naphthaline für sich oder in Gegenwart der höheren aromatischen Kohlenwasserstoffe in Alkohol von 95 vH löslich und liefern hierbei Treibmittel mit den Eigenschaften aliphatischer Kohlenwasserstoffe (F.P. 25 205, Zus. zum F.P. 537 858).

Zu den in den letzten drei Vorschriften genannten Mischungen, die also Alkohol, einen Lösungsvermittler, wie Phenole und aliphatische Kohlenwasserstoffe, alkylierte Naphthaline oder Mittelöl der Teerdestillation enthalten, soll man einen geringen Zusatz von Ammoniak, fetten primären, sekundären oder tertiären Aminen, Pyridin- oder Chinolinbasen hinzufügen. Der Zusatz der Basen kann entsprechend dem Phenolgehalt abgemessen sein. Dieser Zusatz soll die bei der Verbrennung sich bildenden sauren Gase neutralisieren (F.P. 25 558, Zus. zum F.P. 537 858).

Dem im F.P. 537 858 beschriebenen Treibmittel, das im wesentlichen aus den ersten Alkoholen der Fettreihe und aliphatischen Kohlenwasserstoffen unter Zusatz geeigneter Lösungsvermittler besteht, soll man zur Erzielung bestimmter Wirkungen das Schwer- und Mittelöl des Steinkohlenteers zusetzen. Diese Öle soll man vorher über wasserfreier Soda rektifizieren. Um diesen Ölen den anhaftenden Geruch und jede korrodierende Wirkung zu nehmen, kann man die in ihnen enthaltenen Phenole mit Alkoholen, wie Äthyl- oder Butylalkohol unter Verwendung von Chlorzink als Kondensationsmittel vor der Mischung kondensieren. Zur Ausführung soll man 100 l Teeröl mit einem Gehalt von 20 vH an, Phenolen mit 15 kg Butylalkohol oder 10 kg Äthylalkohol von 95 vH und 40 kg entwässertem Chlorzink am Rückflußkühler kochen. Für ein Treibmittel ohne Kondensation wird folgende Vorschrift gegeben: 10 Teile Alkohol von 95 vH, 20 Teile Teeröl und 70 Teile Petroläther (F.P. 26 000, Zus. zum F.P. 537 858).

Zu den zuletzt erwähnten Vorschriften sind als Lösungsvermittler zwischen dem Alkohol und den Kohlenwasserstoffen

Hydroxylderivate der aliphatischen, aromatischen, hydroaromatischen und der Terpenreihe verwendet worden. Man soll diese Lösungsvermittler auch in Kombination untereinander anwenden können (F.P. 26 392, Zus. zum F.P. 537 858).

In dem F.P. 538 322 ist ein Treibmittel beschrieben, das aus einem Gemisch von Alkohol und Äther unter Zusatz einer bestimmten Menge von Harzöl oder eines vegetabilischen Öls besteht, und das sowohl in Zweitakt-, als auch in Viertaktmotoren benutzt werden soll. Es hat sich herausgestellt, daß die Erhöhung der dynamischen Wirkung in erster Linie auf die Flüchtigkeit des Harzöles zurückzuführen war. Man kann demnach das Harzöl durch irgendein vegetabilisches Öl von der gleichen Flüchtigkeit ersetzen. Beim Gebrauch in Zweitaktmotoren wird dieser Mischung noch Schmieröl zugesetzt. Schließlich soll man dieser Mischung auch geringe Mengen von Natriumhydroxyd (0,25 vH) gelöst in Alkohol zusetzen. Es sind folgende Mischungsverhältnisse angegeben: 62 Teile Äther, 37 Teile Alkohol, 1 Teil Harzöl, 0,25 Teile Natriumhydroxyd (F.P. 26 669, Zus. zum F.P. 538 322).

Als Zusatz zum Alkohol ist Terpentinöl in einer Menge von etwa 7 vH vorgeschlagen worden. Eine ähnliche Mischung ist bereits im F.P. 491 224 beschrieben worden. Sie hat ein höheres spezifisches Gewicht, als Alkohol, ihr Siedepunkt ist nur wenig erhöht, dagegen der calorimetrische Effekt. In der Kälte soll der Motor mit dieser Mischung leicht anspringen (F.P. 542 362).

Für die Wirkung der Teeröle als Treibmittel scheint die Gegenwart der Phenole nicht bedeutungslos zu sein. Man kann die von ihnen erzielten günstigen Wirkungen auch dann in Erscheinung treten lassen, wenn man die Phenole mit Äthylalkohol vermischt. Als Mischung wird vorgeschlagen 10—20 Teile Ortho-Kresol und 90 bis 80 Teile Alkohol (F.P. 542 747).

Um Alkohol für Treibmittelzwecke geeigneter zu machen, muß man ihn möglichst wasserfrei herstellen. Zu diesem Zwecke ist bereits Calciumcarbid vorgeschlagen worden (vgl. z. B. D.R.P. 370 469, Schweiz.P. 75 155 und 105 001). Die Entwässerung soll nach dem vorgeschlagenen Verfahren so geleitet werden, daß man sie sukzessive in einer Batterie geschlossener, miteinander kommunizierender Kessel vornimmt. Als Entwässerungsmittel können auch Kalk odcr Baryt verwendet werden, wobei der Alkohol auch als Dampf verwendet werden kann (F.P. 543 545).

Zur Herstellung alkoholischer Treibmittel hat man auch schwersiedende neben leichtsiedenden Erdöldestillaten verwendet, wobei als Lösungsvermittler Benzol benutzt wurde. Z. B. setzt sich eine derartiges Treibmittel folgendermaßen zusammen: 20 Teile raffiniertes Petroleum, 20 Teile Gasolin, 20 Teile Alkohol, 40 Teile Benzol (F.P. 543 727).

Man hat vielfach versucht, die dynamischen Wirkungen des Alkohols durch Zusatz stark kohlenstoffhaltiger Beimischungen zu heben. Als solche werden Benzol oder Ricinusöl verwendet, deren Kohlenstoffgehalt indessen nicht ausreicht. Hingegen würde sich Naphthalin für diese Zwecke sehr gut eignen, wenn es nicht in Alkohol unlöslich wäre. Man kann aber trotzdem eine Lösung in Alkohol herstellen, wenn man zunächst das Naphthalin in Aceton löst und diese Mischung dem Alkohol zusetzt. Zur Ausführnug löst man 30 g Naphthalin in 50 Vol. Aceton und gießt diese Lösung in etwa 1 l Alkohol (F.P. 545 882).

Das Treibmittel soll sich aus einem leichten Kohlenwasserstoff, entweder einem mineralischen oder vegetabilischen, aus einem lösend und oxydierend wirkenden Mittel und einem Lösungsmittel zusammensetzen. Man braucht keine Raffinate, sondern kann Rohprodukte nehmen. Als Kohlenwasserstoff o. dgl. soll man Eucalyptusöl, Cedernöl, Terpentinöl, Alkohol, Gasolin, Toluol, Benzol, Benzin, Kerosin verwenden, hierzu fügt man Äther, Aceton, Amylacetat, Methylacetat o. ä. und setzt schließlich Alkohol hinzu. Es sind folgende Beispiele angegeben: 5 Vol. Petroleumessenz, 5—10 Vol. Amylacetat, 30 Vol. Alkohol. An Stelle der Petroleumessenz soll man Benzin, Benzol, Toluol, Kerosin und andere Kohlenwasserstoffe nehmen, an Stelle des Amylacetats Aceton, Äther oder andere Lösungsmittel (F.P. 550 647).

Als Homogenisierungsmittel für alkoholische Gemische ist der Amylalkohol seit langem vorgeschlagen worden (vgl. Schweiz. P. 75 155), dessen technische Verwertung durch sein geringes Vorkommen eingeschränkt ist. Man soll deshalb an Stelle des Amylalkohols den Butylalkohol zum Homogenisieren verwenden, der außerdem auch noch carburierend wirkt. Für die Verwendung des Butylalkohols wird sein Siedepunkt von 116° C und seine leichte Zugänglichkeit geltend gemacht. Um eine Mischung von 11 Vol. Gasolin, 12 Vol. Alkohol und 10 Vol. Benzol auch bei 0° beständig zu machen, muß man ihr 2 Vol. Butylalkohol zusetzen. Für tiefe Temperaturgrade muß dieser Zusatz erhöht werden. Der Butylalkohol ist als Lösungsvermittler bereits in dem F.P. 537 858 empfohlen (F.P. 552 927).

Zur Carburierung des Alkohols kann man auch Tetralin verwenden, dem man leicht siedende Benzine zugesetzt hat. Vorgeschlagen wird folgende Mischung: 50 Teile Tetrohydronaphthalin, 35 Teile Leichtbenzin, 30 Teile Alkohol und 5 Teile Amylalkohol zum Homogenisieren der Mischung. Die Mischung ist bis

— 10° C beständig. Man kann das Tetrohydronaphthalin durch Dekahydronaphthalin oder andere hydrierte Naphthaline und deren Mischungen ersetzen (F.P. 553 395).

So lange, wie die verfügbaren Mengen von Alkohol nicht ausreichend sind, um den motorischen Bedarf zu decken, wird man auf Mischungen aus Benzinen und Alkohol zurückgreifen müssen. Nun ist es ja bekannt, daß die dynamische Kraft des Alkohols durch starke Kompression wächst, während Benzine bei hohen Kompressionen zur Selbstentzündung neigen. Diese unerwünschte Eigenschaft zeigen sie auch in gewisser Weise im Gemisch mit Alkohol. Um nun derartige Gemische gefahrlos komprimieren zu können, muß man aus den benutzten Benzinen vor der Mischung die leicht siedenden Bestandteile abdestillieren. Man gewinnt durch Destillation des Benzins 3 Fraktionen: Gasoline vom spez. Gew. 0,63—0,65, Petroleumsessenz, spez. Gew. 0,67—0,68 und Petroleumessenz, spez. Gew. 0,70—0,71. Zur Mischung kann man unbedenklich die Destillate vom spez. Gew. 0,67—0,73 verwenden. In gleicher Weise soll man auch aus dem Rohbenzol die leicht siedenden Verunreinigungen, wie Schwefelkohlenstoff u. dgl., abscheiden (F.P. 556 308).

Wenn man Mischungen aus Alkohol und Kohlenwasserstoffen herstellen will, so vermischt man, wie bekannt, den Alkohol in wasserfreiem Zustand. Auf diese Weise gelingt es aber nicht, Mischungen aus schweren Kohlenwasserstoffen mit wasserfreiem Alkohol herzustellen, da die Löslichkeit von Kohlenwasserstoffen, die über 300° C sieden, wie Masut, Schweröle, Paraffinöle, Goudronöle u. dgl. in wasserfreiem Alkohol zu gering ist. Man muß deshalb Lösungsvermittler wie hydrierte Naphthaline, z. B. Tetralin oder Dekalin, Benzol u. dgl., zusetzen. Am besten löst man das Schweröl in dem Lösungsvermittler und setzt hinterher den Alkohol zu. Es ist folgende Mischung angegeben: 50 Teile Masut, 30 Teile Benzol, 20 Teile wasserfreier Alkohol (F.P. 557 326).

Auf drei verschiedenen Wegen soll man zu einer alkoholischen Brennstoffmischung kommen:

1. Man mischt 84 l Äthylalkohol mit 20 l Leuchtpetroleum, 350 g Schwefelsäure und schließlich mit 1200 g Kalk.

2. Man mischt 84 l Alkohol mit 20 l Brennpetroleum und 6 l Äther.

3. Man mischt 75 Teile Äthylalkohol, 20 Teile Petroleum, 3 Teile Amylacetat und 3 Teile Aceton. Man kann dieser Mischung noch 5—10 vH Ricinusöl zusetzen. Die Ersetzbarkeit von Amylacetat als Homogenisierungsmittel durch Äther oder Aceton ist bereits im F.P. 550 467 erwähnt (F.P. 557 797).

Nach den Angaben des F.P. 559 607 soll man zur Herstellung einer Brennstoffmischung 9 ccm Alkohol, 10 ccm Benzol und auf 1 l 10 g Naphthalin miteinander mischen.

Zum Carburieren von Brennstoffen verschiedenster Art, z. B. auch von Alkohol, sind Acetal, Acetaldehyd und Paraldehyd vorgeschlagen worden. Für die Mischungen wurden folgende Angaben gemacht: 70 Teile Alkohol, 30 Teile Acetal, oder 60 Teile Petroleum, 10 Teile Gasolin, 10 Teile Äther, 10 Teile Alkohol, 10 Teile Paraldehyd, oder 20 Teile Gasöl, 20 Teile Petroleum, 15 Teile Teeröle, 10 Teile Benzin, 15 Teile Äther, 5 Teile Alkohol, 15 Teile Acetal oder Paraldehyd, bezw. 60 Teile Alkohol, 30 Teile Paraldehyd, 10 Teile Äther (F.P. 559 677).

Man kann mit Hilfe der Aldehyde auch unter Verwendung von hoch siedenden Kohlenwasserstoffen zu brauchbaren Treibmitteln gelangen. Man verwendet hierzu Kerosin und auch höher siedende Destillate, denen man ein Gemisch von Acetaldehyd mit Alkohol zusetzt. Der Acetaldehyd siedet bereits bei 21° C, infolgedessen wäre zunächst anzunehmen gewesen, daß er infolge seiner Flüchtigkeit aus der Mischung verdampfen würde. Es wurde aber beobachtet, daß sich beim Mischen von Alkohol mit Acetaldehyd anscheinend eine chemische Verbindung bildet, was aus dem neuen Siedepunkt der Mischung und anderen Wahrnehmungen geschlossen wurde. Es wird u. a. folgende Mischung vorgeschlagen: 20 Teile Kerosin, 60 Teile Leichtbenzin, 20 Teile einer Mischung von Alkohol und Acetaldehyd (2 : 1) (Zus. Nr. 28 414 zu F.P. 559 677).

In dem F.P. 459 857 ist eine Treibmittelmischung beschrieben, die aus raffiniertem Mineralöl bzw. Benzol, Rohnaphthalin, Nitronaphthalin oder Naphthylamin und Kresol bestand. Der Zusatz des Nitronaphthalins oder Naphthylamins soll die Ausscheidung des Rohnaphthalins verhindern, der Zusatz des Kresols die Entmischung. Man kann das Mineralöl auch durch Alkohol ersetzen, wenn man die Zusammensetzung der Mischung in folgender Weise verändert: 500 Teile Alkohol, 335 Teile Rohnaphthalin, 15 Teile Nitronaphthalin, 100 Teile Krystallbenzol, 10 Teile Äther, 40 Teile Kresol (Zus. Nr. 27 003 zu F.P. 459 857).

Als Carburierungsmittel mit einem Inhalt von 13—16 000 Cal. kann man die Chlorderivate des Naphthalins benutzen. Es kommt das Mono-, Di- und Trichlorderivat in Betracht. Diese Verbindungen lösen sich in fetten Ölen, Mineralölen, Benzinen, Äthern, Alkoholen. Sie erhöhen nicht nur die dynamische Kraft eines Treibmittels, sondern wirken auch regulierend auf die Explosion ein. Es wurde eine Erhöhung der dynamischen Energie um 40 vH herausgerechnet. Zur Lösung in alkoholischen Treibmitteln gelangen etwa 2—10 g auf den Liter. Im Gegensatz zu den Chlorderivaten der aliphatischen Reihe, wie Chloroform u. dgl., sind die verwendeten Chlorderivate Carburierungsmittel und als solche zündungsfähig (F.P. 559 925).

Aus alkylierten Naphthalinen vom Sdp. 230—270° C kann man zu einem Treibmittel gelangen, wenn man sie mit Benzol und Alkohol mischt, z. B. 50 Teile alkylierte Naphthaline, 25 Teile Benzol, 25 Teile Alkohol. In dieser Mischung kann man das Alkylnaphthalin durch einen anderen Brennstoff von dem gleichen Siedepunkt ersetzen. Falls die Lösung dieses Körpers Schwierigkeiten macht, setzt man als Lösungsvermittler Phenol zu. Man kann das Benzol auch durch eine Mischung von Leichtbenzin mit Phenol ersetzen (F.P. 560 909).

Der Zusatz von 3—5 vH Phenol soll nicht nur als Lösungsvermittler zwischen den leichten Kohlenwasserstoffen und dem Alkohol dienen, sofern sich diese Körper in flüssigem Zustand befinden, sondern das gilt insbesondere für diese Mischungen, wenn sie sich in dampfförmigem Zustand befinden (Zus. Nr. 26 783 zu F.P. 560 909).

Bei der Tieftemperaturverkochung entstehen flüchtige Kohlenwasserstoffe: Penole und Koks. Diese Kohlenwasserstoffe enthalten viel Olefine und Naphthene. Ihre Menge beträgt etwa 30 vH der verschwelten Kohle. Um sie als Treibmittel verwendbar zu machen, wurden sie entweder nur gereinigt oder nach der Reinigung nur gekrackt. Bei der Reinigung wird das Wasser, das Paraffin, die Phenole und der Teer aus ihnen abgeschieden, dann kommen sie mit Alkohol und Phenolen gemischt als Treibmittel zur Verwendung. Die gereinigten Kohlenwasserstoffe kann man durch einen Krackprozeß auch in leicht siedende Produkte umwandeln und dann mit Alkohol und schweren Kohlenwasserstoffen, auch unter Zusatz von Phenolen, mischen (F.P. 26 784, Zus. zum F.P. 560 909).

In dem F.P. 560909 und seinen Zusätzen 26783 und 26784 sind verschiedene Mischungen von Alkohol und Kohlenwasserstoffen beschrieben, auch solchen, die bei der Tieftemperaturverkokung und durch einen Krackprozeß gewonnen werden. Als Homogenisierungsmittel waren dort aromatische Phenole angegeben. Man kann aber zum Homogenisieren auch andere Verbindungen verwenden, wie Phenole der Terpenreihe, der hydroaromatischen Reihe und der aliphatischen Reihe, z. B. Terpineol, Cyclohexanol, primäre, sekundäre und tertiäre Butyl-, Isobutyl-, Amyl- und Isoamylalkohole (F.P. 26 785, Zus. zum F.P. 560 909).

Um die dynamische Wirkung des Alkohols zu erhöhen, hat man ihm häufig Benzol zugesetzt. Diese Mischung enthält etwa 7850 Cal. Man kann auch durch andere Zusätze etwa die gleiche Wirkung erzielen. Es wird folgende Vorschrift gegeben: 77 Teile Alkohol, 8 Teile Methylalkohol, 10 Teile Aceton, 5 Teile Äther. Diese Mischung wird zur Sättigung mit Acetylen, Sauerstoff, Stickoxyd und Äthylen behandelt (F.P. 563 176).

Man kann in der vorbeschriebenen Mischung auch ohne Anwendung von Gasen auskommen, wenn man sie durch einen Zusatz von Benzol ersetzt. Die Vorschrift ist dann folgende: 60 Teile Alkohol, 6 Teile Methylalkohol, 10 Teile Aceton, 4 Teile Äther, 20 Teile Benzol (F.P. 26 598, Zus. zum F.P. 563 176).

Man soll lediglich aus Teerölen und Alkohol ohne Zusatz eines Homogenisierungsmittels zu einem beständigen Treibmittelgemisch kommen, wenn man in folgender Weise arbeitet: Man verwendet ein Teeröl, das zwischen 180—300° C übergeht und das Naphthalin enthalten oder von ihm befreit sein kann, ferner Mineralöl, das mit Benzol oder Alkohol gereinigt ist, und schließlich Alkohol. Es wird folgende Vorschrift angegeben: 200 Teile Teeröl, 300 Teile raffiniertes Mineralöl, 500 Teile Alkohol. Die Mischung wird unter Erwärmen vorgenommen und nach dem Abkühlen filtriert. An Stelle des benutzten Naphthalin- bzw. Kreosotöles kann man gleichartige Destillate des Erdöles anwenden (F.P. 567 652).

Als Zusatz zu alkoholischen Treibmitteln hat man bereits Stoffe benutzt, die aus der trockenen Destillation von Harzen stammen, d. h. Terpentinöl, Harzöle u. dgl. Aber auch die Destillationsrückstände der Harzdestillation können auf ein Carburierungsmittel verarbeitet werden, wenn man den Harzteer einer Redestillation in den in der Harzindustrie üblichen Apparaten unterzieht, wobei man 80 vH eines als Carburierungsmittel anwendbaren Öles enthält. Man kann dieses Mittel auch dem Methylalkohol zusetzen (F.P. 575 229).

Die Herstellung von wasserfreiem Alkohol ist für die Gewinnung bestimmter alkoholischer Treibmittel, die ohne Verwendung von Homogenisierungsmitteln hergestellt werden sollen, von der größten Bedeutung. Nach einem neuen Vorschlag soll man nun die bekannten Entwässerungsmittel, wie z. B. gebrannten Kalk, in einem Apparat zur Anwendung bringen, in dem die Alkoholdämpfe nach ihrer Kondensation kaskadenförmig nach dem Erhitzungsapparat zurücklaufen und auf ihrem Rücklauf in einer größeren Anzahl von Einzelapparaten mit geringen Mengen von gebranntem Kalk behandelt werden, dessen jede einzelne zur

Entwässerung des Alkohols an sich nicht ausreichen würde (F.P. 575 653 und Zus. 28 337).

Bei der häufig vorgeschlagenen Entwässerung des Alkohols mit Hilfe von Calciumcarbid resultiert schließlich, wie bekannt, eine Lösung von Acetylen in Alkohol, der man noch Aceton zufügen kann. Auch der Zusatz von Äther ist vorgeschlagen worden, ebenso der des Ammoniaks, um dann Verbrennungsprodukte zu neutralisieren. Um die Zündfähigkeit und dynamische Kraft eines solchen Gemisches noch zu erhöhen, soll man ihm Gase, wie Acetylen, Butylen, Methan, Äthylen, Äthan, Propan, Butan, Propylen, Amylen, Cyanogen u. dgl., zusetzen. Das Gemisch selbst hat folgende Zusammensetzung: 93 Teile Alkohol (abs.), 7 Teile Aceton, 7 Teile Äther (F.P. 29 004, Zus. zum F.P. 575 653).

Es ist seit langem beobachtet worden, daß Treibmittel, die aus einem Gemisch von Alkohol mit Kohlenwasserstoffen bestehen, leicht Metallteile korrodieren. Am schnellsten zeigte sich dieses Angriffsvermögen gegenüber den aus Eisen und Stahl gefertigten Teilen. Um diesen Übelstand zu beseitigen, fügt man zu dem Treibmittel z. B. Benzol-Spiritus nicht über 1 vH einer organischen Säure, wie z. B. Oleinsäure oder Abietinsäure. Man kann auch Naphthensäuren oder Mischungen der genannten Säuren verwenden. An Stelle der Abietinsäure kann auch Kolophonium benutzt werden. Man hat zwar schon Oleinsäure als Homogenisierungsmittel für alkoholische Treibmittel angewendet. Die dort benutzten Mengen beliefen sich aber auf etwa 8 vH (vgl. D.R.P. 373 926) (F.P. 586 651).

Zur Herstellung von Treibmitteln kann man auch Most und dessen Rückstände verwenden. Man kann zu diesem Zwecke den rohen Most benutzen und Alkohol natürlichen oder synthetischen Ursprungs. Zur Herstellung des Alkohols kann man beliebige fermentativ wirkende Substanzen benutzen, wie Hefe, Oxydase, Zymase, die man auf Zuckerarten, wie Glukose, Dextrose, Galaktose, Manose, Lävulose, Sacharose, Malzzucker, Milchzucker, einwirken läßt. Bei der Gärung entstehen, wie bekannt, als Nebenprodukt Acetaldehyd, Essig-, Butter-, Milch-, Bernstein-, Zitronensäure, Mannit, Glycerin usw. Der Brennstoff setzt sich demnach aus folgenden Substanzen zusammen: 1. Äthylalkohol natürlicher oder synthetischer Herkunft, 2. Rückstände der Verseifung von Fetten, 3. Produkt der Gärung organischer Herkunft, wie Zucker, Stärke, Zellulose, Kohlehydraten oder Aldehyd- bzw. Ketonalkohole. Diese vorgenannten Produkte mischt man mit Rohpetroleum, Krackbenzinen (Sdp. 140—220° C), Teerölen, synthetischen Brennstoffen, Naphthalin und seinen Polymeren, hinzu fügt man

Borsäure, gelöst in Alkohol. Falls wasserfreie Brennstoffe erwünscht sind, benutzt man Schwefelsäure, Chlorcalcium oder Calciumoxyd. Als Zusätze sind genannt Aldehyd und seine Polymeren, Methylalkohol, Aceton und Acetonöle sowie Acetylen (F.P. 558 761).

Wie bereits darauf hingewiesen wurde, besitzen verschiedene Treibmittel vom Typus des Benzolspiritus die unangenehme Eigenschaft, Metallteile anzugreifen. Die Eigenschaft ist auf die Gegenwart verschiedener Verunreinigungen, wie Schwefelkohlenstoff, Mercaptane, Xanthogenate und sauer reagierender Verbindungen zurückzuführen. Man kann nun den Treibmitteln diese korrodierenden Eigenschaften nehmen, wenn man sie bei Gegenwart einer geringen Menge (1 vH eines Metalles) Oxydes, Hydrates, Carbonates, Alkoholates, Carbids, eines Alkali- oder Erdalkalimetalles destilliert (F.P. 589 712).

Um Benzolspiritus aus wasserhaltigem Alkohol herzustellen, soll man folgendermaßen verfahren: Die Alkoholdämpfe passieren einen Fraktionsapparat und werden von dort in eine Kolonne geleitet, die mit wasserabsorbierenden Stoffen beschickt ist. Nach erfolgter Entwässerung werden sie durch ein Schnatterrohr in Rohbenzol eingeleitet. Zur Ausführung dieses Verfahrens ist ein besonderer Apparat vorgesehen, der eine möglichst einfache und doch sinngemäße Ausführung gestattet (F.P. 593 606).

b) Zusätze, welche die Zündfähigkeit erhöhen.

Um Alkohol zu entwässern und gleichzeitig mit Acetylen zu sättigen, soll man ihn zunächst mit einer bestimmten Menge Aceton, Äther o. ä. versetzen und hierauf Calciumcarbid zufügen. Die so erhaltene Lösung wird destilliert, und hierauf mit Acetylen gesättigt. Man kann in ähnlicher Weise auch die motorische Kraft des Gasolins oder Petroleums erhöhen, indem man diese mit Äther oder Aceton versetzt, die mit Acetylen gesättigt werden (F.P. 355 030).

Alkoholische Brennstoffe sollen dann den Vorzug leichter Entzündlichkeit, insbesondere in der Kälte zeigen, wenn man sie etwa in folgender Weise zusammensetzt: 80 Teile Alkohol, 10 Teile Aceton, 10 Teile Leichtbenzin. Anstatt des Acetons soll man auch Methylalkohol und Äther verwenden können (F.P. 380 130).

Für die vorstehende Vorschrift ist es zweckmäßig, den Alkohol in möglichst entwässerter Form zu verwenden. Zur Ausführung der Entwässerung bedient man sich der Schwefelsäure bei Temperaturen, bei denen eine Ätherifizierung des Alkohols noch nicht zu befürchten ist. Hierzu mischt man 100 Teile Alkohol mit

20 Teilen Schwefelsäure und fügt 5 Teile Gasolin hinzu, dann destilliert man bei 100° C. Vor der Destillation kann man auch noch Aceton und Äther zufügen (F.P. 9614, Zus. zum F.P. 380 310).

Man kann die zuletzt erwähnten Mischungen auch so darstellen, daß man 4 Teile Alkohol und 96 Teile Gasolin nimmt, das ökonomischer arbeitet und überdies sehr leicht zündet. Man kann auch derartige Mischungen aus verschiedenen Alkoholen, Gasolin, Benzol usw. nach Zusatz von Schwefelsäure destillieren. Den so gewonnenen Produkten können noch Zusätze von Aceton, Methylalkohol und Derivaten des Alkohols hinzugefügt werden (F.P. 11 176, Zus. zum F.P. 380 310).

Um die Zündfähigkeit von Brennstoffen zu erhöhen, soll man sie in einem geschlossenen Gefäß bzw. in Absorptionsbatterien mit folgenden Gasen sättigen: Sauerstoff, Acetylen, Leuchtgas. Man kann die Sättigung auch unter höherem Druck und bei beliebigen Temperaturen vornehmen (F.P. 381 827).

Außer Acetylen und Sauerstoff ist schon vorgeschlagen worden zur Erhöhung der Zündfähigkeit andere Gase zu verwenden, so z. B. Stickoxyde, Kohlensäure und Wasserstoff auch neben Sauerstoff. Diese Gase sollen unter Druck in die Brennstoffe eingeführt werden. Dieses Verfahren eignet sich außer für Alkohol für schwere Öle vom spez. Gew. 0,725—0,800, d. h. für Schwerpetroleum, das erst durch diese Zusätze die erforderliche Zündfähigkeit erlangt (F.P. 384 177).

Es ist in der zuletzt erwähnten Vorschrift bereits ein Zusatz von Wasserstoff zu den Treibmitteln beschrieben. Bei richtiger Dosierung des Wasserstoff soll man Luftmengen verwenden können, die so groß sind, daß sie ohne Zusatz von Wasserstoff zu nicht explosionsfähigen Mischungen führen würden. Insbesondere soll dieser Zusatz bei schwer verdampfbaren Treibmitteln, wie Alkohol, die im kalten Motor leicht Fehlzündungen geben, von Bedeutung sein. Es ist ohne weiteres verständlich, daß infolge der Wirkung des Wasserstoffes auch eine starke Ersparnis an Treibmittel eintreten wird. Berechnet auf einen Motor von 20 PS. wird durch Zusatz von 57 ccm auf 1 l Brennstoff die doppelte Anzahl von Kilometern zurückgelegt (F.P. 455 299).

Die Verwendung von Gasen, vorzugsweise von Wasserstoff und Acetylen zur Erhöhung der Zündfähigkeit, insbesondere von Alkohol, ist auch noch in dem F.P. 19 526, Zus. zum F.P. 462 909 empfohlen, in dem in erster Linie darauf hingewiesen wird, daß durch diese Zusätze auch der kalte Motor mit Alkohol anspringt, weil Luft mit Wasserstoff, wie bekannt, das leicht entzündliche Knallgas liefert (F.P. 19 526, Zus. zum F.P. 462 909).

Zur Erhöhung der motorischen Kraft des Alkohols versetzt man ihn bekanntlich mit Carburierungsmitteln. Am häufigsten nimmt man dazu Benzol in einer Menge von 50 vH. Die mangelhaft gereinigten Benzole enthalten indessen korrodierend wirkende Bestandteile, wie Schwefelkohlenstoff, Thiophen usw. Deshalb ist man dazu übergegangen, das Benzol durch Gase, wie Acetylen, Sauerstoff, Stickoxyde zu ersetzten. Lösungen, die mit Gas gesättigt sind, verlieren indessen einen großen Teil des Gases, wenn sie nicht unter Druck stehen, was sich beim Gebrauch nicht durchführen läßt. Man soll diese Mißstände vermeiden, wenn man den Alkohol in Dampfform durch Einwirkung auf Calciumcarbid zu gleicher Zeit entwässert und mit Acetylen sättigt. Zu der gleichen Zeit kann auch eine Sättigung mit Sauerstoff, Stickoxyden und Äthylen stattfinden. An Stelle des Äthylalkohols wird auch der Amylalkohol vorgeschlagen (F.P. 465 243).

Auch die folgende Vorschrift betrifft ein alkoholisches, Gase enthaltendes Treibmittel, das im wesentlichen aus Äthylalkohol, seinen Destillationsrückständen, die einem Ätherfizierungsprozeß unterworfen worden sind und aus Kohlenwasserstoffen besteht. Als solche kommen in Betracht Acetylen oder ähnliche Gase, Benzol, Terpentinöl, Paraffin. Diese Mischung soll eventuell auch mit Calciumcarbid behandelt oder mit gasförmigen Phosphorwasserstoff versetzt werden. Der Zusatz von alkoholischem Ammoniak ist vorgesehen (F.P. 475 938).

Die dynamischen Wirkungen des Alkohols hat man durch Zusatz von festen, flüssigen oder gasförmigen Stoffen zu beheben versucht. Als solche werden verwendet Benzol, Terpentinöl, Naphthalin, Rohäther, Äther, Äthylen, Acetylen. Es hat sich nun als zweckmäßig erwiesen, die Zusätze wie Benzol oder Naphthalin zu hydrieren, wobei man auch ohne Zusatz von Äther sehr leicht zündbare Mischungener hält. Zur Hydrierung benutzt man bekannte Verfahren unter Benutzung von Nickel o. dgl. als Katalysator (F.P. 20 021, Zus. zum F.P. 475 938).

Während die üblichen Mischungen von Alkohol und Benzol möglichst große Mengen von Benzol enthielten, hat man auch schon versucht, den Gehalt an Benzol stark herabzusetzen, sofern man neben dem Benzol andere Zusätze, z. B. Äther, verwendete. Es wird u. a. folgende Mischung vorgeschlagen: 80 Teile Alkohol 95proz., 10 Teile Äthyläther, 1 Teil Holzgeist, 3 Teile Benzol. Das Verhältnis zwischen Alkohol und Äther kann beliebig verändert werden. Auch kann man die Mischung noch durch Zusatz von Erdölkohlenwasserstoffen carburieren (F.P. 476 494).

Alkohol und Äther haben in vielfach schwankenden Verhältnissen miteinander gemischt Verwendung gefunden. Nach den Angaben des F.P 478 070 soll man die Verhältnisse derart wählen, daß man auf 70—30 vH Alkohol 30—70 vH Äther verwendet. Vorteilhaft soll der Wassergehalt des Alkohols möglichst klein sein, obwohl man auch wasserhaltigen Alkohol verwenden kann, dessen Benutzung im übrigen keinerlei praktische Vorteile bietet. Bei der Verwendung gleicher Teile von Alkohol und Äther soll man nach Zusatz von gewöhnlichem Petroleum ein äußerst vorteilhaftes Treibmittel erhalten. Zur Schonung der Metallteile ist ein Zusatz von Ammoniak vorgesehen, sowie ein solcher von arseniger Säure (F.P. 478 070).

Zur Verbrennung von Alkohol braucht man etwa nur die Hälfte der Luft, die zum Verbrennen von Benzin erforderlich ist. Seine Zündfähigkeit und Wirkung werden durch Zusatz von Carburierungsmitteln wie Benzol, Toluol, Xylol, Kumol erhöht. Diese Leichtöle, wie auch Benzin, lösen sich in Alkohol, während umgekehrt der Alkohol in ihnen unlöslich ist. Im Gegensatz zum Alkohol ist dagegen das Triäthylamin ein sehr kräftiges Treibmittel (F.P. 481 037).

Auf der bekannten Beobachtung, daß Alkohol sich dann mit Kohlenwasserstoffen mischt, wenn er wasserfrei ist, beruhen die Vorschläge des F.P. 484 324, nach denen man Treibmittel, bestehend aus Mischungen von absolutem Alkohol und leichten sowie mittleren Kohlenwasserstoffen des Erdöles, herstellen soll (F.P. 484 324).

Man kann durch verschiedene Zusätze die Zündfähigheit alkoholischer Mischungen variieren, sowie auch bei der Herstellung derartiger Gemische sich ungewöhnlicher Ausgangsmaterialien bedienen. So soll man z. B. als Ausgangsmaterial Most benutzen, den man durch fraktionierte Destillation bis auf 48 vH Alkohol anreichert. Zu 94 Teilen von diesem Destillat (48 vH Alkohol) werden 5,4 Teile Teeröl, Benzin o. dgl. und 0,6 Teile Campher zugefügt, ebenso auch von Harzteer. Von der so erhaltenen Mischung wird ein Drittel abdestilliert. Der Rückstand stellt das Treibmittel dar (F.P. 487 617).

Die gute Verwendbarkeit von Mischungen aus Alkohol und Äther haben dazu geführt, Alkohol teilweise zu veräthern. Zu diesem Zweck erhitzt man Dämpfe von Alkohol zwischen 100 bis 150° C mit einer Mischung von 9 Teilen Schwefelsäure und 5 Teilen Alkohol. Das durch diesen Prozeß gewonnene Destillat wird mit 10—40 vH Alkohol und 5—50 vH Kohlenwasserstoff vermischt, wobei man ein homogenes Treibmittel vom spez. Gew. 0,730—0,780 erhalten soll (F.P. 492 239).

Um den Kohlenstoffgehalt des Alkohols zu erhöhen, sind schon vielfache Carburierungsmittel vorgeschlagen worden, von denen an erster Stelle das Benzol und das Naphthalin zu nennen sind. Man hat aber auch schon Anthracen zu dem gleichen Zweck verwendet. Es wird also zum Carburieren z. B. folgende Mischung genannt: 60 Teile Naphthalin, 30 Teile Anthracen, 9 Teile p-Xylol und 1 Teil Styrol (F.P. 547 506).

Bei der Destillation von Rohpetroleum erhält man bekanntlich 40—70 vH Lampenpetroleum oder Kerosin, das indessen ohne weiteres nicht als Motortreibmittel verwendbar ist. Auch dem Benzol, wenn man es allein benutzt, haften gewisse Mißstände an. Man soll nun diese Übelstände vermeiden, wenn man die vorgenannten Substanzen zusammen mit Alkohol und Aceton anwendet. Es wird folgende Mischung vorgeschlagen: 30—50 Teile Alkohol, 40—60 Teile Benzol, 10—15 Teile Petroleum und 5—10 Teile Aceton (F.P. 548 324).

In der zuletzt erwähnten Mischung kann man das Lampenpetroleum auch durch andere Stoffe, wie Rohpetroleum oder Schieferöl ersetzen, wobei sonst die Mischung in ihrer weiteren Zusammensetzung unverändert bleibt. Das Rohpetroleum bzw. Schieferöl kann einer oberflächlichen Reinigung durch Filtration unter Verwendung von Tierkohle oder Kalk unterzogen werden (F.P. 25 776, Zus. zum F.P. 548 324).

Bei der Verwendung von Mischungen aus Alkohol und Äther zeigte sich häufig der Übelstand, daß die Metallteile des Motors von den sauren Verbrennungsgasen angegriffen werden, und daß der Äther bereits auch ohne Verbrennung zur Bildung saurer Produkte hinneigte. Diese unerwünschten Eigenschaften sollen dem Äther durch Zusatz eines aromatischen Amins, z. B. des Anilins, genommen werden. Ein kleiner Zusatz von Lampenpetroleum ist empfehlenswert. Es wird folgende Mischung vorgeschlagen: 63 Teile Alkohol, 34 Teile Äther, 2 Teile Kerosin, 1 Teil Anilin (F.P. 550 426).

Es ist bereits an mehreren Stellen darauf hingewiesen worden, daß sich die Verwendung von Homogenisierungsmitteln dadurch erübrigt, wenn man zum Mischen von Alkohol mit Kohlenwasserstoffen entwässerten Alkohol verwendet. Als Kohlenwasserstoff zur Herstellung derartiger Mischungen hat man auch schon gewöhnliches Leuchtpetroleum, und zwar ohne irgendwelche anderen Zusätze benutzt. Um die Zündfähigkeit dieses Gemisches zu erhöhen, wird ein Zusatz von Acetylen oder Äther vorgeschlagen. Es ist folgende Mischung genannt: 45 Teile Lampenpetroleum, 45 Teile Alkohol und 10 Teile Äther (F.P. 554 219).

Zum Carburieren u. dgl. von Mischungen, die neben Alkoholen auch noch Äther enthalten, hat man auch schon außer Acetylen andere gasförmige Körper benutzt, wie Äthylen, Sauerstoff, Stickoxyde u. dgl. So wird z. B. folgende Mischung vorgeschlagen: 77 Teile Alkohol, 8 Teile Methylalkohol, 10 Teile Aceton, 5 Teile Äther. Diese Mischung wird bis zur Sättigung mit Acetylen, Sauerstoff, Stickoxyden und Äthylen behandelt (F.P. 563 176).

In der zuletzt genannten Mischung kann man auch die Gase vollkommen fortfallen lassen und durch Benzol ersetzen. Es wird folgende Mischung in Vorschlag gebracht: 60 Teile Alkohol, 6 Teile Methylalkohol, 10 Teile Aceton, 4 Teile Äther und 20 Teile Benzol. (F.P. 26958. Zusatz zum F.P. 563176.)

Obwohl die Mischungen von Alkohol und Äther äußerst befriedigende Resultate hinsichtlich ihrer dynamischen Wirkung lieferten, zeigten sie den bereits häufiger erwähnten Übelstand, daß bei ihrer Verwendung starke Korrosionen der Metallteile eintraten. Um dies zu vermeiden, hatte man bereits einen Zusatz von Ammoniak, aliphatischen Basen wie Trimethylamin und aromatischen Basen wie Anilin und Pyridin empfohlen. Es hat sich nun gezeigt, daß dieser Übelstand verschwindet, wenn man dem Treibmittel geringe Mengen (2—5 vH) Ricinusöl zusetzt. Dieser Zusatz wirkt gleichzeitig als Homogenisierungsmittel gegenüber dem Zusatz von Kohlenwasserstoffen. Es muß darauf hingewiesen werden, daß bereits in dem D.R.P. 372 593 und dem entsprechenden F.P. 498 565 Mischungen beschrieben sind, die aus Alkohol und Kohlenwasserstoffen bestehen, denen als Homogenisierungsmittel 2 bis 4 vH Ricinusöl zugesetzt wurde. Auch ist schon im D.R.P. 372 593 darauf aufmerksam gemacht, daß das Ricinusöl eine Schonung des Motors bewirkt (F.P. 565 341).

Nach den Angaben des F.P. 575 653 soll man Alkohol zunächst mit Ätzkalk und dann mit Calciumcarbid entwässern, das entweichende Acetylen in dem entwässerten Alkohol eventuell unter Zusatz von Aceton lösen und dann der Mischung etwas Äther und Ammoniak zufügen. Man kann diese Mischung auch in folgender Weise abändern: 93 Teile Alkohol abs., 7 Teile Aceton, 7 Teile Äther. Hierin wurden gelöst: Acetylen, Butylen, Methan, Äthylen, Äthan, Propan, Butan, Propylen, Amylen, Cyanogen und Ammoniak (F.P. 29 004, Zus. zum F.P. 575 653).

Bei allen Treibmittelmischungen, die neben hochsiedenden, auch niedrigsiedende Bestandteile aufweisen, besteht die Gefahr, daß die leichtsiedenden Körper verdunsten. Man hat nun gefunden, daß die Verdampfung der niedrigsiedenden Bestandteile durch gewisse Zusätze verhindert wird; als solche Zusätze kommen

Flüssigkeiten in Betracht, deren Siedepunkte zwischen den der niedrig und hoch siedenden Bestandteilen liegen, wie Heptan Spd. 98° C) Toluol (Sdp. 111° C) Xylol (Sdp. 138) Methylcyclohexanol (Sdp. 160°). Es wird folgende Mischung vorgeschlagen: Alkohol mit Benzol unter Zusatz von Tetralin (Sdp. 205) oder Petroleum (Sdp. 150—250°). und den vorgenannten Zusätzen. Solche Mischungen sollen frei von dem Übelstand sein, beim Eintritt in den Vergaser sich in ihre Einzelbestandteile zu trennen (F.P. 579 052).

Zum Carburieren von Alkohol hat man außer dem Benzol noch andere Bestandteile verwendet, so ist z. B. in dem F.P. 579 625 folgende Mischung vorgeschlagen: 81 Teile Alkohol, 10 Teile Benzol, 5 Teile Äther, 3,5 Teile Naphthalin (F.P. 579 625).

Eine recht reichliche Zusammenstellung von Einzelbestandteilen enthält das F.P. 579 776. Es sollen zur Herstellung von Treibmitteln folgende Substanzen benutzt werden: Alkohole, Benzine, Benzole, Kreosote, Kresylole, nitrierte Cresylole, Gasolin, Schweröle, schwere Teeröle, die reich sind an Methylbenzol, Guajacol, Veratrol, Kresol, Phlorol, hydrierte Naphthaline, nitrierte Naphthaline, Petroleum und nitrierte Toluole. Es soll nur folgende Vorschrift Erwähnung finden: 30 Teile Tetralin, 1 Teil Kreosotöl, 75 Teile Alkohol abs. An Stelle des Alkohols sollen auch Mischungen desselben mit Benzin, Benzol, Schwerölen, Gasolin, Petroleum u. dgl. benutzt werden (F.P. 579 776).

Um bei der Herstellung von wasserfreiem Alkohol mit Hilfe von Calciumcarbid sicher zu sein, daß der Alkohol sein Maximum an Acetylen aufgenommen hat, soll man dem Carbid Bleiacetat, Calciumacetat, Aceton, Bleischnitzel u. dgl. zusetzen und den Alkohol unter einem gewissen Druck auf das Carbid einwirken lassen, indem man ihn in die das Carbid enthaltenen Kessel von unten nach oben strömen läßt. Dem Alkohol soll man vorher 0,1—5 vH Essigsäure zusetzen (F.P. 589 019).

c) Zusätze explosiver Natur.

Durch Verwendung bestimmter Explosivstoffe soll man Treibmittel herstellen können, die auch ohne Mitverwendung von Luft eine drei- bis viermal so hohe Wirkung entfalten als Benzin o. ä. Ein solches Treibmittel gewinnt man durch Auflösen von 15 vH Nitroglycerin in 100 Teilen Alkohol. Ein ähnliches Verfahren ist bereits im D.R.P. 164 635 Kl. 46 beschrieben worden (F.P. 379 714).

Die Verwendung von sauerstoffabgebenden Salzen, die in der Sprengstoffindustrie vielfach gebraucht werden, wie Ammoniumnitrat, ist z. B. in dem D.R.P. 164 634 Kl. 46 bereits besprochen worden. Man hat zu einem gleichen Zweck auch schon das chlorsaure Kalium benutzt. Der Brennstoff soll folgende Zusammensetzung haben: 10 l Mineralöl, 10 l Sulfitspiritus, 25 g Campher, 200 g Naphthalin und 10 g chlorsaures Kalium. Hierzu soll man noch 200 ccm Benzol, Gasolin u. dgl. setzen (F.P. 451 134).

Es ist bereits im vorstehenden auf das D.R.P. 164 634 Kl. 46 hingewiesen worden, aus dem es bekannt ist, Ammoniumnitrat als Zusatzmittel zu alkoholischen Treibmitteln zu benutzen. Ein gleicher Vorschlag liegt dem F.P. 516 107 zugrunde, wo folgende Mischung empfohlen wird: Man löst in Alkohol 5 vH Benzol, 3 vH Methylalkohol und 2 vH salpetersaures Ammonium, oder man verwendet 63 Teile Alkohol, 30 Teile Wasser und 3 Teile salpetersaures Ammonium (F.P. 516 108).

Alkoholische Treibmittel, deren Zündfähigkeit durch Acetylen erhöht wurde, sind im vorstehenden häufiger erwähnt worden; das gleiche gilt für Treibmittel, denen man zu einem gleichen Zweck Salpetersäureester des Methyl- (Äthyl-) Alkohols zugesetzt hatte (vgl. das D.R.P. 164 635 Kl. 46). Es ist aber auch schon der Vorschlag gemacht worden, die Wirkung dieser beiden Zusätze durch gleichzeitige Anwendung zu kombinieren. Man soll also den Alkohol zunächst mit Acetylen sättigen und ihm hierauf etwa 1 vH Methyl- oder Äthylnitrat zusetzen (F.P. 540 272).

Die Erhöhung der Zündfähigkeit durch Acetylen hat man auch mit der Anwendung von Carburierungsmitteln kombiniert. Zu diesem Zweck versetzt man den Alkohol mit geringen Mengen Aceton, um seine Lösungsfähigkeit für das Acetylen zu erhöhen, und setzt ihm dann etwas Naphthalin zu. Man soll folgende Mischungsverhältnisse innehalten: 100 l Alkohol, 4,5 l Aceton und etwa 1 kg Naphthalin. Diese Mischung wird dann unter Druck mit Acetylen gesättigt (F.P. 542 706).

Auf die Verwendbarkeit von Methylnitrat als Zusatz zu alkoholischen Treibmitteln, ist schon im D.R.P. 164 635 Kl. 46 und in dem F.P. 540 272 hingewiesen worden. Dem F.P. 547 930 liegt ein gleicher Vorschlag zugrunde. Es wird dort folgende Mischung empfohlen: 60 Teile Alkohol, 32 Teile Benzol und 2 Teile Methylnitrat (F.P. 547 930).

Durch das D.R.P. 154 575 ist ein Zusatz von Nitrobenzol zum Alkohol bekannt geworden, durch den der Alkohol beim Verbrennen im Sinne einer Initialzündung beeinflußt werden sollte. Ähnliche Gedankengänge liegen dem D.R.P. 164 635 zugrunde, in dem der Zusatz von Salpetersäureestern von Alkoholen zu alkoholischen Treibmitteln empfohlen wird. Eine Kombination dieser beiden Zusätze wird in dem F.P. 548 324 empfohlen. Man soll nach den dort gemachten Angaben dem Alkohol sowohl Nitrobenzol als auch Äthylnitrat zusetzen (F.P. 548 254).

Unter die zahlreichen Vorschläge, nach denen die alkoholischen Treibmittel mit Acetylen versetzt werden sollen, fällt auch das F.P. 540 446. Nach den dort gemachten Angaben arbeitet man in der üblichen Weise, d. h. man sättigt den Alkohol nach Zusatz von Aceton mit Acetylen, das auch durch Äthylen ersetzt werden kann. Vorgesehen ist ferner ein Gemenge von Methyl- oder Äthylalkohol mit Benzol, das mit Steinkohlengas gesättigt wird. Ferner wird ein Zusatz von hydrierten Naphthalinen, Glycerin, Ricinusöl, Petroleum, Paraffin, Vaselin u. dgl. empfohlen (F.P. 540 446).

d) Zusätze verschiedener Natur.

Um Alkohol mit Kohlenwasserstoffen zu mischen, hat man sich für gewöhnlich eines Homogenisierungsmittels bedient. Man kann aber auch die Mitverwendung eines solchen Mittels entbehren, wenn man durch Herstellung einer Emulsion auf mechanischem Wege dafür Sorge trägt, daß die beiden Komponenten sich nicht voneinander scheiden. Man muß darauf bedacht sein, daß der Alkohol das gleiche spezifische Gewicht wie der Kohlenwasserstoff besitzt (F.P. 317 903).

Es sind bereits zahlreiche Substanzen versucht worden, um die Entflammbarkeit des Alkohols zu erhöhen. Einem gleichen Zweck dient eine Lösung von gelbem Phosphor in Alkohol, die man mit Hilfe von Schwefelkohlenstoff und Benzin herstellt. Die Verwendung von Schwefelkohlenstoff als Zusatz zu alkoholischen Treibmitteln ist aus der Schweiz. P. 99 986 bekannt. (F. P. 378 518.)

Bei der Anwendung der Phosphor enthaltenden Lösung, die im vorstehenden näher erläutert ist, kommt ez leicht zu Fehlzündungen, falls nicht eine restlose Verbrennung des Benzins eintritt. Man vermeidet diesen Übelstand, wenn man in die Lösung des F.P. 378 518 Stickoxyde einleitet, die im Alkohol leicht löslich sind (F.P. 8478, Zus. zum F.P. 378 518).

Etwa den gleichen Vorschlag wie den vorstehenden betrifft das F.P. 538 608. Nach den dort gemachten Angaben soll man Alkohol, dem als Carburierungsmittel Benzol zugesetzt ist, durch Auflösen von gelbem Phosphor und Einleiten von Stickoxyden zündkräftiger und leistungsfähiger machen (F.P. 538 608).

Mischungen aus Alkohol, Äther und Kerosin sind bekannt. Sie zeigen indessen die Übelstände, daß sie bei der Verbrennung saure

Produkte liefern, und daß leicht ein Teil des Äthers durch Verdunstung verloren geht. Man hat insbesondere als Neutralisierungsmittel Ammoniak, Pyridin und alkylierte aliphatische Amine zugesetzt. Zu dem gleichen Zweck soll man nun Amine der aromatischen Reihe, insbesondere Anilin, verwenden. Es wird folgende Mischung vorgeschlagen: 63 Teile Alkohol, 34 Teile Äther, 2 Teile Kerosin und 1 Teil Anilin (F.P. 550 426).

Die korrodierende Wirkung von Treibmitteln, die Alkohol neben Äther und eventuell auch Benzin enthalten, hat man auch schon auf anderem Wege als durch Zusatz von alkalisch wirkenden Verbindungen zu beheben versucht. So ist der Vorschlag gemacht worden, derartigen Mischungen 2—5 vH Ricinusöl zuzusetzen. Mischungen, die Alkohol neben Kohlenwasserstoffen und gleichzeitig Ricinusöl enthalten, sind in dem D.R.P. 372 593 beschrieben. Auch hat man die beschriebenen Übelstände auch durch Zusatz von $^1/_2$ vH Öl- oder Harzsäure zu beheben versucht (D.R.P. 414 246). Schließlich ist der Zusatz von u. a. 1 vH freier Fettsäure zu derartigen Gemischen aus dem D.R.P. 373 926 bekannt (F.P. 565 341).

Als Zusätze zu alkoholischen Treibmitteln hat man auch u. a. hydrierte Naphthaline vorgeschlagen. Diese Mischungen enthalten etwa 70 vH entwässerten Alkohol, etwa 25 vH hydrierte Naphthaline und daneben schwere Teeröle, Benzin, Benzole, Gasolin, Schweröle, Petroleum, aromatische Nitroprodukte o. ä. (F.P. 579 776).

Während der Äthylalkohol in erster Linie durch Gärung hergestellt wird, ist es bereits gelungen, den Methylalkohol auf einem synthetischen Wege, d. h. durch Einwirkung von Wasserstoff auf Kohlenoxyd unter Mitbenutzung von Katalysatoren herzustellen. Der hierbei entstehende, Wasser und Nebenprodukte enthaltende Methylalkohol hat sich als ein gutes Treibmittel erwiesen (F.P. 580 949).

Alkoholische Treibmittel liefern beim Verbrennen leicht korrodierende Umsetzungsprodukte. Um diese unerwünschte Wirkung auszuschalten, setzt man ihm ein gewisses Volumen gasförmiges Ammoniak zu. Insbesondere ist dieser Zusatz vorteilhaft für Mischungen, die neben dem Alkohol, Benzine, Benzole, Petroläther u. dgl. enthalten. An Stelle des Ammoniaks kann man auch das Amylamin, Methylamin, Äthylamin oder die Basen der Rübenschlempe verwenden (F.P. 346 606).

IV. Schwelbenzine, hydrierte Treibmittel, Krackbenzine, synthetisch hergestellte Treibmittel, wasserhaltige Treibmittel und Verschiedenes.

a) Wasserhaltige Treibmittel.

Man weiß (vgl. Ostwald, Autler-Chemie 1910, S. 140 u. 194), daß die Gegenwart von gewissen Mengen Wasser den Heizeffekt erhöht. Man hat vielfache Versuche gemacht, mehr oder weniger wasserhaltige Treibmittel herzustellen. Naturgemäß handelt es sich, sofern nicht Emulsionen in Betracht kommen, in erster Linie um alkoholhaltige Treibmittel.

Zur Herstellung derartiger Treibmittel hat man Alkohol benutzt, dem außerdem Ammoniumnitrat zugesetzt wurde. Es wird folgende Mischung vorgeschlagen: 63 Teile denaturierter Alkohol, 30 Teile Wasser und 3 Teile Ammoniumnitrat. An Stelle des Ammoniumnitrates kann man auch salpetrige Säure oder Wasserstoffsuperoxyd verwenden. Falls die Mischungen das Metall korrodieren, so muß man es durch geeignete Überzüge schützen (F.P. 516 108).

Als Carburierungsmittel für leichte Kohlenwasserstoffe hat man folgende Mischung vorgeschlagen: 40 Teile Aceton, 80 Teile Äther, 120 Teile Methyl- oder Äthylalkohol und 760 Teile Wasser. Wenn man 1 l dieser Mischung mit 4 l Gasolin mischt, so sollen starke Ersparnisse an Brennstoff erreicht werden. Um dieses Mittel zwecks Mischung mit dem Gasolin zu verdampfen, wird ein besonders konstruierter Vergaser vorgeschlagen (F.P. 529 658).

Man soll Mischungen aus Alkohol, Aceton und Acetylen herstellen, und zwar sollen diese Mischungen schließlich noch 5 bis 12 vH Wasser enthalten. Falls man von etwa 90proz. Alkohol ausgeht, dem zur Entwicklung von Acetylen noch Carbid hinzugesetzt wird, so wird man der Mischung schließlich noch Wasser hinzufügen. Zur Herstellung solcher Mischungen sind auch höherwertige Alkohole, wie z. B. der Amyl-Butyl oder Propylalkohol, zu verwenden. Da diese Alkohole aber nicht mit Wasser mischbar sind, so soll man das Wasser zunächst dem Aceton zusetzen und sie dann mit dem wässerigen Aceton mischen. Der Kalk wird aus dem Treibmittel durch kohlensaures Ammonium gefällt. Man soll ihm außerdem Glycerin, Ricinusöl, Vaseline, Petroleum, Paraffin, Benzol oder verflüssigtes Naphthalin zusetzen. An Stelle von Aceton kann man auch Acetaldehyd und an Stelle von Acetylen Äthylen anwenden (F.P. 540 446).

In dem F.P. 516 108 ist ein Treibmittel beschrieben, das etwa 30 vH Wasser enthält, man ist aber in dem Wassergehalt schon bis auf 63 vH heraufgegangen. Es wird folgende Mischung vorgeschlagen: 15 Teile Kohlenwasserstofföl, 63 Teile Wasser und 2 Teile Alkali. Als Alkali soll Ammoniak, Natron o. ä. benutzt werden. Will man diese Mischung anwenden, so muß man sie bis etwa zum Kochen (etwa 100° C) erhitzen. Bei dieser Temperatur tritt keine Entmischung ein (F.P. 557 554).

b) Synthetische und hydrierte Verbindungen.

Man soll von Naphthalin auf folgendem Wege zu einem Ersatz für Gasolin gelangen. Man mischt 1 Teil Schwefel mit 10 Teilen Ammoniak (spez. Gew. 0,9) und 1000 Teilen Wasser und setzt eine kleine Menge Calciumcarbid hinzu. Dann läßt man diese Mischung zwei Wochen lang absetzen. Man bringt dann die Mischung unter geringem Druck (30 kg) zum Kochen und destilliert vorteilhaft unter Einleiten von Gas. Das Destillat wird mit 1000 Teilen Naphthalin gemischt, mit 4 Teilen Kerosin oder Benzin versetzt und unter Druck erhitzt. Es bilden sich beim Abkühlen zwei Schichten. Die obere besteht aus dem Treibmittel, das noch verschiedenen Reinigungsverfahren unterworfen werden soll (F.P. 466 050).

Die Reinigung der Öle von ungesättigten Bestandteilen kann man nach verschiedenen Verfahren ausführen. Man kann aber auch die ungesättigten Verbindungen in den Ölen belassen, wenn man sie durch Hydrierung in gesättigte Verbindungen überführt. Zu diesem Zweck behandelt man die Kohlenwasserstoffe bei einer Temperatur unter 200° C mit Wasserstoff bei Gegenwart von Katalysatoren, wie Nickel, Eisen, Kobalt oder Kupfer, insbesondere in aktiviertem Zustand. Zweckmäßig erhitzt man unter einem Druck von 10 Atm. bei Temperaturen zwischen 80—180° C. Neben dem Wasserstoff kann auch Wasserdampf angewendet werden. Vor der Hydrierung soll man den Ölen den Schwefel und die Säuren entziehen. Man kann auf diese Weise auch in Krackbenzinen die Olefine in gesättigte Kohlenwasserstoffe umwandeln (F.P. 472 776).

Die Hydrierung dient im übrigen nicht nur dazu, um die ungesättigten Bestandteile von Treibmitteln in gesättigte Verbinkungen umzuwandeln, sondern auch um die dynamischen Wirkungen von gesättigten Verbindungen zu erhöhen. In Betracht kommen insbesondere solche Mischungen, die Benzol oder Naphthalin enthalten. Zur Hydrierung werden die bekannten Verfahren nach Sabatier und Senderens in Gegenwart von Katalysatoren, wie Nickel u. dgl. angewendet. Das Benzol und Naphthalin kann man vorher in Alkohol lösen. Der Katalysator befindet sich zwischen zwei Diaphragmen, wo auch die Flüssigkeit in dünner Schicht hindurchtritt. Wasserstoff wird im Überschuß angewendet. Das Endprodukt kann Äthylbenzol, Hexamethylen und hydriertes Naphthalin enthalten (F.P. 20 021, Zus. zum F.P. 475 938).

Man soll aus dem Naphthalin ein Gemisch von verschiedenen hydrierten flüssigen Derivaten, u. a. das Tetralin und Dekalin herstellen, wenn man in folgender Weise verfährt. Der erforderliche Wasserstoff wird durch Spaltung des Naphthalins geliefert. Zu diesem Zwecke leitet man den Naphthalindampf in eine auf 500—1000° C erhitzte Röhre, die einen Katalysator, wie Eisen, Kupfer, Kobalt, Nickel, Platin, enthält, das auf einem Träger, z. B. Aluminiumhydroxyd, niedergeschlagen ist. Es entsteht hierbei eine teilweise Spaltung des Naphthalins unter Bildung von Wasserstoff. Das Gemisch von Naphthalindampf und Wasserstoff wird in eine zweite Röhre geleitet, die 150—250° C warm ist und mit Nickel, Kobalt, Eisen, Kupfer, Platin oder einem Gemisch bzw. Legierungen dieser Metalle gefüllt ist, auch unter Zusatz von inerten Trägern. In dem zweiten Rohr vollzieht sich die Hydrierung des Naphthalins. Der auf dem Katalysator der ersten Röhre abgeschiedene Kohlenstoff wird durch Einleiten von Wasserdampf verbrannt. Man kann naturgemäß auch anderen Wasserstoff, z. B. auch Wassergas, in Anwendung bringen (F.P. 477 212).

Zur Herstellung eines Treibmittels kann man auch vom Holz ausgehen. Zu diesem Zwecke wird das Holz in einem Ofen verschwelt. Die hierbei entstehenden Gase werden entfernt und dann in Kalkmilch eingeleitet. Das Calciumacetat wird durch Eindampfen gewonnen und getrocknet. Die Gase und Dämpfe werden kondensiert und fraktioniert destilliert. Die Dämpfe gehen nach einem Waschturm, in dem die Reste von Methylalkohol und Aceton durch Kresol absorbiert werden. Durch Erhitzen des Kresols werden die flüchtigen Produkte, insbesondere Methylalkohol und Aceton gewonnen. Aus dem Calciumacetat wird in bekannter Weise Aceton hergestellt. Man kann auch die Destillationsprodukte durch Fraktionieren voneinander trennen (F.P. 527 780).

Das Benzol besitzt bei seiner Anwendung als Treibmittel gewisse Mißstände infolge seines hohen spezifischen Gewichtes und seines großen Kohlenstoffgehaltes. Diese Mißstände verschwinden durch Überführung des Benzols in das Hexahydrobenzol. Obwohl diese Verbindung schon bei + 4° C fest wird, kann man durch einen Zusatz von 5 vH Benzol den Gefrierpunkt auf — 13° C erniedrigen. In ähnlicher Weise wirkt auch ein Zusatz eines anderen Kohlenwasserstoffes oder von Alkohol (F.P. 532 748).

Außer dem Benzol kann man aber auch seine Homologen, wie z. B. das Toluol und Xylol im Sinne des F.P. 532 748 der Hydrierung unterwerfen, wobei man Methyl- und Dimethylcyclohexane erhält. Diese Verbindungen sind noch bei — 40° C flüssig und stellen hervorragende Treibmittel dar, die vollkommen ohne Abscheidung von Ruß verbrennen (F.P. 532 948).

Es ist bereits auf die Wichtigkeit des Tetrahydro- bzw. Dekahydronaphthalins als Treibmittel in dem F.P. 477 212 hingewiesen worden. Das gleiche gilt bezüglich der Methyl- und Dimethylcyclohexane (vgl. das F.P. 532 948). Man kann nun auch diese beiden Körperklassen in Mischung miteinander anwenden, d. h. also ein Gemisch von etwa 50—70 vH Methylcyclohexan (entstanden durch Hydrierung von Toluol) mit 30—50 vH Tetrahydronaphthalin (entstanden durch die Hydrierung von Naphthalin) (F.P. 25 078, Zus. zum F.P. 532 948).

Das Methylcyclohexanol bzw. das Dimethylcyclohexanol kann man nicht für sich als Treibmittel verwenden, aber es besitzt ebenso wie die höheren Alkohole oder das Phenol und seine Homologen die Eigenschaft, Mischungen aus wasserhaltigem Alkohol und Kohlenwasserstoffen zu homogenisieren. Zur Herstellung einer solchen Mischung wird folgende Vorschrift gegeben. 20 l Petroleumessenz, 10 l Äthylalkohol, 4 l Methylcyclohexanol und 4 l Propylkresol. Der Zusatz der Phenole erfolgt solange, bis vollkommene Homogenisierung eintritt (F.P. 537 858).

Zur Herstellung homogener Mischungen aus Alkohol und Kohlenwasserstoffen hat man u. a. auch Teeröle in Anwendung gebracht. Man kann nun in diesen Teerölen, um ihnen ihren unangenehmen Geruch und ihre sauren Eigenschaften zu nehmen, die in ihnen enthaltenen Phenole mit Alkoholen, wie Äthylalkohol oder normalen Butylalkohol in Gegenwart eines wasserbindenden Mittels wie entwässertes Chlorzink kondensieren. Zu diesem Zwecke werden 100 l Teeröle mit 20 vH Phenolgehalt mit 15 kg Butyl- oder 10 kg Äthylalkohol und 40 kg entwässertem Chlorzink am Rückflußbehälter gekocht. Die obere Schicht wird mit wasserfreier Soda gereinigt. Man mischt 20 vH von dem behandelten Teeröl mit 10 vH Alkohol und 70 vH Petroleumessenz (F.P. 26 000, Zus. zum F.P. 537 858).

Das Schieferöl an sich ist ein sehr mittelmäßiger Brennstoff. Dagegen besitzt es die Eigenschaft zyklische Kohlenwasserstoffe, wie Naphthalin, in großem Maße zu lösen. Das Lösungsvermögen in der Kälte beträgt etwa 25—30 vH. Um nun dem Schieferöl die für ein Treibmittel wichtigen Eigenschaften zu verleihen, muß man es hydrieren. Die Hydrierung kann in der üblichen Weise mit oder ohne Katalysator ausgeführt werden (F.P. 549 795).

Das Tetrahydronaphthalin besitzt ein spezifisches Gewicht von 0,976 und einen Sdp. von 205—210° C, das Dekahydronaphthalin besitzt ein spezifisches Gewicht von 0,900 und einen Sdp. von 190° C. Sowohl ihre spezifischen Gewichte als auch ihre Siedepunkte sind für Treibmittel zu hoch. Sie sind infolgedessen nur für Motoren mit sehr hoher Kompression brauchbar. Auch der Zusatz von Benzol liefert keine befriedigenden Ergebnisse, wegen des hohen spezifischen Gewichtes der Mischungen. Man vermeidet aber alle diese Übelstände, wenn man die hydrierten Naphthaline mit aliphatischem Kohlenwasserstoff mit niedrigem Siedepunkt mischt. Man benutzt hierzu etwa 10 vH, die unter 100° C sieden und 20 vH, die über 150° C sieden. Es wird folgende Mischung empfohlen: 50 Teile Tetrahydronaphthalin und 50 Teile eines leichten Benzins mit dem spez. Gew. 0,725 oder 50 Teile Tetrahydronaphthalin mit 40 Teilen Schwerbenzin (spez. Gew. 0,760) und 10 vH Leichtbenzin (spez. Gew. 0,650). Man kann auch als weiteren Zusatz Alkohol und als Homogenisierungsmittel Amylalkohol anwenden (F.P. 553 395).

Die Gegenwart von Olefinen in Treibmitteln soll zur Bildung von harzartigen Niederschlägen Veranlassung geben. Der beständigste Kohlenwasserstoff, der zur Herstellung von Treibmitteln in Betracht kommt, ist das Cyclohexan, das man durch Hydrieren von Benzol bei Gegenwart von Nickel bei etwa 200° C erhält. Das Cyclohexan soll sich aber leichter bilden, wenn man Benzol bei über 550° mit Wasserdampf über Ferrooxyd leitet. Das gebildete Ferrioxyd wird bei Gegenwart von aliphatischen gesättigten oder ungesättigten Kohlenwasserstoffen wieder kontinuierlich zu Ferrooxyd reduziert. Man verwendet also neben Wasserdampf ein Gemisch von Benzol, Toluol, Xylol u. dgl. mit aliphatischen Kohlenwasserstoffen. Man erhält aus 90 kg des Kohlenwasserstoffes $C_{14}H_{30}$ und 163 kg Wasserdampf 27 kg Wasserstoff, die 10 Mol. Benzol reduzieren können (F.P. 557 749).

Um Treibmittel aus hydrierten Naphthalinen herzustellen, soll man sie mit Alkohol oder mit Petroleumessenz, oder mit einem Gemisch dieser beiden versetzen und ihnen noch andere geeignete Zusätze machen. Es sind u. a. folgende Mischungen angegeben: A. 30 Teile Tetralin, 1 Teil schweres Kreosotöl, 95 Teile Äthylalkohol. B. 30 Teile Tetralin, 1 Teil schweres Kreosotöl, 95 Teile einer Mischung aus 30 Teilen Benzin, Benzol, Petroleumessenz, Schwerölen, Petroleum o. dgl. und 70 Teile Alkohol absol. C. 30 Teile Tetralin, 1 Teil schweres Kreosotöl, 90 Teile eines Gemisches aus 50 Teilen Benzin, Benzol, Petroleumessenz, Schwerölen oder Petroleum und 50 Teilen Äthylalkohol absol. D. 30 Teile Tetralin, 0,5 Teile schweres Kreosotöl, 0,5 Teile Nitrotoluol, 1 Teil Nitronaphthalin, 1 Teil Metatrinitrocresylol, 73 Teile Äthylalkohol absol. (F.P. 579 776).

Man hat bereits durch die Hydrierung von Acetylen Kohlenwasserstoffe der aliphatischen Reihe auf synthetischem Wege hergestellt. Dieser Weg war indessen zu teuer. Man kann nun aus Wassergas, d. h. dem Reaktionsprodukt von Wasserdampf auf glühende Kohlen, das bekanntlich aus einem Gemisch von Kohlenoxyd mit Wasserstoff besteht, durch Einwirkung auf Nickelschwamm zwischen 180—250° C Methan herstellen. Aus dem Methan kommt man durch Polymerisation unter Anwendung von Cerchlorid, kollodialem Platin, Antimon- oder Aluminiumchlorid zu flüssigen Kohlenwasserstoffen, die u. a. Toluol, Xylole, Cyclohexan, Benzol und Heptane enthalten. Die Eigenschaften dieser Kohlenwasserstoffe sind abhängig von der angewandten Temperatur und von den Polymerisationsmitteln. Sie sieden im wesentlichen unter 180° C und stellen gute Treibmittel dar (F.P. 554 529).

Neben dem Wassergas aus Kohle, das zur Gewinnung synthetischer Kohlenwasserstoffe benutzt werden soll, soll man sich auch der Lignite bedienen, die bei den herrschenden Temperaturen Destillationsprodukte liefern, die reich an Wasserstoff, Methan und Benzol sind. Diese Destillationsprodukte vermischen sich mit dem Kohlenoxyd und Wasserstoff und erhöhen die Ausbeute der katalytischen Reaktion. Diese angewandten Lignite müssen aber schwefelfrei gemacht werden (F.P. 27 421, Zus. zum F.P. 554 529).

Man soll an Stelle der Kohle in dem Verfahren des F.P. 554 529 auch alle erdenklichen kohlenstoffhaltigen Stoffe verarbeiten, wie Steinkohle, Torf, Braunkohle, bituminöse Schiefer u. dgl. Nach den weiteren Angaben des zweiten Zusatzpatentes F.P. 27 433 sollen diese synthetischen Verfahren unter Anwendung von solchen Vorsichtsmaßregeln ausgeführt werden, wie sie in der Großtechnik im allgemeinen üblich sind, und welche die Erreichung von Höchstausbeuten auch unter Ausnutzung der Nebenprodukte ermöglichen (F.P. 27 433, Zus. zum F.P. 554 529).

Man kann aus Wassergas unter Anwendung von hohen Drucken und bei Temperaturen von 400—450° C bei Gegenwart von Katalysatoren leichtsiedende Treibmittel für Motoren herstellen. Bei dieser Synthese erhält man Wasser und Öle enthaltende Mischungen, die viel Methylalkohol, auch höhere Alkohole, Aldehyde, Ketone und Säuren enthalten. Die Bildung von Kohlenwasserstoffen scheint nicht zu erfolgen. Als Katalysator benutzte man Eisen, das mit Ätzkali imprägniert war. Es wird leicht durch Schwefel vergiftet. Man soll nun Leichtöle in der Weise herstellen, daß man Wassergas in Automobilmotoren, insbesondere solchen vom Dieseltypus, verbrennt. Man muß bei diesem Verfahren dafür Sorge tragen, daß während der Reaktion im Zylinder die Temperatur, der Druck und die Konzentration des Gases so gegeneinander abgestimmt sind, daß sie zu dem gewünschten Resultat führen (F.P. 592 255).

In dem zuletzt beschriebenen Verfahren ist bereits auf das Verfahren des F.P. 580 949 hingewiesen worden. Nach den dort gemachten Angaben leitet man Wassergas, d. h. ein Gemenge von Kohlenoxyd und Wasserstoff, unter Druck in der Hitze über Katalysatoren, wobei ein Gemisch entsteht, das der Hauptmenge nach aus Methylalkohol besteht, dem als Verunreinigungen Gase, wie Kohlenoxyd, Wasserstoff, höhere Alkohole, Aldehyde, Ketone und Säuren beigemischt sind. Dieses Gemisch enthält auch noch ölige Substanzen (Leichtöle). Wie weit man nach diesem Verfahren lediglich Kohlenwasserstoffe gewinnen kann, ist aus den dort gemachten Angaben nicht mit Sicherheit zu ersehen (F.P. 580 949).

c) Mittel gegen Korrosion und Klopfen.

Bei allen Treibmitteln, die Alkohol enthalten, zeigt sich der Übelstand, daß sie Metalle korrodieren und daß die Zylinder angegriffen werden. Man hat diese Erscheinung zunächst durch die Bildung von Säuren im Treibmittel zu erklären versucht und infolgedessen die Treibmittel mit basisch reagierenden Körpern versetzt. Die Korrosionswirkung ist aber hierdurch auch nicht aufgehoben worden. Man hat deshalb bei Treibmitteln, die aus einem Gemisch von Äthyl- oder höheren Alkoholen, Aceton oder Aldehyden und Acetylen bestehen, vorgeschlagen, dem Treibmittel einen Zusatz von $^1/_{16}$ bis 3 vH Ricinusöl oder Glycerin zuzusetzen. Diese Substanzen sollen unter dem Einfluß der Hitze Umsetzungsprodukte mit klebenden Eigenschaften liefern. Eine solche Erscheinung soll aber nicht auftreten, wenn man diese Zusätze mit Petroleum, Paraffinöl, Vaseline oder flüssigen Naphthalinen versetzt (F.P. 540 446).

Die Erscheinung der Korrosion tritt besonders bei solchen alkoholischen Treibmitteln ein, die auch Äther enthalten. Auch in diesem Falle ist schon Ammoniak zur Neutralisierung der entstandenen Säuren angewendet worden. Noch besser soll der Mißstand vermieden werden, wenn man dem Treibmittel 2—5 vH Ricinusöl zusetzt. Nebenbei besitzt dieses Öl auch noch homogenisierende und schmierende Eigenschaften (F.P. 565 341).

Zur Vermeidung der in den letzten beiden Patentschriften näher erläuterten Korrosion, hat man auch noch andere Zusätze vorgeschlagen, nämlich z. B. weniger als 1 vH einer oder mehrerer organischer Säuren, die entweder direkt oder unter Vermittlung anderer Lösungsmittel in dem Treibmittel gelöst werden. Als Säuren sind u. a. Fettsäuren vorgeschlagen, wie die Oleinsäure oder Harzsäuren, z. B. die Abietinsäure, ebenso auch die Naphthensäuren oder Gemische dieser Säuren. Es werden folgende Mischungen vorgeschlagen: 100 kg einer Mischung von Benzol oder Benzin und Alkohol und 0,5 kg Kolophonium; man kann mit dem Zusatz bis auf 0,25 kg heruntergehen (F.P. 586 651).

Wenn man leicht siedende Benzine in Motoren mit hoher Kompression benutzt, so treten leicht Klopferscheinungen auf. Es würde aber aus rein wirtschaftlichen Gründen von größter Bedeutung sein, wenn man derartige Benzine auch in Motoren mit hoher Kompression verwenden könnte. Diese Möglichkeit ist gegeben, wenn man ihnen gewisse Verbindungen von Metallen zusetzt. Als besonders geeignet hat sich ein Zusatz von Tetraäthylblei erwiesen, und zwar in einer Menge von 1 Teil zu 2000 Teilen Gasolin. Man kann dann die Kompression bis auf 11 kg und mehr steigern. Es sind folgende Verbindungen vorgeschlagen worden: das Tetraäthylblei und ähnliche Verbindungen des Phenols und der Methyl-, Äthyl- und Isopropylreihe. Ähnlich wirken derartige Verbindungen anderer Metalle, wie das Selen, Tellur, Zinn, Arsen und Antimon, die Phenyl-, Methyl- oder Äthylgruppen enthalten. Die Methylverbindungen haben stärkere klopfverhindernde Wirkungen als die Phenylverbindungen. Die höchste Wirkung tritt bei solchen Verbindungen ein, die löslich in dem Treibmittel und flüchtig sind. Je weiter sich die Verbindung von diesen Bedingungen entfernt, um so geringer wird die Wirkung. Am geringsten ist sie z. B. bei Bleioleat oder Bleiacetat. Wenn man im Bleitetraäthylat einen Äthylrest durch eine Hydroxylgruppe ersetzt, so wird die Verbindung weniger löslich und schwerer flüchtig, sie büßt also an Wirksamkeit ein. Die Wirkung der Metallverbindungen bestimmt sich nach dem Mendelejeffschen System. Wenn man also von der rechten Seite der vierten, fünften und sechsten Gruppe die Metalle wählt, so wird man beständige Verbindungen erhalten. Da die Äthylverbindung des Antimons nicht luftbeständig ist, muß man die Phenylverbindung wählen. Die Wirkung der Metallverbindung steigt in der Gruppe 4 vom Zinn zum Blei, in der Gruppe 5 vom Arsen zum Antimon und in der Gruppe 6 vom Selen zum Tellur. Diese Erhöhung steigt konform den Atomgewichten. Wenn man also von einer Verbindung der Gruppe 4 1 vH einer Äthylverbindung anwendet, so bedeutet das für Zinn eine Erhöhung des kritischen Druckes um 1 kg, für Blei um 25 kg (F.P. 562 404).

Bei der Verwendung von Zusätzen, wie sie im F.P. 562 404 genannt sind, d. h. also von Bleiverbindungen des Methans, Äthans-Benzols, Pentans u. dgl., hat es sich als notwendig herausgestellt, solche Hilfsstoffe mitzubenutzen, welche die Bildung schmelzbarer Bleiverbindungen möglichst ausschließen. Als solche Hilfsstoffe kommen folgende in Betracht: Kohlenstofftetrachlorid oder ein Chlorderivat des Äthans, Pentans oder Hexans, dessen Chlor bei der Verbrennung Chlorblei bilden soll. Man kann auch Brom- oder Jodverbindungen gebrauchen. Man setzt für gewöhnlich 2 Teile Kohlenstofftetrachlorid und 3 Teile Tetraäthylblei zu, und zwar 5 ccm dieser Mischung auf 5 l Gasolin. Um die Bildung von schmelzbaren Produkten oder Legierungen mit den Metallwandungen des Motors zu verhüten, verwendet man solche Zusätze, die leicht verdampfen und sich sowohl in dem Treibmittel als auch in der Bleiverbindung lösen. Chlorderivate des Toluols, der Xylole, Kresole und des Naphthalins; das Chloral, Chloralalkoholat, Chlorhydrat, Benzylchlorid, chlorierte Ketone und Aldehyde, Dichlorpropan und chlorierte Öle. Man kann auch solche organische Bleiverbindungen anwenden, die im Molekül sowohl Reste von Kohlenwasserstoffen als auch Halogene enthalten, wie z. B. Blei-, Diphenylbromid-, Diphenylchlorid- oder analoge Alkyl- oder Amylderivate, das Chlortriäthylblei oder analoge und homologe Verbindungen auch mit Brom oder Jod. Die halogenierten organischen Bleiverbindungen bedürfen eines Zwischenlösungsmittels, wie Benzol und Alkohol. Von Monohalogenverbindungen braucht man 1 vH, von Dihalogenverbindungen dagegen 5 vH. Im allgemeinen muß der Zusatz so hoch bemessen sein, daß keine schmelzenden Umsetzungsprodukte oder keine Bildung von Bleilegierungen eintritt (F.P. 574 111).

Bei der Verwendung von Antiklopfmitteln, wie sie in dem F.P. 562 404 und 574 111 genannt sind, hat es sich als erforderlich herausgestellt, solche Verbindungen mitzubenutzen, die schmierende Wirkungen entfalten. Solche schmierende Mittel sind Halogenverbindungen von Ölen oder von aromatischen Kohlenwasserstoffen, z. B. Monohalogennaphthalin. Gleichzeitig kann man auch eine Halogenverbindung hinzusetzen, wie sie im F.P. 574 111 genannt ist, z. B. Monohalogentriäthylblei o. ä., um bei der Verbrennung keine schmelzbaren Umsetzungsprodukte zu erhalten. Man kann auch Bromderivate des Bleis benutzen, wie auch Dibromderivate des Äthylens und des Propylens. So soll man u. a. folgende Zusätze machen: 40 Teile Tetraäthylblei, 18 Teile Äthylendibromid, 7 Teile Monochlornaphthalin und 5 Teile Propylendibromid. Von dieser Mischung setzt man 4—5 ccm auf 5 l Kerosin oder Gasolin. Man kann die Bromverbindungen auch allein anwenden. An Stelle des Monochlornaphthalins kann man Chlor- oder Bromderivate des Benzols oder Toluols benutzen. Ebenso sind auch gemischte Chlorbromderivate der aliphatischen Reihe verwendbar. Die genannten schmierend wirkenden Verbindungen können mit Verbindungen des Arsens, Zinns, Nickels, Eisens, Zinks benutzt werden, und zwar mit Kohlenwasserstoffverbindungen als auch Carbonylen. Auch kommt das Titan- und Zinntetrachlorid als Zusatz in Betracht. Man wird nur solche Substanzen verwenden, die keine disperse Phasenbildung mit dem Treibmittel zeigen. Es werden noch folgende Mischungen empfohlen: 1. 3 Teile Bleitetraäthyl, 2 Teile Äthylenchlorobromid; 2. 3 Teile Bleitetraäthyl, 2 Teile Äthylendibromid. Als Schmiermittel sind neben Monochlornaphthalin und den bereits genannten auch noch die Chlorbromderivate von Butylen und Amylen und Tribromanilin erwähnt (F.P. 592 383).

In dem F.P. 583 027 ist als Mittel gegen das Klopfen der Zusatz von Eisentetracarbonyl empfohlen. Man kann das Eisencarbonyl in fertiger Form auch als hochkonzentrierte Lösung in organischen Lösungsmitteln dem Treibmittel zusetzen oder es in dem Treibmittel selbst erzeugen. Ein Zusatz von 0,1—1 vH ist ausreichend (F.P. 583 027).

d) Herstellung von Krackbenzinen.

Auch Länder mit so großen Petroleumvorräten, wie z. B. Amerika, sind nicht in der Lage, aus ihren Petroleumquellen so viel Naturbenzin zu gewinnen, wie sie als Betriebsstoff in dem eigenen Lande brauchen. Bereits vom wirtschaftlichen Standpunkt würde auch eine solche Beschaffung der erforderlichen Treibmittel schon deshalb nicht durchführbar sein, weil für die höher siedenden, hierbei abfallenden Petroleumprodukte keine lohnende technische Verwendungsmöglichkeit vorliegen würde. Deshalb ist man, insbesondere in Amerika, dazu übergegangen, die höher siedenden, als Treibmittel nicht verwendbaren, Bestandteile des Petroleums durch das sogenannte Krackverfahren, das im wesentlichen auf einer Spaltung der hoch siedenden Kohlenwasserstoffe durch Druck und Wärme beruht, in niedrig siedende Treibmittel umzuwandeln.

Obwohl diese Verfahren in Amerika etwa schon über die Hälfte sämtlicher Treibmittel liefern, d. h, automobiltechnisch von der höchsten Bedeutung sind, kann an dieser Stelle diesen hochwichtigen Verfahren nur ein geringer Raum gewidmet werden.

Bereits aus dem Jahre 1903, d. h. einer Zeit, wo die Frage nach der Treibmittelbeschaffung noch gar keine Rolle spielte, stammt das F.P. 328 051, das keineswegs das älteste auf diesem Gebiete ist. Nach den dort gemachten Angaben wird Petroleum aus einem Vorratskessel unter Druck in vertikal angeordnete Heizröhren eingepreßt, die auf hohe Temperatur in einem Ofen erhitzt sind. Der Druck wird dadurch aufrecht erhalten, daß sich am Ende der Heizröhren, die in einem Sammelrohr endigen, ein Druckventil befindet. Nach dem Verlassen der Heizröhren, in denen eine Spaltung der Öldämpfe stattfindet, werden die gasförmigen Destillate in wassergekühlte Kondensatoren geleitet, die eine Gewinnung der Einzelfraktionen nach dem Siedepunkt ermöglichen (F.P. 328 051).

Um die Spaltung der hochsiedenden Öle durchzuführen, soll man sie als Dampf, und zwar zusammen mit Wasserdampf, unter vollkommenem Luftabschluß gegen eine hoch erhitzte Oberfläche aus Eisen strömen lassen. Zur Ausführung läßt man den Öldampf zusammen mit Wasserdampf in feinen Strahlen in einen Kessel o. dgl. einströmen, der mit Eisenstückchen gefüllt ist und eine Temperatur von etwa 480° C aufweist. Aus dem Spaltkessel gelangen die Gase zu einem Kondensator. Die leichten Destillate werden destilliert. Der sich hierbei ergebende Rückstand sowie die nicht verdampften Schweröle gehen in den Betrieb zurück, d. h. sie werden nochmals dem Spaltverfahren unterworfen. Wenn man Ölgas in der gleichen Weise mit Wasserdampf behandelt, so sollen gleichfalls leichte als Treibmittel verwendbare Kohlenwasserstoffe entstehen (F.P. 393 433).

An Stelle der Eisenstückchen, die in dem F.P. 393 433 erwähnt sind, kann man zur Vergrößerung der Heizoberfläche auch gebrannte Tonstückchen nehmen. Es wird derart gearbeitet, daß in einem Vorwärmer zunächst das Gemisch aus Öldampf und Wasserdampf auf 400—450° C angewärmt wird und hierauf in ein Rohr gelangt, das etwa 650° C heiß und zum Teil mit Stückchen aus gebranntem Ton gefüllt ist. Die Flüchtigkeit der Endprodukte ist abhängig von der angewendeten Spalttemperatur. Die weitere Verarbeitung geschieht in der üblichen Weise (F.P. 393 554).

Mit Hilfe von Metallkatalysatoren soll man die Spaltung auch in zwei Phasen ausführen. Zunächst wird aus dem Rohpetroleum das Benzin abdestilliert, dann leitet man die Dämpfe bei Temperaturen zwischen 400° C und Dunkelrotglut über fein verteilte Metalle. Hierbei tritt eine teilweise Spaltung unter Bildung von Wasserstoff, Kohlenwasserstoffen und flüssigen Produkten ein, die unter 150° C sieden. Die zurückbleibende Flüssigkeit wird wiederum mit Rohpetroleum vermischt und nochmals über die fein verteilten Metalle geleitet. Als Metalle sind folgende genannt. Phyrophorisches Eisen und Mischungen aus demselben. Die Metalle können auch auf inerten Trägern, wie Asbest, Koks o. dgl. niedergeschlagen werden. Die ausgebrauchten Katalysatoren kann man durch Oxydation mit Wasserdampf bei 500° C und nachfolgende Reduktion regenerieren. Die in der ersten Phase gewonnenen Kohlenwasserstoffe sind zum größten Teil ungesättigt. Man muß sie bei Temperaturen zwischen 150—300° C mit Wasserdampf unter Anwendung von Katalysatoren, wie Nickel, Kupfer, Kobalt, Platin o. ä., nach Reinigung von Schwefel unter Durchleiten durch alkalische Lösungen hydrieren (F.P. 400 141).

Es ist bereits in dem F.P. 554 529 darauf hingewiesen, daß man auf synthetischem Wege, d. h. aus Wassergas, Methan herstellen und dieses zu flüssigen niedrigsiedenden Kohlenwasserstoffen polymerisieren kann. Einen ähnlichen Weg verfolgt das F.P. 457 174. Nur werden die gasförmigen Kohlenwasserstoffe der Methan-, Methylen- oder Acetylenreihe durch die trockene Destillation von Torf, Steinkohlen u. dgl. hergestellt und nun unter Zusatz von Wasserstoff auf Temperaturen von 2000° C erhitzt, wobei sich aus den Gasen leichtflüchtige Kohlenwasserstoffe bilden. An Stelle der Kohlenwasserstoffe kann man auch ein Gemisch von Kohlenoxyd, Kohlensäure und Wasserstoff anwenden. Am besten bewährt sich die Erhitzung im elektrischen Flammenbogen oder durch elektrische Entladungen (F.P. 457 174).

Nach den Angaben des F.P. 467 381 soll man aus den Krackprodukten des Gasöles auf folgende Weise zu niedrigsiedenden Treibmitteln gelangen. Das Gasöl wird bei ungefähr 650° C und unter einem Druck von 5 kg pro Quadratzentimeter gespalten und die unter 200° C siedenden Spaltprodukte zusammen mit den gasförmigen Bestandteilen unter Druck verdichtet. In diesem Druckdestillat werden nun Gase aufgelöst, die Propan, Butan, Pentan und Äthan enthalten (wet gas), unter Innehaltung eines geringen Druckes (3,5 kg pro Quadratzentimeter), während das Druckdestillat in gasförmigem Zustand ist, d. h. bei einer Temperatur zwischen 100—200° C. Hierbei sollen neue Kohlenwasserstoffe entstehen, die besonders als Treibmittel geeignet sind (F.P. 467 381).

Anstatt die hochsiedenden Öle in einem besonderen Verfahren zu kracken, um Treibmittel daraus zu gewinnen, kann man das Krackverfahren auch in einem mit dem Motor in Verbindung stehenden Apparat zur Ausführung bringen. Zu diesem Zwecke wird in diesem Apparat Luft und ein Kohlenwasserstoff in bestimmten Mengen und unter bestimmten Bedingungen zur Verbrennung gebracht, wobei die entstehenden Gase und der aus dem eingeleiteten Wasser entwickelte Dampf ihrerseits als Treibmittel für den mit der Kammer verbundenen Motor Verwendung finden (F.P. 478 614).

Man hat die Krackbenzine nicht nur als solche, sondern auch in Mischungen zur Herstellung von Treibmitteln benutzt, so soll man z. B. 2 Vol. Kerosin, sogenanntes Exportpetroleum, mit einem Flammpunkt von 45—49° C mit 1 Vol. eines Krackbenzins aus Paraffinölen versetzen und hierzu 1 Vol. Alkohol hinzufügen. Zum Homogenisieren verwendet man entweder rohen Kartoffelsprit oder Amylalkohol des Handels. Man verwendet diesen Zusatz in einer Menge von 0,4 vH (F.P. 486 844).

Zur Umwandlung von Petroleum in niedrigsiedende Treibmittel kann man auch so verfahren, daß man das Petroleum stufenweise auf immer höher werdende Temperaturen erhitzt und bei einer Temperatur von etwa 278° C überhitzten Wasserdampf von etwa 430° C einleitet. Das Gemisch von überhitztem Wasserdampf und Öl wird dann in geeignete Scheideapparate geleitet, um die Spaltdestillate daraus abzuscheiden (F.P. 487 576).

Man kann vom Schiefer zu leichten Paraffinölen und von der Kohle zu Benzin, Toluol und Naphtha kommen, wenn man diese Stoffe in fein pulverisierter Form mit granuliertem Dolomit, Magnesiumcarbonat und Bariumcarbonat mischt und Eisenspäne hinzufügt. Dieses Gemisch wird verschwelt. Hierbei wirkt die entweichende Kohlensäure als Träger für die entstehenden Kohlenwasserstoffe, während durch die Eisenspäne Wasserstoff entstehen soll. Jedenfalls entstehen bei dieser destruktiven Destillation unter Innehaltung bestimmter Arbeitsbedingungen solche Kohlenwasserstoffe, die als Treibmittel Verwendung finden sollen (F.P. 488 096).

Bei der Tieftemperaturverkokung spaltet sich die Steinkohle fast quantitativ in Koks und in flüssige Kohlenwasserstoffe, die Phenole enthalten. Diese Kohlenwasserstoffe setzen sich aus Olefinen und Naphthenen zusammen und machen etwa 30 vH der angewandten Steinkohlen aus. Will man diese Öle als Treibmittel verwenden, so muß man sie rektifizieren oder kracken. Zur Reinigung scheidet man aus ihnen das Wasser, Paraffin, die Phenole und den Teer ab. Man kann sie dann mit oder ohne Phenole mit leichtsiedenden Kohlenwasserstoffen und auch Alkohol als Treibmittel verwenden. Man kann aber die Destillate auch kracken und hierdurch in leichtsiedende Kohlenwasserstoffe umwandeln. Diese Krackbenzine kann man mit oder ohne Phenole und gemischt mit schweren Kohlenwasserstoffen und auch Alkohol als Treibmittel verwenden (F.P. 26 784, Zus. zum F.P. 560 909).

Man kann schwere Kohlenwasserstoffe dann als Treibmittel verwenden, wenn man sie in einer dem Motor vorgelagerten Krackkammer spaltet. Die Spaltung kann lediglich durch Wärme erfolgen oder durch Katalyse oder durch beide Einwirkungen. Als Katalysator kann man Metalle, Oxyde oder Salze anwenden. Die Anwärmung des Katalysators erfolgt durch Elektrizität, Petroleum, Abwärme der Auspuffgase o. dgl. Aus dem Krackapparat entweicht ein Gemisch leichter mit schweren Kohlenwasserstoffen. Man fährt mit leichten Kohlenwasserstoffen an und schaltet dann auf die Krackkammern um. Um eine Ausscheidung von Kohle beim Verbrennen der Krackprodukte auszuscheiden, muß man sie vorher hydrieren. Man soll dies im Zylinder dadurch erreichen, daß man mit der Verbrennungsluft geringe Mengen Wasser mit einsaugt (F. P. 568 502).

Man soll aus Schwerölen leichtsiedende Benzine erhalten, wenn man sie einem thermochemischen Verfahren unterwirft, wobei der Druck etwa dem Atmosphärendruck gleich ist. Zunächst wird das Rohpetroleum verdampft, dann bewirkt man eine Depolymerisation der Dämpfe, indem man sie in einer spiraligen Retorte über Stücke aus Eisen, Nickel oder anderen Katalysatoren streichen läßt. Die dabei entstandenen Dämpfe und Gase werden einer teilweisen Wiedervereinigung unterworfen, indem man sie unter teilweiser Abkühlung durch die genannten Katalysatoren sendet, wobei als Kühlmittel erhitztes Wasser unter einem Druck von 3—12 kg auf den Quadratzentimeter angewendet wird, dann folgt eine Kühlung mit kalter Luft (F.P. 578 447).

e) Verschiedenes.

Man hat als Treibmittel auch schon die Verwendung von Lösungen vorgeschlagen, die Chlorophyll enthalten. Man verwendet in erster Linie solche Lösungen, die mit Alkohol, Methyl- oder Äthyläther, Benzin, Schwefelkohlenstoff, Chlorschwefel, Chlorderivaten des Äthans und Methans hergestellt worden sind. Diese Lösungen sollen vor dem Gebrauch als Treibmittel destilliert werden (F.P. 466 985).

Um für Treibmittelzwecke Gase mit flüchtigen Kohlenwasserstoffen, Alkoholen, Petroleumessenz o. ä. zu carburieren, verstäubt man die Flüssigkeit mit einem Druckgas, bestehend aus Kohlensäure oder Sauerstoff, mit Hilfe eines Injektors in einer Kammer, in welche die Luft und der zu verdampfende Kohlenwasserstoff eingeleitet wird. Man kann das Mischgas direkt in die Apparate leiten, in denen es gebraucht werden soll oder in Sammelräume (F.P. 391 693).

Man soll ein Treibmittel auf Alkoholbasis in der Weise herstellen, daß man Alkohol oder Rückstände der Alkoholbereitung stark ätherifiziert, und dann mit gasförmigen flüssigen oder festen Kohlenwasserstoffen versetzt, wie Acetylen oder andere Gase, Benzol, Terpentinöl oder Paraffin. Dann wird das Gemisch mit Carbid behandelt und eventuell Phosphorwasserstoff zugefügt. Ein Zusatz von Ammoniak ist vorgesehen (F.P. 475 938).

Ein Ersatzmittel für Petroleumbenzin soll man in folgender Weise herstellen. Man unterwirft gewöhnliches Benzol einer Filtration über Tierkohle oder Knochenkohle und setzt dem filtrierten Produkt 2—5 vH Aceton zu. Diese Mischung soll etwa die gleichen Eigenschaften, wie Benzin aufweisen (F.P. 548 353).

Um die dynamischen Eigenschaften der Benzine zu verbessern, soll man ihnen eine Mischung zusetzen, die aus etwa 95 vH Naphthalin und 5 vH Benzoesäure besteht. Diese beiden Komponenten werden in gepulvertem Zustand miteinander gemischt. Das Naphthalin kann in dieser Mischung durch andere aromatische Kohlenwasserstoffe, wie Anthracen, Phenanthren, Acenaphthen u. dgl. ersetzt werden (F.P. 552 236).

Um das Verdunsten von Gasolin o. dgl. zu verhindern, soll man es mit einer Schicht von Schaum bedecken. Die schaumerzeugende Flüssigkeit hat folgende Zusammensetzung: 50—60 Teile Glucose, 14—24 Teile Glycerin, 10—11 Teile Getreidestärke, 5 Teile Chlorcalcium, 3,5 Teile Leim, 0,1 Teil Eisensulfat, 1 Teil sulfonsaures Salz, 1 Teil Borax und 5,4 Teile Wasser. Zur Herstellung des Schaumes wird das Chlorcalcium in Glycerin gelöst und ebenso die Stärke, dann wird mit Glucose vermischt. Die anderen Bestandteile werden in Wasser gelöst, dann wird vermischt und zur Bildung des Schaumes die Mischung stark bewegt (F.P. 558 650).

Als Treibmittel soll man auch die Mono-, Di- und Trichlorderivate des Naphthalins benutzen, deren Siedepunkte zwischen 264 und 280° C liegen. Sie lösen sich in fetten und Mineralölen, Petroleumessenz, Äthyl- und Methyläther, in Äthyl-, Methyl- oder Amylalkohol, Aceton o. ä. Sie erhöhen in den Treibmitteln die dynamische Wirkung und regulieren die Verbrennung. Selbst bei so geringen Zusätzen, wie 9—10 g im Liter, soll eine große Ersparnis an Brennstoff erzielt werden. Man muß bei ihrer Verwendung Abänderungen an den Düsen vornehmen. Im Gegensatz zu der Brennbarkeit der chlorierten Naphthaline sind die aliphatischen Chlorderivate, wie Chloroform, Dichloräthan, Trichloräthan nicht brennbar (F.P. 559 925).

Als Treibmittel kann man auch alkylierte Naphthaline verwenden, deren Siedepunkt zwischen 230—270° C liegt. Sie können vorteilhaft zum Carburieren und Homogenisieren alkoholhaltiger Mischungen Verwendung finden. Es wird u. a. folgende Mischung vorgeschlagen: 50 Teile flüssiges Alkylnaphthalin, 25 Teile Benzol und 25 Teile Alkohol. An Stelle der alkylierten Naphthaline sollen auch andere Brennstoffe mit gleichem Siedepunkt Verwendung finden, z. B. Phenol. An Stelle des Benzols kann man auch Petroleumäther verwenden (F.P. 560 909).

In dem zuletzt erwähnten F.P. 560 909 sind als Homogenisierungsmittel alkylierte Naphthaline und Phenole genannt. An Stelle dieser Verbindungen soll man auch Phenolderivate der Terpenreihe und hydroaromatische Phenole anwenden, wie Terpineol und Cyclohexanol. Sie sollen in gleicher Weise anwendbar sein, wie die bereits bekannten Homogenisierungsmittel, z. B. primäre, sekundäre und tertiäre Butyl-, Isobutyl-, Amyl- oder Isoamylalkohole (F.P. 26 785, Zus. zum F.P. 560 909).

Die für gewöhnlich in den Motoren gebrauchten Treibmittel sollen besonders weich arbeiten und eine Ersparnis von 25—30 vH ergeben, wenn man ihnen einen Zusatz von Mentholcampher und Kümmelkörnern macht (F.P. 568 348).

Die Verwendung von pflanzlichen Ölen, d. h. also Fettsäureestern des Glycerins, zeigt den Übesltand, daß man die Pflanzenöle auf höhere Temperatur erwärmen muß, damit sie eine geringere Viscosität erhalten und daß sie nicht flüchtig sind und beim Verbrennen des Glycerins störende Gase liefern. Diese Übelstände kann man aber beseitigen, wenn man in diesen Estern das Glycerin durch andere Alkohole, wie den Äthyl-, Methyl- oder Butylalkohol, ersetzt. Man erhält dann Treibmittel, die auch im Dieselmotor verbrannt werden können. Zur Herstellung derartiger Äther, z. B. aus Palmöl, verfährt man folgendermaßen: 1 t Palmöl wird mit 1000 l Alkohol und 20 kg Schwefelsäure von 65° Bé versetzt und in einem Autoklaven bei einem Druck von 10—12 kg erwärmt. Aus 1 t Palmöl erhält man 112 kg Glycerin und 1057 kg Äthylpalmitat bei einem Verbrauch von 180 kg Alkohol (F. P. 571 314).

Aus Treibmittelmischungen, die Gasolin, Ligroin, Petroleumessenz o. dgl. enthalten, verdampfen die leichtsiedenden Substanzen leicht. Man kann diesen Übelstand vermeiden, wenn man den Mischungen hochsiedende Treibmittel, wie Tetralin, Dekalin oder Hexalin zusetzt (F. P. 578 310).

Es ist bereits in dem F.P. 571 314 darauf hingewiesen worden, in welcher Weise man aus Glycerinfettsäureestern, d. h. durch ihre Überführung in die entsprechenden Äthylester o. ä., zu Treibmitteln gelangen kann. Ein anderer Weg zur Verarbeitung aller pflanzlichen, tierischen und mineralischen Fette und Wachse, z. B. auch solcher, die aus Torf, Braunkohlen, bituminösen Substanzen, Steinkohlen u. dgl. stammen, besteht darin, daß man die Rohprodukte mit Alkalien behandelt (Verseifung), dann wird getrocknet, wobei vorher Zucker oder Glycerin ausgewaschen werden kann, und das trockene Material bei dunkler Rotglut verschwelt. Die entstehenden Krackdestillate werden auch in Mischung mit Alkoholen, mit denen sie mischbar sind, als Treibmittel verwendet (F. P. 587 617).

C. Amerikanische Patentschriften.

Die aus Amerika stammenden Veröffentlichungen sollen in dem bereits bei den deutschen und den französischen Patentschriften in Anwendung gebrachten Schema besprochen werden, das der leichteren Übersichtlichkeit wegen noch eimal wiederholt werden soll.

I. Kohlenwasserstoffe des Erdöles, wie Gasolin, Petroläther, Petroleumessenz, Benzin, Petroleum, Kerosin, Gasöl u. a.

II. Produkte der Teerdestillation, Benzol und seine Homologen, Teeröle, Schieferöle u. a.

III. Alkohole, Aldehyde, Ketone.

IV. Schwelbenzine, hydrierte Treibmittel, Krackbenzine, synthetisch hergestellte Treibmittel, wasserhaltige Treibmittel und Verschiedenes.

Untergruppen.

a) Zusätze, welche die Mischbarkeit und Wirkung erhöhen.
b) Zusätze, welche die Zündfähigkeit erhöhen.
c) Zusätze explosiver Natur.
d) Zusätze mit verschiedenen Wirkungen.

Man könnte geneigt sein, anzunehmen, daß die amerikanische Treibmittelindustrie lediglich Interesse für Erdölprodukte oder -derivate haben würde, weil dieses Land wie kein anderes wegen seines Reichtums an Ölquellen zwangläufig zu einer möglichst wirtschaftlichen Verwertung dieser Bodenschätze gezwungen ist. Es läßt sich auch nicht leugnen, daß für dieses Land tatsächlich das Erdöl praktisch genommen entweder in Form der Naturbenzine oder als Krackbenzine das fast ausschließlich in Betracht kommende Treibmittel ist. Dagegen wäre die Annahme unbegründet, daß man anderen Lösungen der Treibmittelfrage bisher gar kein Interesse entgegengebracht hätte. Inwieweit dies im einzelnen der Fall ist, läßt sich leicht aus der folgenden Zusammenstellung ersehen.

I. Kohlenwasserstoffe des Erdöls, wie Gasolin, Petroläther, Petroleumessenz, Benzin, Petroleum, Kerosin, Gasöl u. a.

Um aus Petroleum zu Treibmitteln zu gelangen, hat man es bisher mit Schwefelsäure von 66° Bé oder mit rauchender Schwefelsäure behandelt und hierauf mit Soda oder Natriumhydroxyd neutralisiert. Die so hergestellten Öle reagieren alkalisch. Diese Verunreinigungen können durch Wasser nicht ausgewaschen werden und greifen die Motoren an. Dieser Übelstand soll dadurch vermieden werden, daß man zur Neutralisation Bicarbonat anwendet, das man entweder in Lösung oder in Form einer Aufschwemmung anwendet (Am.P. 1 317 582).

Man kann die Kohlenwasserstoffe, welche zum Betrieb von Explosionsmotoren dienen sollen, auch auf dem Wege von dem Tank zum Vergaser einer besonderen Reinigung unterziehen. Zu diesem Zweck wird das Treibmittel von dem Vorratsbehälter durch eine mit Wasser gefüllte Waschvorrichtung geleitet. Durch diese Passage wird der Kohlenwasserstoff gewaschen und gleichzeitig werden alle in ihm enthaltenen Unreinlichkeiten von dem Wasser zurückgehalten. Gleichzeitig nimmt aber das Treibmittel geringe Mengen Wasser auf, die für die Verbrennung günstig wirken und außerdem die Wirkung des Treibmittels bedeutend erhöhen (Am.P. 1 373 720).

a) Zusätze, welche die Mischbarkeit und Wirkung erhöhen.

Das Treibmittel besteht aus niedrig siedenden Gasolinen (Sdp. etwa 30° C), Cocosnußöl und Rohpetroleum (Am.P. 663 370).

Mit Hilfe von Luft unter hohem Druck soll man in folgender Weise zu einem Treibmittel gelangen. Ein Vorratskessel wird zunächst bei hoher Temperatur mit komprimierter Luft gefüllt. Ein Teil der Preßluft wird abgekühlt und in einen Ölkessel geleitet, aus dem sie das Öl durch ein Röhrensystem in eine Mischkammer drückt, wo es mit der heißen Preßluft aus dem ersten Vorratskessel zur Mischung kommt. Das wesentliche hierbei ist, daß die in den Öltank geleitete Druckluft niedrige Temperatur besitzt, um ein Verdampfen des Öles zu vermeiden, während die in die Mischkammer eingeleitete Preßluft eine hohe Temperatur aufweisen muß (Am.P. 721 957).

Zur Herstellung von Treibmitteln kann man neben leicht verdunstenden Kohlenwasserstoffen, wie Benzol oder ähnlichen Teerdestillaten, oder anderen Carburierungsmitteln und Nitroverbindungen, schwer verdunstende Bestandteile, wie Erdöl, Rohnaphtha, rohes oder destilliertes Petroleum, anwenden. Diese beiden Komponenten verdampfen nicht einheitlich. Um dies zu erreichen, wird der hochsiedende Kohlenwasserstoff (Petroleum) mit Natriumhydroxyd und einem niedrig siedenden Kohlenwasserstoff (Benzol) versetzt. Man läßt absetzen, zieht ab und fügt eine Lösung von Pikrinsäure und Kolophonium in Benzol hinzu. Dann wird etwas Schwefelsäure und entwässertes Glaubersalz zugesetzt, und schließlich noch Amylacetat. Nach Klärung wird destilliert (Am.P. 1 073 233, vgl. auch Ö.P. 50 151).

Man kann die dynamischen Wirkungen von niedrig siedenden Gasolinen oder Naphtha dadurch erhöhen, daß man ihnen Naphthalin und Anthracen zusetzt. Wo besonders hohe Wirkungen verlangt werden, ist ein weiterer Zusatz von Schwefelsäure und Methylalkohol angeraten. Es wird folgende Mischung in Vorschlag gebracht: 4,5 l niedrig siedendes Gasolin, 7 Teile Naphthalin, 3 Teile Anthracen, 15 g Schwefelsäure und 15 g Methylalkohol (Am.P. 1 092 461).

An Stelle von flüssigen Brennstoffen hat man auch schon gasförmige in Vorschlag gebracht, die zwar bei normaler Temperatur und gewöhnlichem Druck gasförmig sind, sich aber leicht durch Druck verflüssigen und als verflüssigte Gase in Druckflaschen sich aufbewahren lassen. Das Gasgemisch besteht aus Kohlenwasserstoffen der Paraffinreihe, nämlich aus Äthan, Propan und Butan. Diese Gase verflüssigen sich bei einem Druck von 50—500 Pfund auf den Quadratzentimeter. Dieses Gasgemisch stammt aus den Ölquellen und führt den Namen „feuchtes Naturgas". Das Gasgemisch muß frei von Methan sein, weil die kritische Temperatur des Methans sehr tief liegt. Auch dürfen keine Kohlenwasserstoffe in ihm enthalten sein, die wie Pentan und höhere Homologe bereits bei normaler Temperatur flüssig sind (Am.P. 1 094 864).

Zur Herstellung eines Treibmittels soll man von einem Destillat des Rohpetroleums oder des Schieferöles ausgehen vom spez. Gew. 0,79—0,83, das 2—3 vH Schwefel enthält. Zu diesem Destillat setzt man 1—2 vH Teeröl vom spez. Gew. 1,11 und behandelt die Mischung mit 1 vH Schwefelsäure. Die Mischung wird mit Dampf gerührt und dann 24 Stunden stehen gelassen. Dann zieht man die klare Flüssigkeit ab und behandelt mit 3—5 vH Kalk, um den Schwefel zu entfernen. Der Kalk wird vor dem Einbringen mit Wasser angerührt. Man läßt nun wiederum 12 Stunden absitzen. Dann wird das Gemisch mit etwas bitterem Mandelöl und 1 vH Schwefelsäure versetzt, dann wird nochmals Kalk zugesetzt und filtriert. Man kann das Endprodukt mit Gasolin (spez. Gew. 0,63—0,72) oder 5—20 vH von einem aromatischen Kohlenwasserstoff versetzen (Am.P. 1 108 351).

Bereits im Am.P. 1 094 864 ist ein Verfahren beschrieben, bei dem als Ausgangsmaterial ein bestimmtes Naturgas Verwendung findet. Auch das Am. P. 1 119 974 betrifft eine ähnliche Vorschrift. Nach ihm wird Erdgas in einen Kompressor und zwar 4000 Kubikfuß pro Stunde eingepumpt. Zuerst kommt das Gas unter einen Druck von 40 Pfund auf den Quadratzoll, dann wird die Kompression erhöht, in das komprimierte Gas wird Öl o. dgl., und zwar 220 l pro Stunde eingepreßt. Die Naphtha soll ein spez. Gew. von 50—56° Bé oder auch mehr haben. Auf dem System ruht ein Druck von 225 Pfund auf den Quadratzentimeter. Das Kühlsystem besteht aus einem zweizölligen Rohr von 270 m Länge. Nach der Abkühlung gewinnt man eine Flüssigkeit, die ein geringeres spezifisches Gewicht als die benutzte Naphtha aufweist (Am.P. 1 119 974).

Falls man zur Herstellung von Treibmitteln vom Kerosin und Benzol ausgeht, so ist es zunächst erforderlich, sie von schwer flüchtigen Bestandteilen, z. B. teerartigen u. dgl., zu reinigen. Zunächst leitet man diese beiden Kohlenwasserstoffe in eine mit überhitztem Dampf beheizte Retorte, dann werden die Dämpfe einer Fraktionierkolonne zugeführt, in der nur die schwer siedenden Bestandteile zurückgehalten werden. Die leichten gereinigten Destillate können im Bedarfsfalle auch mit Alkohol vermischt werden (Am.P. 1 131 880).

Man soll auch aus Kerosin und anderen hochsiedenden Destillaten des Roherdöles zu Treibmitteln von den gleichen Eigenschaften des Benzins gelangen können, wenn man sie mit anderen Bestandteilen zusammen mischt. Gasolin siedet bei etwa 60—80° C, Kerosin dagegen zwischen 150—300° C. Das Zusatzmittel zu dem Kerosin wird aus Methylalkohol, Aceton, Bleicarbonat und Harzsäure hergestellt. Man nimmt 100 Vol. Methylalkohol, 5 Teile Aceton, 5 Teile Bleicarbonat und 15 Teile Sylvinsäure, mischt diese Körper und destilliert. Das Destillat bis 110° C bildet den Zusatzstoff. Von diesem Zusatzstoff mischt man 30 Teile mit 100 Teilen Kerosin, setzt 7,5 Teile Gasolin hinzu und trennt von den ausgeschiedenen Unreinlichkeiten (Am.P. 1 158 367).

Gleichfalls ein unter Verwendung von Petroleum hergestelltes Treibmittel beschreibt das Am.P. 1 165 462. Es ist folgende Mischung angegeben: 4,5 l Rohpetroleum, 2 l Gasolin, 50 g Äther, Zitronenöl und 1 Teelöffel pulverisierter Alaun. Der Gehalt des Rohpetroleums an Schwefel, Wachs, Pech usw. soll für das Treibmittel wesentlich sein, so daß der Ersatz des Rohpetroleums durch gereinigte Öle nicht die gleiche Wirkung ergibt (Am.P. 1 165 462).

Zur Mischung mit Petroleumdestillaten soll man auch Teeröle verwenden. Man nimmt solche Teeröle, die zwischen 170—230° C sieden und die als Mittelöle bekannt sind. Sie enthalten für gewöhnlich 27 vH Naphthalin und 6,8 vH Phenole, z. B. Kresole, und sind ohne vorherige Entfernung dieser Verbindungen nicht verwendbar. Der Überschuß an Naphthalin wird soweit entfernt, daß bei 5° C keine Ausscheidung von Naphthalin stattfindet. Die Phenole werden durch Waschen oder durch Neutralisieren entfernt. Beim Mischen von Teerölen mit Erdölen scheidet sich ein Niederschlag aus, der abgetrennt werden muß. Man verwendet zur Mischung 25—50 vH Teeröle und 75—50 vH Gasolin oder $33^1/_2$ vH Teeröle und $66^2/_3$ vH Gasolin. Die Reinigung der Teeröle kann derart erfolgen, daß man sie mit 10—30 vH Ätznatronlösung wäscht, dann mit 2—5 vH Schwefelsäure neutralisiert, auf 4° C abkühlt und nach längerem Stehen vom ausgeschiedenen Naphthalin abpreßt (Am.P. 1 171 434).

Rohpetroleum ist bekanntlich wegen seiner geringen Flüchtigkeit nicht als Treibmittel verwendbar. Man kann ihm aber diese Eigenschaft verleihen, wenn man ihm Gasolin zusetzt. Es hat sich aber gezeigt, daß es nicht genügt, das Gasolin mit dem Rohpetroleum zu mischen, sondern daß es notwendig ist, die Mischung auf eine besondere Weise vorzunehmen. Zu diesem Zweck wird in einen mit einem Rührwerk versehenen, Gasolin enthaltenden Kessel Rohpetroleum unter Druck durch eine Streudüse so eingelassen, daß es sich in dem Kessel in Form eines feinen Schleiers verteilt, wobei durch stundenlanges Rühren für eine innige Vermischung der Bestandteile Sorge getragen wird. Infolge des Gehaltes an Paraffin und anderen Fettstoffen wirken solche Lösungen gleichfalls als Schmiermittel in den Zylindern und verhüten ein Ansetzen von Kohle (Am.P. 1 187 061).

Rohpetroleum ist zu viscos, um an sich als Treibmittel Verwendung finden zu können. Man kann aber seine Viscosität dadurch herabmindern, daß man ihm etwas Naphthalin zusetzt. Der Zusatz des Naphthalins beträgt etwa 8 vH. Man kann das Naphthalin auch vorher in einem Teeröl beliebiger Herkunft, in Petroleum, Petroleumrückständen, Schieferöl o. dgl. auflösen. Der Zusatz von 8 vH Naphthalin bewirkt bei 0° noch keine Ausscheidung. Wird das Öl nur bei höheren Temperaturen gebraucht, so kann man den Zusatz von Naphthalin entsprechend erhöhen. Die durch den Gehalt an Paraffin oder Bitumen bewirkte hohe Viscosität wird durch diesen Zusatz aufgehoben (Am.P. 1 286 091).

Zur Carburierung von Leichtölen oder Rohnaphtha hat man auch Leichtöle der Teerdestillation angewendet, die zweckmäßig mit einer Lösung von Natriumnitrit vorbehandelt werden. In gleicher Weise können auch die Schweröle oder Anthracenöle benutzt werden. In ähnlicher Weise soll man Leichtöle verwenden, in denen folgende Verbindungen gelöst sind: Anthracen, Chrysen, Pyren, Fluoren, Reten, Naphthalin, Diphenyl, Phenol und Anthrachinon. Man kann das Naphthalin, Pyren oder Fluoren vorher in bekannter Weise in Pikrate umwandeln (Am.P. 1 297 388).

Um Kerosin als Treibmittel verwenden zu können, soll man ihm einen Zusatz von Äthylacetat hinzusetzen. Es wird folgende Mischung vorgeschlagen: 90 Teile Kerosin und 10 Teile Äthylacetat. Das Kerosin kann ein leichtes Destillat sein, das ein spez. Gew. von mehr als 50° Bé besitzt. Es besteht aus Kohlenwasserstoffen, in denen die leichteren Bestandteile, wie Propan bis zum Heptan, nicht mehr vorhanden sind. An Stelle von Äthylacetat kann man auch andere Ester, z. B. Methylacetat, Amylacetat, Butylacetat oder die homologen Verbindungen der Ameisensäure, Buttersäure oder Propionsäure, anwenden. Man kann auf diese Weise auch schwere Kohlenwasserstoffe als Treibmittel anwenden (Am.P.1 421 879, vgl. hierzu auch D.R.P. 338 201 Kl. 23).

Man kann auch schwere Kohlenwasserstoffe zu motorischen Zwecken verwenden, wenn man ihnen geeignete Zusätze macht. Man nimmt z. B. rohes Pennsylvaniaöl, destilliert die leichter siedenden Bestandteile ab, bis der Rückstand weniger als 40° Bé hat, und setzt dann folgende Verbindungen zu: Alkohole, wie

Methyl-, Äthyl-, Propyl-, Butyl-, Amylalkohol oder Mischungen. Äther, wie Methyl- oder Äthyläther oder Mischungen, Ester aus einem der vorgenannten Alkohole und einer beliebigen organischen Säure, Ketone, wie Aceton-, Methyl-, Äthylketon, oder Öle oder Mischungen, die Ketone enthalten. An Stelle der vorgenannten Verbindungen oder aber zusammen mit ihnen soll man als weitere Zusätze zu den schwer flüchtigen Ölen aromatische Kohlenwasserstoffe, wie Benzol, Toluol, Xylol, oder Nitroverbindungen, wie Nitrobenzol, Nitrotoluol o. dgl., zusetzen. Es sind folgende Mischungen angegeben: 75 Teile Schweröl, 20 Teile Alkohol und 5 Teile Äther oder 75 Teile Schweröl, 15 Teile Alkohol, 5 Teile Äther und 5 Teile Äthylacetat oder 70 Teile Schweröl, 20 Teile Alkohol, 4 Teile Äther, 3 Teile Äthylacetat und 3 Teile Aceton. In diesen Beispielen kann der Alkohol durch entsprechende Mengen anderer sauerstoffhaltiger Zusatzstoffe ersetzt werden. Empfohlen ist ferner: 75 Teile Schweröl und 25 Teile Benzol oder 75 Teile Schweröl, 20 Teile Benzol und 5 Teile Nitrobenzol oder 80 Teile Schweröl und 20 Teile Äthylacetat oder 83 Teile Schweröl und 17 Teile Aceton (Am.P. 1 423 048).

Nach den Ansprüchen des Am.P. 1 423 049 soll das neue Merkmal des dort beschriebenen Verfahrens darin bestehen, daß in einem Treibmittel, das aus einem Petroleumdestillat besteht, welches schwerer ist als Kerosin, aus dem Ester einer organischen Säure und einem einwertigen Alkohol, der Gehalt an Schweröl etwa $^3/_4$ der Gesamtmischung beträgt. Es ist folgendes Beispiel I angegeben: 75 Teile Schweröl, 15 Teile Alkohol, 5 Teile Äther und 5 Teile Äthylacetat. Dieses Beispiel entspricht wörtlich dem Beispiel II, das in dem Am.P. 1 423 048 angegeben ist. Das gleiche gilt im wesentlichen für die übrigen noch angeführten Beispiele (Am.P. 1 423 049).

Auch das Am.P. 1 423 050, das von dem gleichen Anmelder angemeldet ist, wie die Am.P. 1 423 048 und 1 423 049, geht wiederum von solchen Destillaten des Petroleums aus, die schwerer als Kerosin sind, die durch Destillation, z. B. von Pennsylvaniaöl, gewonnen werden. Solchen schweren Ölen soll man folgende Zusätzem machen: Aromatische Kohlenwasserstoffe, wie Benzol, Toluol, Xylol o. dgl., Nitrokohlenwasserstoffe, wie Nitrobenzol und Nitrotoluol. Unter dem Ausdruck Schweröl sollen solche Petroleumdestillate verstanden werden, deren spezifisches Gewicht über dem des Kerosins liegt, d. h. etwa um 40° Bé. Es sind folgende Mischungen angegeben: 75 Teile Schweröle und 25 Teile Benzol oder 75 Teile Schweröl, 20 Teile Benzol und 5 Teile Nitrobenzol. In diesen Beispielen kann das Benzol ganz oder teilweise durch Nitrobenzol ersetzt werden. An Stelle von Nitrobenzol kann man Nitrotoluol oder Nitroxylol benutzen (Am.P. 1 423 050).

Bei den üblichen Krackverfahren entstehen bekanntlich eine größere Menge ungesättigter Kohlenwasserstoffe, wie Olefine und Diolefine. Um diese Nebenprodukte als Treibmittel verwendbar zu machen, behandelt man sie bei Temperaturen von etwa 25° C mit 90proz. Schwefelsäure, trennt dann das ausgeschiedene Öl von der verdünnten Säure, wäscht mit Wasser nach, wobei man aus den Waschwässern Isopropylalkohol gewinnen kann. Das ausgewaschene Öl wird mit Natriumplumbat greinigt. Es läßt sich ohne weiteres mit 90proz. Alkohol oder mit Naphtha mischen und besteht aus leicht polymerisierten Ölen, denen ein öllöslicher Alkohol, wie Amylalkohol, beigemengt ist. Es ist aus dem Siedepunkt der öligen Flüssigkeit zu schließen, daß ein großer Teil aus Alkohol besteht, während der Anteil an Kohlenwasserstoffen ziemlich gering ist. Diese Mischung von Ölen und höheren Alkoholen ist ein vorzügliches Treibmittel, das bereits bei einem Zusatz von 2 vH zu gewöhnlichem Gasolin seine Wirkungen verbessert. Bei der beschriebenen Behandlung bildet sich aus den ungesättigten Verbindungen Propyl- und Amylschwefelsäure, die bei der Einwirkung von Wasser die entsprechenden Alkohole liefern. Der am meisten in Wasser lösliche Alkohol ist der Isopropylalkohol, er ist demnach zum größten Teil in den Waschwässern zu finden (Am.P. 1 431 259).

Um Brennstoffe von höherem spezifischem Gewicht als Gasolin und von leichterer Verbrennbarkeit zu erhalten, soll man Petroleumdestillate, wie Gasolin und Kerosin, mit Aceton und Benzol zusammen mischen. Für Brennstoffe, die zwischen —18 und —12 °C gebraucht werden sollen, nimmt man 3 Teile Aceton, 9 Teile Benzol, 85 vH Gasolin und 3 vH Kerosin. Für Temperaturen zwischen — 12 bis 38 °C soll man den Gehalt an Benzol von 7—80 vH steigern, ohne die Menge der anderen Bestandteile zu verändern. Für Temperaturen von 21 °C hat sich folgende Zusammensetzung bewährt: Aceton 1 vH, Petroleumdestillate 49 vH und Benzol 50 vH. Für Temperaturen von 38 °C nimmt man 1 vH Aceton, 99 vH Benzol und 20 vH Petroleumdestillat (bestehend aus 29 vH Gasolin und 1 vH Kerosin) (Am.P. 1 460 767).

Treibmittel, die sehr leicht anspringen und die infolgedessen vorteilhaft bei kaltem Wetter verwendbar sind, soll man aus Rohpetroleum und rohem Teeröl erhalten, wenn man zu ihrer Mischung Aceton, Benzol, Soda und Holzgeist zufügt. Diese Mischung wird mit kalter Preßluft gerührt, dann wird auf etwa 50° C erhitzt und hierauf trockener Dampf eingeleitet. Durch den trockenen

Dampf tritt eine Destillation ein. Man destilliert bis zu einer Temperatur von 240° C. Die später übergehenden Destillate werden in einen zweiten Tank geleitet, und zwar bis 260° C. Der zurückbleibende Rest wird als Heizöl verwendet. In dem zweiten Tank befindet sich ein Brennstoff, der aus Aceton, Benzol, Alkohol und Gasolin besteht. Es ist folgende Vorschrift angegeben: 450 l Rohpetroleum, 450 l rohes Teeröl, 10 l Aceton, 10 l Benzol, 10 Pfund Soda, 2,25 l denaturierter Alkohol (Am.P. 1 480 368).

Nach dem folgenden Verfahren soll ein Treibmittel aus dem Gasolin des Erdgases gewonnen werden und ein Verdünnungsmittel aus diesem Gasolin und aus Kerosin. Zur Ausführung verdampft man Petroleum vorzugsweies unter Überdruck, zusammen mit einem inerten Gas, wie Erdgas. Man muß bei Temperaturen arbeiten, bei denen eine Spaltung des Petroleums eintritt. Hierbei vereinigen sich die Dämpfe der Krackbenzine mit den Kohlenwasserstoffen des Erdgases. Die Dämpfe werden dann in üblicher Weise kondensiert (Am.P. 1 480 808).

Man hat bereits Gasolin mit anderen leichter flüchtigen Stoffen und Schmierölen versetzt, wobei entweder die Flüchtigkeit oder Schmierfähigkeit der Mischung zu gering wurde. Die folgende Mischung aus Gasolin, Benzol, Naphthol, Schmieröl und Schwefelkohlenstoff soll diese Mißstände nicht zeigen. Es werden folgende Angaben gemacht: 30 Teile Gasolin, 0,8 Teile Benzol, 0,5 Teile Naphthol, 1 Teil Kerosin, $^1/_4$ Teil Schmieröl und $^1/_8$ Teil Schwefelkohlenstoff. Als Schmieröl soll Polarine der Standard Oil Co. verwendet werden (Am.P. 1 489 763).

Das Treibmittel besteht aus Rekordöl (Sdp. 130—400° C), Teerölen vom Sdp. unter 300° C und geringen Mengen von leicht flüchtigen Substanzen, wie Aceton, Aldehyd, Äther, Ester, Alkoholen u. dgl. Man soll z. B. 50 Teile Rohpetroleum mit 45 Teilen Teeröl und 5 Teilen Aceton versetzen, absetzen lassen und filtrieren (Am.P. 1 493 874, vgl. hierzu A Ia D.R.P. 392 190, A Ib Schweiz. P. 98 084).

Wenn man dem Gasolin die Eigenschaft nehmen will, in den Zylindern Kohlenstoff abzusetzen und den Ansatz von Kohlenstoff entfernen will, so soll man dem Gasolin ein Phenol wie Kresol, in einer Menge von etwa 5 vH zusetzen. An Stelle von Gasolin soll man auch Benzin, Naphtha, Kerosin oder Toluol benutzen (Am.P 1 495 005).

Wenn man Solventnaphtha und Gasolin miteinander mischt, allein bzw. der Naphtha allein besondere Vorzüge aufweist. Vor allem so bildet sich eine homogene Mischung, die gegenüber dem Gasolin soll eine beträchtliche Erhöhung der dynamischen Wirkung auftreten. Die Solventnaphtha ist eine Fraktion aus den leichten Teerölen (Sdp. 135—190° C). Sie besteht im wesentlichen aus Xylolen, Äthylbenzol, Mesitylen und anderen Benzolkohlenwasserstoffen. Sie ist ein Abfallprodukt bei der Herstellung des wertvolleren Benzols und Toluols. Das Gasolin siedet zwischen 70 und 200° C und hat das spez. Gew. von 0,727. Zur Mischung nimmt man 30—90 Teile Solventnaphtha und 20—10 Teile Gasolin (Am.P. 1 495 501).

Die Hauptbestandteile des Kerosins sind Pentan und Hexan, die als offene Kohlenstoffketten einen Überschuß von Wasserstoff enthalten. Zu diesem Kohlenwasserstoff setzt man einen wasserstoffarmen Kohlenwasserstoff, wie Naphthalin, und ein schweres Paraffinöl. Es sind folgende Mischungen angegeben: 90 Teile Kerosin und 10 Teile Naphthalin oder 81 Teile Kerosin, 9 Teile Naphthalin und 10 Teile schweres Paraffinöl (Am.P. 1 507 619).

Zur Herstellung von Treibmitteln gelangt man unter Verwendung oyxdierter Petroleumprodukte, denen auch noch Benzol, Alkohol, Aceton, Äther o. ä. zugesetzt werden kann. Man geht z. B. vom Kerosin aus, das man durch ein Krackrohr bei einer Temperatur von 538—593° C leitet. Die Krackdestillate werden mit einer zur Verbrennung nicht ausreichenden Menge Luft gemischt. Diese Mischung leitet man durch ein mit Vanadiumoxyd beschicktes Rohr, das in einem Bleibad erhitzt wird, und zwar auf einer Temperatur von 427—443° C. Das entstehende Öl siedet der Hauptmenge nach unter 200° C. Man kann diese Öle ohne weiteres mit denaturiertem Alkohol in allen Verhältnissen mischen, was mit Gasolin keineswegs möglich ist. Der Alkohol kann auch einen geringen Zusatz von Wasser enthalten. Man kann auch 4 Teile Alkohol und 1 Teil Gasolin mischen und dann das oxydierte Destillat zusetzen. Gleiche Mengen von Gasolin, oxydiertem Destillat und denaturiertem Alkohol trennen sich in zwei Schichten, die aber durch den Zusatz von Benzol wieder homogenisiert werden. Das oxydierte Material vom Sdp. bis 180° C kann mit Methylalkohol oder Aceton vermischt werden, ebenso auch mit Schwefelkohlenstoff, Petroläther und auch mit Naphthalin. Das oxydierte Destillat (Sdp. 180—265° C) mischt sich gleichfalls mit denaturiertem Alkohol, ebenso auch mit Gasolin. Die oxydierten Kohlenwasserstoffe neigen nicht zum Klopfen. Als oxydierte Paraffine sollen auch Alkohole, Äther, Aceton und gleichwirkende Verbindungen verstanden werden (Am.P. 1 516 757).

b) Zusätze, welche die Zündfähigkeit erhöhen.

Bei der üblichen Verbrennung der Treibmittel im vergasten Zustande mit Hilfe von Luft zeigt es sich, daß eine Abscheidung von Kohle nicht zu vermeiden war. Man soll aber diesen Übelstand vermeiden, wenn man das Treibmittel vorher einer Behandlung mit Gasen, wie mit reinem Sauerstoff, Stickoxyden, Kohlensäure, in einem geschlossenen Gefäß unterzieht (Am.P. 512 894).

Um die Zündfähigkeit von gewöhnlichem Gasolin oder Naphtha (spez. Gew. 0,700) zu erhöhen, soll man ihr auf 4,5 l etwa 30 g Äther zusetzen. Bei Verwendung eines leichter siedenden Gasolins dient der Zusatz des Äthers zur Erhöhung der motorischen Wirkung (Am.P. 579 415, vgl. hierzu A Ib D.R.P. 296 193 Kl. 23).

Um die dynamische Wirkung von Treibmitteln, wie z. B. Destillaten des Petroleums, zu erhöhen, soll man ihnen ein geeignetes flüchtiges Peroxyd, das bei der Verbrennung nur gasförmige Produkte liefert, zusetzen, z. B. Wasserstoffsuperoxyd. Man kann z. B. eine wässerige Lösung in die Luftsaugleitung einführen. Vorteilhaft läßt man aber das Wasser weg. Man benutzt hierzu die Eigenschaft der wässerigen Lösungen von Wasserstoffsuperoxyd, daß ihnen durch Schütteln mit Kohlenwasserstoffen, Äther o. dgl. das Hydroperoxyd entzogen wird. Von der ätherischen Lösung des Hydroperoxydes werden dem Treibmittel etwa 3 vH zugesetzt. Neben dem Peroxyd kann man auch Nitrobenzol anwenden. An Stelle des Hydroperoxydes kann man auch Benzol- oder Acetylsuperoxyd benutzen (Am.P. 929 503).

Man hat bereits Anthracen zur Herstellung von Treibmitteln verwendet (vgl. Am.P. 1 297 388 unter C Ia). Man soll nun zu Treibmitteln gelangen, denen ohne Entmischung unbedenklich etwas Wasser zugefügt werden kann, wenn man Kerosin mit Schwefelkohlenstoff und Anthracen mischt, und zwar soll man auf 4,5 l Kerosin 60 g Anthracen und 180 g Schwefelkohlenstoff nehmen. Ein derartiges Gemisch entmischt sich noch nicht bei — 35° C, auch verdampft der Schwefelkohlenstoff noch nicht bei 50° C. Man kann dieser Mischung etwas Wasser zusetzen oder aber feuchtes Anthracen anwenden (Am.P. 1 225 405).

Dem Kerosin hat man zur Erhöhung der Flüchtigkeit bereits leicht flüchtige Substanzen zugesetzt, wobei aber leicht Klopfen auftritt. Als zweckmäßig hat sich folgende Mischung erwiesen: 4,5 l Kerosin (spez. Gew. 0,8), 120 g Dimethyläther und 240 g Schwefelkohlenstoff. Dimethyläther löst sich leicht in einem Gemisch von Kerosin mit Schwefelkohlenstoff. Man kann den Dimethyläther nicht mit dem gleichen Erfolg durch den Diäthyläther ersetzen (Am.P. 1 230 924).

Um mit Hilfe von Erdgas Treibmittel herzustellen, soll man es zunächst in einen Kompressor leiten und dadurch ein Gasolin (85° Bé) abscheiden. Die nicht verdichtbaren Anteile des Gases werden dann durch ein Öl von 40° Bé hindurchgeleitet, dann wird das durch Kondensation gewonnene Gasolin mit dem zur Absorption dienenden Öl vermischt (Am.P. 1 260 970).

Rohöle bestehen bekanntlich aus verschiedenen Komponenten, die zum Teil sehr hohe Siedepunkte aufweisen. Durch diese nicht restlos verbrennenden hoch siedenden Bestandteile wird das Schmieröl stark verunreinigt. Um diesen Übelstand zu beseitigen, taucht man ein Paar oder mehr Elektroden in das Öl und sendet einen hoch gespannten Wechselstrom zwischen den Elektroden hindurch. Hierdurch erhält der Brennstoff einen erniedrigten Siedepunkt; gleichzeitig wird der Flammpunkt erniedrigt und der Brennstoff für den Betrieb geeigneter gemacht (Am.P. 1 376 180).

Um Treibmittel mit Wasserstoff zu sättigen, verfährt man zweckmäßig derart, daß man das Treibmittel verdampft und seine Dämpfe mit Wasserstoff oder wasserstoffhaltigen Gasen mischt. Man führt dieses Verfahren in der Weise aus, daß man den Kohlenwasserstoff erhitzt, die Dämpfe durch Metallröhren leitet und während dieser Zeit sie Hochfrequenzentladungen aussetzt. In den verdampften Kohlenwasserstoff wird Wasserstoff eingeleitet (Am.P. 1 376 713).

Hochsiedende Kohlenwasserstoffe, wie Kerosin, insbesondere solche, aus denen die niedrig siedenden Bestandteile, wie Propan bis Heptan eingerechnet, entfernt sind, kann man zur Herstellung von Treibmitteln verwenden, wenn man ihnen 8—10 vH leicht siedende Substanzen, wie Schwefeläther, Acetylen, Methyläther Aceton, Schwefelkohlenstoff, Methan, Äthan oder Propan, zusetzt (Am.P. 1 398 948).

Auch die folgende Vorschrift ist unter Zusatz von Äther zusammengestellt. Es wird folgende Mischung angegeben: 48 Teile Benzin, 47,9 Teile Kerosin, 3,5 Teile Äther und 6 Teile Nitre (?).

Man kann die Mischungsverhältnisse je nach Bedarf abändern. Der Zusatz des Äthers soll den Flammpunkt erniedrigen, während das Nitre (vielleicht sind Stickoxyde gemeint, d. Verf.) die Mischung reinigen und das Ansetzen von Kohlenstoff vermeiden soll (Am.P. 1 444 341).

Man hat vielfach Mischungen von schweren Kohlenwasserstoffen mit leicht siedenden Flüssigkeiten, wie Äther, als Treibmittel vorgeschlagen. Aus diesen Mischungen verdunstet der Äther sehr leicht. Auch die folgende Vorschrift bedient sich einer

Mischung aus schweren Kohlenwasserstoffen und Äther, der aber noch Phenol zugesetzt ist, um den Äther in der Mischung zu fixieren. Die hoch siedenden Öle sollen über 160° C und für gewöhnlich zwischen 180—200° C sieden. Zur Herstellung solcher Mischungen kann man auch Petroleum, Benzin, Benzol, Alkohol und hydrierte Derivate, wie Tetralin, Dekalin und hydrierte Naphthole verwenden. Als Phenole kann man Phenol oder Kresol benutzen. Es ist u. a. folgendes Beispiel angegeben: 50 Teile niedrig siedender Kohlenwasserstoff, 47 Teile hoch siedender Kohlenwasserstoff, 5 Teile Äther und 5 Teile Phenol oder Kresol (Am.P. 1 519 905).

Es gibt viele Treibmittel, welche die Metallteile angreifen und insbesondere zur Ablagerung von Kohle beim Verbrennen neigen. Dieser Übelstand soll vermieden werden, wenn man Gasolin oder ein anderes geeignetes Petroleumdestillat mit aromatischen Basen, wie Pyridin, Chinolin oder Piperidin, versetzt. Wenn man wässerige Basen anwendet, erhält man eine milchige Lösung, die sich nach längerer Zeit unter Abscheidung des Wassers klärt. Man verwendet etwa 88 Teile Gasolin und 12 Teile Pyridin. Zu dieser Mischung soll man im Bedarfsfalle noch 1 Teil Nitrobenzol zusetzen (Am.P. 1 524 674).

c) Zusätze explosiver Natur.

Um den Treibmitteln besonders hohe dynamische Wirkungen zu verleihen, soll man ihnen Naphthalinpikrat, das man in Alkoholen, Benzin, Benzol, Aceton o. dgl. lösen kann, zusetzen. Man kann derartigen Mischungen auch noch Peroxyde und Äther zusetzen, z. B. Wasserstoffsuperoxyd in einer nicht wässerigen Lösung, von dem man etwa $^1/_2$ vH braucht. Die Ester, z. B. Oxalester, entfalten die gleiche Wirkung. An Stelle des Pikrats des Naphthalins kann man auch die Pikrate des Phenanthrens, Fluoranthrens, Pyrens, Chrysens und Picens anwenden (Am. P. 928 803).

Als Zusatz für Kerosin sind auch schon Teeröle vorgeschlagen worden. Als Teerölbestandteil verwendet man Toluol, Methylbenzol, Phenylmethan, von denen man 5—10 vH zum Kerosin zusetzt. Diese Mischung wird unter einem Druck von 300 Pfund auf den Quadratzoll destilliert. Gleichzeitig mit dem Destillieren wird eine Nitrierung mit Nitriersäure vorgenommen, von der man eine ganz geringe Menge dem Destillat zusetzt. Man kann den aromatischen Kohlenwasserstoff auch vorher nitrieren, dann einem mineralischen, animalischen oder vegetabilischen Öl zusetzen und hierauf das Gemisch einer Druckdestillation unterwerfen (Am.P. 1 185 747).

Um träge Treibmittel, wie Alkohol, zu hohen dynamischen Wirkungen zu bringen, soll man sie mit nitrierten Derivaten von Ölen o. dgl. mischen. Als Ausgangsmaterial verwendet man Petroleum, Öle oder Fette vegetabilischer Herkunft, Harze oder Gummiharze. Diese Materialien werden nitriert, indem man 5—10 Teile oder mehr konz. Salpetersäure auf 100 Teile Rohpetroleum anwendet. Während des Nitrierens wird erwärmt. Es scheidet sich u. a. eine dickflüssige braune Substanz ab, die das gewünschte Nitroprodukt ist und sich in Alkohol löst. Man setzt von diesem Produkt etwa 1—3 Teile auf 100 Teile Alkohol. Ein weiterer Zusatz von 20 Teilen Äther ist vorgesehen (Am.P. 1 480 372).

d) Zusätze mit verschiedenen Wirkungen.

Dem Treibmittel, wie z. B. Gasolin, soll man mit Vorteil eine Mischung zusetzen, die folgende Zusammensetzung aufweist: 744 Teile Vaselinöl, 246 Teile Tetrachlorkohlenstoff und 10 Teile Nitrobenzol. Das schwer verbrennliche Vaselinöl wird bei der Verbrennung nicht angegriffen und dient als Schmiermittel. Der Tetrachlorkohlenstoff ist nicht verbrennlich und dient gegen den Ansatz von Kohle und zu ihrer Entfernung. Das Nitrobenzol dient lediglich als geruchverbesserndes Mittel (Am.P. 1 325 907).

Um das Klopfen der Motoren zu vermeiden, soll man dem Treibmittel einen Zusatz von Naphthylamin zusetzen. Das Naphthylamin ist nicht in Gasolin löslich, aber in Benzol. Man löst es im Benzol in 50 proz. Lösung. Von dieser Lösung setzt man 4—6 vH zum Gasolin. Man kann zwar auch schon durch Benzol allein das Klopfen beseitigen. Man braucht aber dann hierfür eine erheblich größere Menge als beim gleichzeitigen Zusatz auch von Naphthylamin (Am.P. 1 471 916).

Um die Korrosion von Treibmitteln und die Ablagerung von Kohlenstoff zu vermeiden, soll man den Treibmitteln aromatische Basen, wie Pyridin, Chinolin oder Piperidin zusetzen (vgl. Am.P. 1 524 674 unter C Ib).

Es ist unter C Ib Am.P. 519 905 ein Treibmittel beschrieben, das aus über 160° C siedenden Petroleumkohlenwasserstoffen, Äther und einem Phenol besteht. Man kann die Wirkung dieser Mischungen durch gewisse Phenylderivate erhöhen; z. B. die Phenylverbindungen des Selen, Tellur, Thorium, Thallium, Uranium, Wolfram, Titanium, Wismuth, Vanadium, Aluminium u. dgl. An Stelle der Metallverbindungen soll man auch nehmen können Dibenzylsalicylat, Benzylamine, Butylaniline, Benzylalkohole und Derivate, Benzylhydroxylamin u. a. m. Bei dem Zusatz dieser Verbindungen soll die Leistung der Treibmittel erheblich erhöht werden. Es sollen folgende Beispiele angegeben werden: 68 Teile Gasolin, 30 Teile Gasöl, 1,5 Teile Äther und 0,5 Teile Diphenyltellur oder 68 Teile Gasolin, 30 Teile Gasöl, 1,6 Teile Äther und 0,4 Teile Dibenzylselen. Genannt ist noch Triphenylthallium, Tetraphenyluran, Tetraphenylvanadium u. a. m. (Am.P. 1 534 573).

II. Produkte der Teerdestillation, Benzol und seine Homologen, Teeröle, Schieferöle u. dgl.

a) Zusätze, welche die Mischbarkeit und Wirkung erhöhen.

Zur Herstellung eines Brennstoffes soll man 100 Teile Petroleum nehmen, denen man 20 Teile Benzol und $^1/_2$ Teil Natron zusetzt, dann wird gerührt. Man läßt absitzen und zieht die klare Flüssigkeit ab. Außerdem löst man 5 Teile Kolophonium und eine geringe Menge Pikrinsäure, getrennt in Benzol, vermischt diese beiden Benzollösungen und gießt diese Mischung zu dem Öl. Zu der Mischung setzt man dann etwa 66proz. Schwefelsäure und trockenes Glaubersalz sowie etwas Amylacetat, dann wird bei Temperatur bis 250° C destilliert (Am.P. 1 073 233).

Für die Herstellung eines Treibmittels sind folgende Angaben gemacht. Man verwendet Schieferöl vom spez. Gew. 0,79—0,83 und mit einem Schwefelgehalt von 2—3 vH. Hierzu setzt man 1—2 vH Teeröl (spez. Gew. 1,11). Zu dieser Mischung setzt man 1 vH Schwefelsäure. Man mischt 5—10 Minuten mit Dampf, läßt absitzen, trennt vom Niederschlag und behandelt zur Entfernung des Schwefels mit 3—5 vH Ätzkalk, der mit Wasser angerührt wird. Man läßt dann absitzen und fügt geringe Mengen von Bittermandelöl und Schwefelsäure hinzu. Dann folgt eine Nachbehandlung mit Ätzkalk. Hierauf wird dekantiert und filtriert (Am.P. 1 108 351).

Zu einem Brennstoff mit guten Eigenschaften soll man gelangen, wenn man Destillate des Steinkohlenteers mit Petroleumdestillaten und Alkohol vermischt. Das Petroleumdestillat soll ein höheres spezifisches Gewicht als Naphtha oder Gasolin haben und z. B. Kerosin sein; als Teerdestillat wählt man Benzol. Man muß das Benzin und Benzol, die Verunreinigungen, wie Asphalt, Teer u. dgl., enthalten, vorher reinigen. Der Reinigungsprozeß besteht darin, daß man das Gemisch der Öle bei Temperaturen destilliert, bei denen eine Spaltung erfolgt. Die Spaltprodukte werden dann den üblichen Reinigungsverfahren unterworfen. Die gereinigten Produkte werden dann mit Alkohol versetzt (Am.P. 1 131 880).

Zur Herstellung eines Treibmittels soll man Teeröle verwenden, die bei der Destillation des Steinkohlenteers bei 170 bis 230° C übergehen und aus denen das Naphthalin und die Phenole fast vollkommen entfernt worden sind. Diese Mittelöle enthalten bis 27 vH Naphthalin und etwa 6,5 vH Kresole und Phenole. Zur Abscheidung des Naphthalins wird das Öl auf 5° C abgekühlt. Die Phenole entfernt man bis $^1/_2$ vH durch Waschen und Basen. Das zwischen 170—230° C siedende Mittelöl wird mit 10—30 vH Natronlauge gemischt, stehen gelassen und dann mit 2—5 vH Schwefelsäure nachgewaschen. Dann folgt eine nochmalige Waschung unter Abkühlen auf 4° C. Die so gereinigten Teeröle werden dann mit Gasolin vermischt (Am.P. 1 171 434).

Gleichfalls von Bestandteilen des Kohlenteers geht das Am.P. 1 297 388 aus. Zu diesem gehören die Leichtöle oder die Rohnaphtha, die bis 170° C überdestillieren. Sie werden zur Reinigung mit Natriumnitrit gewaschen und können mit Petroleumdestillaten versetzt werden. Bei hohen Temperaturen gehen aus dem Teer die Mittelöle und Anthracenöle über, die über 180° C sieden. Von den Mittelölen wird das Naphthalin, Diphenyl und Phenol zur Herstellung von Treibmitteln verwendet. In den Anthracenölen sind enthalten: Anthracen, Chrysen, Pyren, Fluoren, Beten, die in gleicher Weise benutzt werden; ebenso wie Anthrachinon. Es ist u. a. folgende Vorschrift angegeben: In 100 Teilen Leichtöl oder Toluol werden 75 Teile Naphthalin gelöst, außerdem werden 50 Teile Diphenyl in 100 Teilen Leichtöl oder Toluol gelöst. Man kann diese Kohlenwasserstoffe auch in Pikrate umwandeln. Die vorgenannten Lösungen werden dann mit Petroleumkohlenwasserstoffen vermischt (Am.P. 1 297 388).

Das Benzol oder seine höheren Homologen sind beliebte Zusatzmittel, um Petroleumdestillate, die schwerer als Kerosin sind, in Treibmittel umzuwandeln. Es werden u. a. folgende Beispiele angegeben: 75 Teile Schweröl, 25 Teile Benzol oder 75 Teile Schweröl, 20 Teile Benzol, 5 Teile Nitrobenzol. An Stelle von Benzol kann man Toluol, Nitrobenzol, Nitrotoluol o. dgl. anwenden (Am.P. 1 423 048).

Unter Zusatz von aromatischen Kohlenwasserstoffen, wie Benzol, Toluol, Xylol oder deren Mischungen, kann man auch Schweröle zur Herstellung von Treibmitteln verwenden. Als Schweröl verwendet man pennsylvanisches Rohöl, aus dem das Gasolin und Kerosin abdestilliert worden ist. Zu dem erhaltenen Rückstand oder zu einem aus dem Destillat erhaltenen Rückstand werden die vorgenannten aromatischen Kohlenwasserstoffe zugesetzt. An Stelle dieser aromatischen Kohlenwasserstoffe kann man auch deren Nitroderivate, wie Nitrobenzol, Nitrotoluol u. dgl., zusetzen. Es sind folgende Beispiele angegeben: 75 Teile Schweröl, 25 Teile Benzol oder 75 Teile Schweröl, 20 Teile Benzol und 5 Teile Nitrobenzol (Am.P. 1 423 050).

Neben Benzol hat man auch schon Ester zur Herstellung von Treibmitteln verwendet. Es wird u. a. folgende Mischung vorgeschlagen: 40 Teile Äthylalkohol, 30 Teile Benzol, 30 Teile Gasolin oder Naphtha (spez. Gew. 52—66° Bé) und 5 Teile Äthylacetat. Der Gehalt an Alkohol kann von 40—60 vH betragen, der an Benzol von 25—35 vH, der an Äthylacetat von 5—20 vH. Durch den Zusatz von Äthylacetat kann man einen Alkohol von 95 vH verwenden. Es sind noch folgende Mischungen angegeben: 40 Teile Alkohol, 28 Teile Gasolin, 17 Teile Benzol, 10 Teile Äthylacetat und 8 Teile Toluol oder 15 Teile Benzol, 40 Teile Alkohol, 30 Teile Gasolin und 15 Teile Äthylacetat. Diese Mischungen sind frostsicher. Man kann an Stelle des Äthylalkohols auch Methyl- oder Butylalkohol anwenden. Der Alkohol kann 95proz. oder aber absolut sein. Das Äthylacetat kann ersetzt werden durch Methylbutyrat, Äthylbutyrat, Methylacetat, Butylacetat, Amylacetat o. ä. und durch Castoröl (Am.P. 1 423 058).

Die Mischungen von Benzol und Petroleumkohlenwasserstoffen hat man auch schon mit Aceton versetzt. Es werden u. a. folgende Mischungen vorgeschlagen: 3 Teile Aceton, 9 Teile Benzol und 88 Teile Petroleumdestillat (bestehend aus 85 vH Gasolin und 3 vH Kerosin). Der Gehalt an Benzol kann zwischen 7—80 vH schwanken. Bei einer Temperatur von 21° C soll man folgende Zusammensetzung wählen: 1 vH Aceton, 49 vH Petroleumdestillat, und 50 vH Benzol. Für eine Temperatur von 38° C wird folgende Mischung empfohlen: 1 vH Aceton, 79 vH Benzol und 20 vH Petroleumdestillat. Die Gegenwart des Kerosins soll das flüchtige Aceton in der Mischung stabilisieren (Am.P. 1 460 767).

Auf die Verwendbarkeit des Benzols, um Kerosin als Betriebsstoff verwendbar zu machen, ist schon in den früheren Patentschriften hingewiesen worden. Auch das Am.P. 1 471 566 betrifft einen ähnlichen Vorschlag. Es wird folgende Mischung vorgeschlagen: 40 Teile Kerosin, 40 Teile Benzol, 20 Teile Alkohol und 5 Teile Äther oder 40 Teile Kerosin, 30 Teile Benzol, 5 Teile Leichtbenzin, 5 Teile Äther und 20 Teile Alkohol. Es sind auch noch andere Mischungen angegeben, zu denen auch noch Amylalkohol als Homogenisierungsmittel zugesetzt werden soll (Am.P. 1 471 566).

Zur Herstellung des Brennstoffs geht man von Rohpetroleum und rohem Teeröl aus, die miteinander gemischt werden und denen man Aceton, Benzol, Soda und Methyl- oder Äthylalkohol zusetzt. Die Mischung wird mit kalter Preßluft gerührt, dann wird auf 50° C erwärmt und dann trockener Dampf eingeleitet. Die Destillation beginnt bald und endet bei etwa 200° C. Die Destillate werden in zwei Portionen aufgefangen. Die zweite Fraktion enthält u. a. in geeigneten Mengen Aceton, Benzol, Alkohol und Leichtbenzine. Man verwendet z. B. 450 l Rohpetroleum, 450 l rohes Teeröl, 9 l Aceton, 9 l Benzol, 10 Pfund Soda und 2 l Alkohol (Am.P. 1 480 368).

Für die Herstellung von Treibmitteln unter Verwendung von Benzol werden folgende Mischungen empfohlen: 4,5 l Benzol, 3 Pfund Naphthol, 9—7 l Kerosin, $^1/_2$ l Schmieröl und $^1/_4$ l Schwefelkohlenstoff. Diese Mischung soll dann mit 60—250 l Gasolin vermischt werden. Bisher hatten die bekannten, unter Zusatz von Schmiermitteln hergestellten Mischungen ihre Schmierfähigkeit verloren. Das Naphthol soll außerdem ein Rosten der Metallteile verhüten (Am.P. 1 489 763).

Bei der Anwendung von starken Kompressionen läßt sich das Klopfen der Motoren nur schwer vermeiden. Das Cyclohexan zeigt diesen Übelstand nicht, es besitzt aber einen zu hohen Schmelzpunkt (0° C) und ist deshalb für Flugzeuge ungeeignet. Man gelangt aber auch unter Verwendung des Cyclohexans zu geeigneten Treibmitteln, wenn man ihm andere Stoffe zusetzt, wie Benzol oder Toluol. An sich besitzt das Benzol, abgesehen von seiner hohen Kompressionsfähigkeit gegenüber dem Benzin den Nachteil eines geringeren Heizwertes, der leichten Abscheidung von Kohle und des hohen Schmelzpunktes. Alle diese Mißstände zeigen die Mischungen mit Cyclohexanen nicht mehr. Man kann etwa 80 Teile Cyclohexan und 20 Teile Benzol nehmen (Am.P. 1 491 998).

Zur Herstellung von Treibmitteln kann man auch Schieferöl Benzol, Alkohol und Äther nebeneinander verwenden. Bei der Verwendung von Schieferöl an Stelle von Petroleumdestillaten soll der Äther keine unangenehmen Nebenwirkungen ausüben, während die Mischung gleichfalls leicht anspringt. Die Schieferöle besitzen einen hohen Gehalt an Stickstoffbasen der Pyridin- und Isochinolinreihe. Die leicht siedenden Schieferöle haben ein spez. Gew. von 0,650—0,740 und destillieren zwischen 40—175° C. Sie haben einen Flammpunkt unter 0° C. Man hat den Treibmitteln als Mittel gegen das Klopfen und Korrosion Anilin zusetzen müssen. Dieser Zusatz ist bei Schieferölen nicht erforderlich. Man soll folgende Mischung herstellen: $^1/_3$ Schieferöl mit Pyridinen und Isochinolinen, $^1/_3$ Benzol mit einem geringen Zusatz von Toluol und $^1/_3$ Alkohol mit einem kleinen Zusatz von

Äther. Der Gehalt an Schieferöl kann bis auf 50 vH erhöht werden. Man kann das Benzol auch durch Alkohol ersetzen. Man muß in diesem Falle absoluten Alkohol anwenden. Solche Mischungen heben die Wirkung des Äthers auf, zu klopfen und zu korrodieren (Am.P. 1 494 613).

Die sogenannte Solventnaphtha ist ein Gemisch von Benzolkohlenwasserstoffen und siedet zwischen 135—190° C. Sie enthält Xylole, Äthylbenzol, Mesitylen u. a. m. Für motorische Zwecke soll man sie vorteilhaft mit Gasolin mischen. Als Gasolin nimmt man ein Produkt, das zwischen 70—200° C siedet. Man mischt 30—90 Teile Solventnaphtha mit 70—10 Teilen Gasolin. Die Mischung liefert bessere Werte als die einzelnen Komponenten (Am.P. 1 495 501).

b) Zusätze, welche die Zündfähigkeit erhöhen.

Die Gegenwart von Phenolen in Treibmitteln soll es ermöglichen, leicht flüchtige Substanzen, wie Äther, in einem Gemisch zu fixieren. Man kann zu diesem Zwecke Methyl- oder Äthyläther anwenden. Als hochsiedende Treibmittel kommen folgende daneben in Betracht: Rohpetroleum, Steinkohlenteer, Braunkohlenteer, Schieferöl, Schieferteer, Torfteer, Holzteer u. ä., d. h. Substanzen, die zwischen 160—200° C sieden. Insbesondere kommen hoch siedende Derivate des Schieferöles in Betracht. Außerdem kann man diesen Brennstoffen auch Petroleum, Benzin, Benzol, Alkohol, Tetralin, Dekalin usw. zusetzen. Als phenolartige Verbindungen kommen Phenol und Kresol zur Verwendung. Erwähnt ist z. B. eine Mischung aus schwerem Steinkohlenteeröl, Äther und Benzin, ferner: 50 Teile niedrig siedender Kohlenwasserstoff, 4 Teile hoch siedender Kohlenwasserstoff, 3 Teile Äther und 5 Teile Phenol (Am.P. 1 519 905).

c) Zusätze explosiver Natur.

Man soll gegebenenfalls die zur Erhöhung der Wirkung erforderlichen Nitroverbindungen nicht als solche zusetzen, sondern in der Mischung erzeugen. Man verwendet eine Mischung von Kerosin, Steinkohlenteeröl, dessen wichtige Bestandteile für den vorliegenden Zweck Toluol, Methylbenzol und Phenylmethan sind. Diese Mischung wird zunächst bei einem Druck von 300 Pfund auf den Quadratzoll destilliert, d. h. einem Spaltungsprozeß unterworfen. Gleichzeitig mit der Destillation wird eine Nitrierung vorgenommen. Man kann auch die Nitroprodukte gesondert herstellen und einem mineralischen, tierischen oder pflanzlichen Öl zusetzen und hierauf unter Druck destillieren (Am.P. 1 185 747).

III. Alkohole, Aldehyde, Ketone.

Wenn man rein zahlenmäßig das französische mit dem amerikanischen Material vergleicht, so muß auffallen, daß die Anzahl der alkoholische Treibmittel betreffenden Vorschläge in Frankreich viel größer ist als wie in Amerika. Diese Erscheinung ist leicht aus der Tatsache zu erklären, daß ein Land, das im Besitze von großen Erdölquellen ist, in erster Linie bestrebt sein wird, diese Bodenschätze möglichst wirtschaftlich auszunützen. Da die primären Ausbeuten der Ölquellen nicht annähernd den Bedarf an Treibmitteln decken, ist man dazu übergegangen, die Bedürfnisfrage durch das Krackverfahren zu lösen. Es wäre aber falsch, anzunehmen, daß dieses Land, das auch agrikulturtechnisch auf einer sehr hohen Stufe steht, an alkoholischen Treibmitteln gar kein Interesse empfände, wie leicht aus der folgenden Zusammenstellung zu ersehen sein wird.

Die Frage, in welcher Weise man am bequemsten zu wasserfreiem Alkohol kommt und die auch in Frankreich Gegenstand zahlreicher Untersuchungen gewesen ist, wird auch in dem A.P. 1 372 465 behandelt. Zur Erzielung dieses Zweckes soll eine Destillation des wasserhaltigen Alkohols (92—94 vH) unter Zusatz von Fuselöl und Benzol oder Gasolin, Kerosin bzw. Teerölen stattfinden. Auf 40 Teile Alkohol werden 0,25 Teile Fuselöl und 60 Teile Benzol o. ä. verwendet. Das erste Kondensat enthält zum großen Teil Benzol und einen Alkohol mit mehr Wasser als das Ausgangsmaterial. Durch sinngemäße Weiterführung der Destillation kann man zu wasserfreiem Alkohol gelangen (Am.P. 1 372 465)

Man hat auch schon versucht, durch chemische Veränderung des Acetylens zu einem Körper zu gelangen, der hinsichtlich seiner Konstitution dem Alkohol nahe steht, nämlich zu dem Acetaldehyd. Zu diesem Zwecke läßt man Acetylen durch eine Lösung gehen, die Schwefelsäure oder Phosphorsäure von bestimmter Stärke und Quecksilbersalze enthält und auf 70° C erwärmt ist. Ein Teil des Acetylens nimmt hierbei Wasser auf und geht in Acetaldehyd über. Das Gemisch, welches aus Acetaldehyd und Acetylen besteht, wird getrocknet und zu einer Flüssigkeit verdichtet. Selbst geringe Mengen des Acetaldehyds sollen die Verflüssigung des Acetylens durch Druck ungemein erleichtern und die Flüssigkeit soll nicht der Selbstentzündung unterliegen (Am.P. 1 514 977).

a) Zusätze, welche die Mischbarkeit und Wirkung erhöhen.

Beim Carburieren von Treibmitteln mit Naphthalin hatte man die Beobachtung gemacht, daß häufig ein Verstopfen der Düsen eintrat, weil sich das Naphthalin ausschied. Insbesondere war dies zu befürchten, wenn man das Naphthalin zum Carburieren von solchen Treibmitteln benutzte, die wasserhaltigen Alkohol enthielten, weil das Naphthalin vollkommen unlöslich in Wasser ist. Um solchen Störungen vorzubeugen, hat man den Vorschlag gemacht, das Naphthalin zunächst in eine wasserlösliche Naphthalinsulfosäure überzuführen, die Sulfosäure in Terpentinöl oder Benzol zu lösen und diese Lösung dem Alkohol zuzusetzen (Am.P. 621 338)

Nach dem bekannten Carburieren des Alkohols mit Naphthalin hat man auch schon den Vorschlag gemacht, das Naphthalin zunächst in Terpentinöl zu lösen und diese Lösung zu destillieren. Man soll etwa 1 Teil Naphthalin auf 3—6 Teile Terpentinöl nehmen und diese Lösung dann bei 160—180° einer Destillation unterwerfen. Das Kondensat wird nochmals auf den Siedepunkt erhitzt und dann die erhaltene Lösung dem Alkohol zugesetzt (Am.P. 621 411).

Zum Carburieren von Alkohol hat man u. a. auch Kerosin und Benzol verwendet. Man soll aber diese Kohlenwasserstoffe vor dem Vermischen mit dem Alkohol einem Destillationsprozeß unterwerfen. Hierbei wird der Kohlenwasserstoff in das Innere von zwei konzentrisch gelagerten Röhren eingeleitet, während das äußere Rohr erhitzt wird und überhitzten Wasserdampf enthält. Das dampfförmige Gemisch wird in einen kesselförmigen Dephlegmator geblasen, in dem die schwersten Kohlenwasserstoffe abgeschieden werden. Das so gewonnene Leichtöl wird vor dem Vermischen noch einem Reinigungsverfahren unterworfen. Die Reinigung des Benzols ist ähnlich (Am.P. 1 131 880).

Auch der folgende Vorschlag betrifft eine Änderung der Eigenschaften des in Amerika äußerst billigen, indessen zu hochsiedenden Kerosins, um es für die Herstellung von Carburierungsmitteln geeignet zu machen. Zu diesem Zweck wird folgende Mischung destilliert: 100 Teile Methylalkohol, 5 Teile Aceton, 5 Teile Bleicarbonat und 15 Teile Sylvinsäure. Das Destillat, was etwa über 110° C übergeht, wird aufgefangen und stellt das Reinigungsmittel für das Kerosin dar. Von dem Destillat wurden etwa 3 vH dem Kerosin zugefügt und dann absetzen gelassen. Die Mischung setzt für gewöhnlich 1—1,5 eines festen Niederschlages ab (Am.P. 1 158 367).

Zur Herstellung von Treibmitteln für Flugzeuge, d. h. also solchen Mischungen, die extrem niedrige Temperaturen aushalten müssen, soll man folgende Mischung herstellen: 40 vH Kerosin, 31 vH Alkohol, 4 vH Fuselöl, 15 vH Äther und 10 vH Toluol. An Stelle des Äthyläthers kann man auch Petroleumessenz oder leicht siedende Gasoline benutzen. Das Toluol wirkt in der Mischung auch als Homogenisierungsmittel für den wasserhaltigen Alkohol. An Stelle des Kerosins kann man auch die leichteren Fraktionen des Gas- oder Solaröles oder auch Krackderivate der Kerosine benutzen. Die leichte Verdampfbarkeit des Äthers soll durch die Gegenwart des Toluols und des Fuselöls aufgehoben werden (Am.P. 1 259 053).

Es ist bereits bei Besprechung der deutschen Patentschriften darauf hingewiesen worden, daß sowohl Nitrobenzol, wie auch Phenole gut als Homogenisierungsmittel zu verwenden sind. Es ist auch schon der Vorschlag gemacht worden, diese beiden Homogenisierungsmittel nebeneinander anzuwenden, wobei auch Mischungen empfohlen wurden, die zahlreiche Komponenten enthalten, z. B. 25 Teile Kerosin, 25 Teile Gasolin, 25 Teile Äthylalkohol, 17 Teile Methylalkohol, 17 Teile Benzol, 17 Teile Nitrobenzol, 17 Teile Benzol und 17 Teile Toluol (Am.P. 1 271 114). Man hat das Benzol auch noch neben anderen Homogenisierungsmitteln, z. B. neben Aceton, angewendet. So wird z. B. folgende Mischung empfohlen: 25 Teile Alkohol, 25 Teile Kerosin, 25 Teile Gasolin, 4 Teile Aceton und 5 Teile Kresol (Am.P. 1 271 115).

In dem ersten Teil dieser Abhandlung ist bereits auf die Verwendbarkeit von ungesättigten Fettsäuren, wie auch von Estern hydroxylierter Fettsäuren (Ricinusöl) zum Homogenisieren von alkoholischen Treibmitteln hingewiesen. Zu dem gleichen Zweck wird auch das Castoröl oder ihm in der Konstitution nahestehende Öle oder die ihnen zugrunde liegenden Fettsäuren empfohlen. Das Castoröl enthält neben Derivaten des Triricinolein, Palmitin und Dihydroxystearin (Am. P. 1 296 902).

Auf die Verwendbarkeit von Chlorderivaten der Fettreihe, wie Chloroform, Kohlenstofftetrachlorid, Tetrachloräther, Trichloräthylen u. dgl. ist bereits früher hingewiesen worden (Am. P. 1313158). Etwas Gleiches gilt für den Zusatz von Schwefelkohlenstoff (Am.P. 1324765). Ausgehend vom rohen Holzgeist und von Petroleumkohlenwasserstoffen soll man zu einem vorteilhaften Treibmittel gelangen. Von besonderer Bedeutung für die Zündfähigkeit des Gemisches soll die Gegenwart des Methylacetat sein. Man braucht aber nicht diese Verbindung in reiner Form zuzusetzen, sondern man verwendet Gemische, die das Methylacetat enthalten, wie z. B. rohen

Holzgeist, der daneben auch noch Ketone enthält. Der rohe Holzgeist ist ein Produkt der destruktiven Holzdestillation. Er besteht etwa aus 48 Teilen Methylalkohol, 30 Teilen Methylacetat, wechselnden Mengen Aceton, 0,4 Teilen leichten Ölen und 0,18 Teilen Wasser. Beim Mischen von 1 Teil rohem Holzgeist mit 5 Teilen Kerosin scheidet sich der Holzgeist mit dem Wasser aus, während sich ein für Treibmittelzwecke sehr geeignetes Gemisch von Kerosin, Ketonen und Methylacetat bildet (Am.P. 1 331 054).

Die Verwendung von Äther als Homogenisierungsmittel für alkoholische Treibmittel ist vielfach empfohlen worden. Es handelte sich hierbei in den meisten Fällen um einen Alkohol, der etwa 10 vH Wasser enthielt. Man hat aber auch schon den Vorschlag gemacht, den Zusatz von Äther zu benutzen, um stark wasserhaltige Treibmittel herzustellen. Es wird folgende Mischung empfohlen: 95 Teile Alkohol (95 vH), 10 Teile Äther und 15 Teile Wasser. Bei der Verwendung von Alkohol mit einem höheren Gehalt an Wasser soll man die Menge des zugesetzten Wassers verringern. Der Äthylalkohol kann ganz oder zum Teil durch Methylalkohol ersetzt werden. Auch kann er noch Fuselöl enthalten. An Stelle von Äthyläther kann man Methyläther benutzen. Die Gegenwart des Wassers soll in erster Linie den Äther im Gemisch fixieren (Am.P. 1 338 982). Um gemischte alkoholische Treibmittel herzustellen, die auch Kerosin und Benzol enthalten, soll man zunächst aus einer Retorte, deren Boden mit Wasser bedeckt ist, ein Gemisch von Kerosin mit Benzol (10 : 1) mit überhitztem Wasserdampf bei etwa 130° C destillieren, bis etwa 75 vH des Retorteninhaltes übergegangen sind. Es wird folgende Mischung vorgeschlagen: 450 l Kerosin (enthaltend 10 vH Benzol), 22,5 l Gasolin, 500 g Äther, 1600 g Aceton und 400 g Alkohol. Man soll zunächst Äther mit Aceton und Alkohol mischen und diese Mischung den Kohlenwasserstoffen unter Luftrührung zufügen (Am.P. 1 360 872).

Auf die homogenisierende Wirkung des Äthers ist in den vorstehenden Ausführungen wiederholt hingewiesen worden. Man hat dieses Homogenisierungsmittel auch schon mit einer anderen in gleicher Weise wirkenden Flüssigkeit, nämlich zusammen mit Benzol, angewendet. Man geht vom Kerosin oder Gasolin aus, dem man zunächst Äther zusetzt (15 : 1), hierzu fügt man 7—20 Teile Benzol und 9—20 Teile Alkohol. Der Äthylalkohol kann durch Methylalkohol ersetzt werden, auch kann man Methyläther an Stelle von Äthyläther nehmen. Die Mischung der Bestandteile kann auch in Form von Dämpfen erfolgen (Am.P. 1 361 153).

Bei der Verwendung von Treibmitteln, die Alkohol und Äther enthalten, entwickeln sich leicht saure Produkte, z. B. auch bei der Verbrennung, welche den Motor angreifen. Zur Neutralisation hatte man solchen Treibmitteln geringe Mengen Ammoniak in gasförmiger oder hochkonzentrierter Form zugesetzt. Das Ammoniak greift indessen Kupfer und Nickel an, deshalb hatte man es durch Trimethylamin und auch durch niedrig substituierte aliphatische Amine, wie Monomethylamin, unter Einleiten unter Druck ersetzt. Gegen die Verwendung dieser Verbindungen spricht ihr unangenehmer Geruch. Dieser Übelstand wird nun vermieden, wenn man die aliphatischen Amine zusammen mit Methyl(Äthyl)-formiat anwendet. Es wird folgende Mischung vorgeschlagen: 52 Teile Äthylalkohol, 46 Teile Äther, 1 Teil Monomethylamin, 1 Teil Äthylformiat (Am.P. 1 377 992).

In dem vorgenannten Am.P. 1361153 sind alkoholische Treibmittel beschrieben, in denen die Homogenisierung durch Äther und Benzol bewirkt wird. In ähnlicher Weise wird auch im Am.P. 1 378 858 gearbeitet. Neu ist aber die Art und Weise, in welcher die Mischung der einzelnen Komponenten vorgenommen wird. Man soll folgendermaßen arbeiten: Man setzt zu 50 Teilen Kerosin 3 Teile Äther und mischt. Hierzu fügt man 20 Teile Benzol, wobei sich eine klare Flüssigkeit ergibt. In diese Mischung, die kaltgehalten wird, leitet man in kontinuierlichem Strom Alkoholdämpfe, wie sie bei der Destillation des Alkohols aus den Rektifizierapparaten austreten. Abgesehen von einer sehr durchgreifenden Mischung der Einzelbestandteile soll man auf diesem Wege die Denaturierung des Alkohols ersparen (Am.P. 1 378 858).

In dem Am.P. 1 338 982 ist der Zusatz von Wasser zu alkoholischen Treibmitteln vorgeschlagen worden, um den Äther in dem Gemisch zu stabilisieren. Ferner ist in dem Am.P. 1 377 992 darauf hingewiesen worden, wie notwendig die Gegenwart von basisch reagierenden Verbindungen, wie Ammoniak und Aminen, der Fettreihe in derartigen Treibmitteln sei, um die korrodierende Wirkung dieser Treibmittelmischungen aufzunehmen. Die beiden angestrebten Wirkungen soll man auch durch eine Verbindung, nämlich durch Anilin erzielen, von dem man etwa 1 vH zu einem Gemisch setzen soll, das aus 63 Teilen Alkohol, 34 Teilen Äther und 2 vH Kerosin besteht (Am.P. 1 384 946).

An Stelle des Äthyläthers, der im vorstehenden häufiger erwähnt wurde, soll man ein leichter siedendes Homologes, nämlich den Methyläthyläther benutzen, den man erhält, wenn man eine Mischung von Holzgeist und gewöhnlichem Alkohol veräthert. Dieser gemischte Äther wird einer Mischung, bestehend aus Petroleumölen, Alkohol und Benzol, als Homogenisierungsmittel zugesetzt. Dieser Mischung soll man noch etwas Toluol hinzufügen, zum Zweck, den leicht flüchtigen Äther zu fixieren (Am.P. 1 388 531).

Treibmittel, welche hochsiedende Petroleumprodukte enthalten, eignen sich nicht für Luftfahrzeuge, weil geringe Schwankungen bei der Verbrennung, Zündung u. dgl. schwere Konsequenzen nach sich ziehen können. Als ein solches Treibmittel wird folgende Mischung vorgeschlagen: 40 Teile Äthylalkohol, 30 Teile Benzol und 30 Teile Äther. Die Verwendung von Äther neben Benzol zum Homogenisieren von Alkohol mit Kerosin ist bereits im Am.P. 1 361 153 beschrieben worden. Das vorliegende Treibmittel enthält dagegen keinerlei Petroleumkohlenwasserstoffe (Am.P. 1 398 947). In dem Am.P. 1 331 054 ist bereits auf ein Treibmittel hingewiesen, das erhebliche Mengen von Ketonen enthält, die aus dem rohen Holzgeist stammen. Eine gleiche Komponente, d. h. also Aceton, wird auch zur Herstellung folgender Mischung verwendet: 1 Teil Aceton, 11 Teile Kerosin, 88 Teile Gasolin (Am.P. 1 399 227).

Es ist bei Besprechung der französischen Patentschriften besonders darauf hingewiesen worden, daß man gerade in diesem Lande der Entwässerung des Alkohols ein besonders großes Interesse entgegengebracht hat, weil dadurch die Notwendigkeit aufgehoben wird, irgendwelche Homogenisierungsmittel anwenden zu müssen. Man hat bei dem bekannten Entwässerungsverfahren außer gebranntem Kalk auch Carbid benutzt. Einen ähnlichen Weg hat auch das Am.P. 1 405 806 eingeschlagen, nach welchem die Entwässerung nicht vor, sondern nach der Mischung vorgenommen wird. Man soll 50 Teile Alkohol mit 50 Teilen Gasolin und 40 Teilen Kerosin mischen und in einem Kessel mit überschüssigem Calciumcarbid versetzen. Nach einigen Tagen wird der ausgeschiedene Kalk und das unzersetzte Carbid abfiltriert, wobei man eine homogene Mischung erhält, in der etwa 1 vH Acetylen enthalten ist. Für besondere Zwecke ist es notwendig, diese Mischung mit Acetylen anzureichern (Am.P. 1 405 806).

Als Homogenisierungsmittel werden vorzugsweise solche Verbindungen angewendet, welche ihre Wirkung bereits in kleinen Mengen entfalten, wodurch der Charakter des Treibmittels nicht erheblich verändert wird. Ein solcher Stoff soll Fichtenöl (Kienöl) sein, das man durch Dampfdestillation von Fichtenholz erhält, und in dem Pinen enthalten ist. Es ist folgende Mischung angegeben: 25 Teile Gasolin, 25 Teile Kerosin, 25 Teile Alkohol und 14 Teile Fichtenöl (spez. Gew. 920—940) (Am.P. 1 405 809).

Als Zusatz zu alkoholischen Treibmitteln sind verschiedene Ester vorgeschlagen worden, wie z. B. Ester der Essigsäure mit Methyl-, Äthyl- und Butylalkohol. Auch sind zu einem gleichen Zweck Ester der Buttersäure oder Valeriansäure verwendet worden. Diese Ester, welche homogenisierend wirken sollen, werden bei der Verbrennung der Treibmittel leicht in ihre Komponente gespalten und wirken dann wegen der Abspaltung der freien Säure korrodierend auf Metalle ein. Es hat sich nun gezeigt, daß die Ester der Ameisensäure diese Spaltbarkeit nicht zeigen. Man soll folgende Mischung herstellen: 75 Teile Petroleumdestillat, 15 Teile Alkohol, 5 Teile Toluol (gleichfalls als Homogenisierungsmittel) und 5 Teile (Methyl) Äthylformiat. Die Verwendung von Ameisensäureester solcher aliphatischen Aminen ist im Am.P. 1 377 992 vorgeschlagen worden, um bei Treibmitteln, die lediglich aus Alkohol und Äther bestanden, die korrodierenden Wirkungen der sauren Verbrennungsprodukte aufzuheben (Am.P. 1 414 759).

In dem Am.P. sind bereits Mischungen beschrieben, die als Homogenisierungsmittel nebeneinander Benzol, Nitrobenzol, Kresol und Toluol als homogenisierend wirkende Mittel enthalten. Treibmittel von der gleichen Zusammensetzung sind auch in dem später erschienenen Am.P. 1 419 910 beschrieben. Es wird u. a. folgende Mischung empfohlen: 25 Teile Kerosin, 25 Teile Gasolin, 25 Teile Äthylalkohol, 17 Teile Methylalkohol, 17 Teile Benzol, 17 Teile Nitrobenzol, 17 Teile Kresol, 17 Teile Toluol (Am.P. 1 419 910).

Für gewöhnlich sind als Öle für die Herstellung von alkoholischen Treibmittelmischungen Kohlenwasserstoffe der Erdöl- oder Teerölreihe benutzt worden. Man kann aber zu einem gleichen Zweck auch Öle vegetabilischen Ursprungs, wie Eucalyptusöl, Cedernöl, Terpentinöl neben einem Homogenisierungsmittel, wie Äther, Aceton, Amylacetat und Alkohol verwenden. Zur Mischung soll man 1 Teil Öl, 3 Teile Alkohol und 2 Teile Äther verwenden (Am.P. 1 420 622).

Zur Herstellung von alkoholischen Treibmitteln hat man auch noch schwere Öle verwendet. Man geht z. B. vom pennsylvanischen Rohöl aus, aus dem man die leichter siedenden Bestandteile einschließlich des Kerosins abdestilliert. Der Rückstand von dieser Destillation oder aber ein Destillat daraus kann mit folgenden Flüssigkeiten gemischt werden, mit Alkoholen der Methyl-, Äthyl-, Propyl-, Butyl- oder Amylreihe bzw. Mischungen derselben mit Äthern, wie Methyläther, Äthyläther, Methyl-Äthyläthern oder Mischungen, mit Estern aus den vorgenannten Alkoholen und irgendeiner beliebigen organischen Säure, mit Ketonen, wie Aceton, Methyl-Äthylketon oder ihren Mischungen. Auch kann man aromatische Kohlenwasserstoffe zusetzen, wie Benzol, Toluol, Xylol oder Mischungen, sowie nitrierte Kohlenwasserstoffe, wie nitriertes Benzol, Toluol o. dgl. Es sind folgende Beispiele angegeben: 75 Teile Schweröl, 20 Teile Alkohol, 5 Teile Äther; oder 75 Teile Schweröl, 15 Teile Alkohol, 5 Teile Äther, 75 Teile Äthylacetat; oder 70 Teile Schweröl, 20 Teile Alkohol, 4 Teile Äther, 3 Teile Äthylacetat, 3 Teile Aceton (Am.P. 1 423 048). Auch das Am.P. 1 423 049 betrifft etwa den gleichen Erfindungsgegenstand. Es ist in dieser Veröffentlichung ein besonderer Wert darauf gelegt, daß der Gehalt an Schweröl etwa drei Viertel des Gehalts der Gesamtmischung ausmacht. Diese Bedinung ist aber bereits durch das Am.P. 1 423 048 im wesentlichen erfüllt.

Als Homogenisierungsmittel hat man auch schon Äthylacetat vorgeschlagen. Die Mischungen sollen etwa folgende Zusammensetzung haben: 60 Teile Alkohol, 40 Teile Äthylacetat, oder 45 Teile Äthylalkohol, 35 Teile Gasolin, 20 Teile Äthylacetat, oder 25 Teile Alkohol, 25 Teile Kerosin, 25 Teile Gasolin, 11 Teile Äthylacetat, oder 40 Teile Alkohol, 30 Teile Benzol, 30 Teile Gasolin, 5 Teile Methyläthylketon, 5 Teile Äthylacetat. Neben dem Benzol kann in einzelnen der Mischungen Toluol benutzt werden (Am.P. 1 423 058).

Die gemeinsame Verwendung von Aceton und Benzol zum Homogenisieren ist in dem Am.P. 1 425 136 beschrieben. Nach den dort enthaltenen Angaben soll man folgende Mischung herstellen: 3 Teile Aceton, 3 Teile Kerosin, 9 Teile Benzol und 85 Teile Gasolin (Am.P. 1 425 136). Die Verwendung von Aceton zum Homogenisieren ist an vielfachen Stellen, z. B. auch in dem Am.P. 1 423 048, beschrieben worden.

Von Mischungen, die Kerosin, Alkohol, Benzol und Äther enthalten, ist im vorstehenden bereits häufiger die Rede gewesen. Man kann nun solchen Mischungen besondere Eigenschaften verleihen, wenn sie in ganz bestimmter Weise behandelt werden. Zu diesem Zwecke werden sie aus einem Kessel durch Luftdruck in ein Katalysatorgefäß gedrückt, in dem sich ein Zink- oder Nickelkatalysator befindet, der auf einem Träger von gebranntem Ton angeordnet ist. Die Temperatur des Katalysators soll nicht unter 250 und nicht über 300° C liegen. Bei dieser Hitze verdampfen alle Bestandteile des Treibmittels und ziehen vom Boden des Katalysatorgefäßes nach oben. Von dort aus gelangen sie in einen Schlangenkondensator (Am.P. 1 428 885).

Der bereits häufiger besprochene Vorschlag, Äther neben Benzol zum Homogenisieren zu verwenden (vgl. z. B. Am.P. 1 361 153), kehrt auch in dem Am.P. 1 428 913 wieder. Es wird dort folgende Mischung empfohlen: 40 Teile Äthylalkohol, 30 Teile Benzol, 30 Teile Gasolin und 5 Teile Äther. In diesem Gemisch soll man an Stelle von Alkohol, Methyl- oder Butyläther verwenden können (Am.P. 1 428 913).

Anstatt vom gewöhnlichen, fertigen Alkohol auszugehen, ist der Vorschlag gemacht worden, die zuckerenthaltenden Säfte von Zuckerrohr, Orangen, tropischen Früchten, Maniok, Wassermelonen, Melasse und Rohrzucker zu vergären und die Destillate an Stelle von Alkohol zu verwenden. Dem Destillat soll noch ein Mischung von Äther mit Terpentinöl zugesetzt werden. Es soll nur folgendes Beispiel wiedergegeben werden: 500 Teile Terpentinöl, 1000 Teile Äther, 3000 Teile Naphtha, 500 g reine mineralische, vegetabilische oder animalische Öle, 150 g Salzsäure, 50 g Petroleumteer, 20 g gepulvertes Naphthalin und 350 l Alkohol (Am.P. 1 453 374).

Die bekannten Homogenisierungsmittel, wie Aceton und Äther, sind schon zu gemeinsamer Anwendung vorgeschlagen worden. Es sind folgende Beispiele angegeben: 35 Teile Aceton, 5 Teile Äther, 17,5 Teile Kerosin, 17,5 Teile Gasolin, oder 35 Teile Methyläthylketon, 25 Teile Alkohol, 5 Teile Äther, 17,5 Teile Kerosin, 17,5 Teile Gasolin, oder 5 Teile Diäthylketon, 35 Teile Benzol, 25 Teile Alkohol, 17,5 Teile Kerosin, 17,5 Teile Gasolin. In diesen Mischungen soll man den Äther auch fortlassen können (Am.P. 1 469 053).

Zum Carburieren von Alkohol hat man auch schon flüchtige Harzöle benutzt, die unter dem Namen Camphin bekannt sind. Daneben hat man auch noch Acetonöl benutzt, das als Abfallprodukt bei der Reinigung von Rohaceton abfällt, und das höhere Ketone wie Methyläthylketon enthält. Bei der Verwendung von wasserfreiem Alkohol ist die Mitbenutzung von Acetonöl, das infolge seines Gehalts an Ketonen als Homogenisierungsmittel wirkt, nicht erforderlich. Es wird folgende Mischung angegeben: 1000 Teile Alkohol, 200—500 Teile flüchtiges Harzöl, 125 Teile Acetonöl (Am.P. 1 469 148).

Die Verwendung von Kerosin oder ähnlichen Kohlenwasserstoffen insbesondere zur Herstellung alkoholischer Treibmittel ist bereits in einigen der früher besprochenen Vorschläge behandelt worden. Auch das Am.P. 1 471 566 enthält eine größere Anzahl derartiger Vorschläge. Als Homogenisierungsmittel werden in erster Linie Benzol, dann aber auch Äther oder eine Mischung aus gleichen Teilen Fuselöl, Alkohol und Benzol verwandt. Von den zahlreichen Beispielen sollen nur folgende erwähnt werden: 40 Teile Kerosin, 40 Teile Benzol, 20 Teile Alkohol, 5 Teile Äther, oder

30 Teile Kerosin, 30 Teile Benzol, 40 Teile Alkohol und 10 Teile leichtes Gasolin, oder gleiche Teile von Kerosin, Benzol und Alkohol, auch Vanillin wird u. a. als Zusatz vorgeschlagen (Am.P. 1 471 566).

Höherwertige Alkohole sind in erster Linie als Homogenisierungsmittel für alkoholische Treibmittelmischungen vorgeschlagen worden. Man hat sie aber auch schon als Komponenten für Treibmittelmischungen vorgeschlagen. Man soll z. B. 40 Teile Butylalkohol und 60 Teile Naphtha oder Gasolin verwenden. Der Zusatz des Alkohols kann auf 25 vH heruntergedrückt werden. Der Butylalkohol soll eine Stärke über 98 vH aufweisen (Am.P. 1 474 135).

Benzol, Äther, Ketone, wie Methyläthylketon, sind im vorstehenden häufiger genannt worden. Um nun aus diesen Komponenten ein Treibmittel, was erst unter minus 45° C fest wird, herzustellen, soll man die einzelnen Komponenten in folgenden Mengenverhältnissen miteinander mischen: 40 Teile Alkohol, 28 Teile Gasolin, 17 Teile Benzol, 10 Teile Äther, 8 Teile Toluol, oder 20 Teile Alkohol, 20 Teile Gasolin, 15 Teile Kerosin, 35 Teile Methyläthylketon, 5 Teile Äther, oder 15 Teile Benzol, 40 Teile Alkohol, 30 Teile Gasolin, 15 Teile Äther. Bei Verwendung von absolutem Alkohol mischt man 12 Teile Benzol, 30 Teile Gasolin, 40 Teile Alkohol absol. (Am.P. 1 474 982).

Bei Verwendung von höheren Homologen des Acetons, wie z. B. des Diäthylketons, soll man folgende Mischungen herstellen: 5 Teile Diäthylketon, 35 Teile Benzol, 25 Teile Alkohol, 17,5 Teile Kerosin, 17,5 Teile Gasolin, oder 10 Teile Methyläthylketon, 30 Teile Benzol, 20 Teile Alkohol, 30 Teile Gasolin (Am.P. 1 474 983).

Zur Gewinnung von Treibmitteln kann man, wie bereits öfter erwähnt, vom Rohpetroleum und vom rohen Kohlenöl ausgehen. Diese beiden Öle werden in den erforderlichen Verhältnissen miteinander gemischt, in einen Destillierapparat gebracht. Zu dieser Mischung setzt man Aceton, Benzol, Soda und Methylalkohol oder denaturierten Alkohol. Man mischt diese Bestandteile mit einem Luftrührer und erwärmt bis auf 50° C und leitet dann trockenen Dampf ein. Gleich nach dieser Behandlung geht ein Destillat von 0,75—0,80 spez. Gew. über. Man destilliert solange, bis die Destillationstemperatur 230° C erreicht hat. Die höher siedenden Anteile werden gesondert aufgefangen und nochmals mit Aceton, Benzol, Alkohol und Gasolin versetzt (Am.P. 1 480 368).

Bei der Verwendung von Naphthalin als Carburierungsmittel für Treibmittel muß man stets bestrebt sein, eine Ausscheidung des Naphthalins zu verhüten, die ihrerseits zu Verstopfungen von Düsen u. dgl. führen würde. Bei alkoholischen Treibmittelmischungen hat man folgende Mischung in Vorschlag gebracht: 81,5 Teile Alkohol, 10 Teile Benzol, 5 Teile Äther und 3,5 Teile Naphthalin (Am.P. 1 491 275).

Es ist bereits im vorstehenden auf verschiedene Treibmittelmischungen hingewiesen worden, denen zum Zwecke der Neutralisation saurer Verbrennungsgase oder zur Verhinderung des Klopfens basisch reagierende Substanzen zugesetzt wurden. Indessen bietet bereits die Natur in den Schieferölen Produkte dar, die basisch reagierende Verbindung der Pyridin- oder Isochinolinreihe enthalten und infolgedessen die gleichen Wirkungen entfalten wie die vorstehend genannten künstlichen Mischungen. Von den Schieferölen verwendet man vorteilhaft die niedrigsiedenden Bestandteile vom spez. Gew. 0,650—0,740. Diese Schieferöle dienen in den bekannten Mischungen als Ersatz für Gasolin. Sie enthalten neben den leichtsiedenden Schieferölen Alkohol, Äther, Benzol und geringe Mengen von Toluol (Am.P. 1 494 613).

Neben dem bekannten Carburierungsmittel, dem Naphthalin, hat man zu dem gleichen Zweck auch schon den Campher verwendet. Man kann etwa folgende Mischungen herstellen: 125 Teile Aceton, 5 Teile Campher, 5 Teile Naphthalin, 180 Teile Methylalkohol, 135 Teile Äther und 40 Teile Amylalkohol. Man kann diese Mischung auch mit Gasolin oder Kerosin vermischt zur Anwendung bringen (Am.P. 1 496 260).

Zur Steigerung der Wirkung von Treibmitteln hat man bereits gasförmige Kohlenwasserstoffe wie Acetylen, Methan u. a. benutzt. Zu dem gleichen Zweck sind auch die Butylene, die Amylene, das Crotonylen, Äthylacetylen, Normal- und Isopropylacetylen und das Methyläthylacetylen vorgeschlagen worden. Es wird u. a. folgende Mischung vorgeschlagen: 50 Teile Äthylalkohol, 40 Teile Gasolin oder Kerosin, 10 Teile Butylen. An Stelle der Petroleumdestillate kann man auch Benzol verwenden und an Stelle von Äthylalkohol den Methyl-, Propyl-, Butyl- oder Amylalkohol (Am.P. 1 496 810).

Beim Extrahieren von Schiefer mit heißem Alkohol scheidet sich aus der alkoholischen Lösung beim Abkühlen eine paraffinähnliche Substanz ab, während in dem kalten Alkohol Ozokerit und harzartige Stoffe enthalten sind. Dieser carburierte Alkohol hat sich als ein guter Brennstoff erwiesen (Am.P. 1 513 746).

Gewöhnlicher denaturierter Handelsalkohol mischt sich nur unter betsimmten Bedingungen mit Gasolin. Hingegen bieten solche Mischungen keine Schwierigkeiten dar, wenn man das Gasolin durch oxydierte Paraffinkohlenwasserstoffe wie Alkohole, Äther, Aceton oder vorzugsweise durch gekrackte Kohlenwasserstoffe ersetzt, die nach dem Kracken oxydiert werden. Solche Produkte erhält man auf folgende Art und Weise. Man krackt Kerosin bei Temperaturen von 583—593° C, vermischt die Krackprodukte mit zur Verbrennung unzureichenden Mengen Luft und leitet sie durch einen Vanadiumkatalysator, der in einem Bleibad auf 427 bis 443° C erhitzt ist. Die so entstandenen Öle werden mit Äthylalkohol vermischt (Am.P. 1 516 757).

Zur Verwendung in Flugzeugen soll man Treibmittel verwenden, die unter Benutzung von absolutem Methylalkohol hergestellt werden. Es wird u. a. folgende Mischung vorgeschlagen: 50 Teile absoluter Methylalkohol, 50 Teile Gasolin spez. Gew. 52—60° Bé (Am.P. 1 516 907).

b) Zusätze, welche die Zündfähigkeit erhöhen.

Zur Erhöhung der Zündfähigkeit benutzt man vornehmlich organische Flüssigkeiten von niedrigem Siedepunkt, wie Äther, Aldehyde, Ketone o. dgl. Zu einem gleichen Zweck sind auch schon gasförmige Peroxyde, wie z. B. Wasserstoffsuperoxyd, vorgeschlagen worden. Man soll die wässerige Lösung des Peroxydes mit Gasolin, Äther oder anderen geeigneten Kohlenwasserstoffen ausschütten, worin das Wasserstoffsuperoxyd von den organischen Flüssigkeiten gelöst wird. Der Zusatz von 3 vH einer ätherischen Lösung von Wasserstoffsuperoxyd soll bereits eine bedeutende Wirkungssteigerung hervorrufen. Neben diesem Peroxyd können auch Benzoyl- oder Acetylsuperoxyd bzw. Nitrobenzol benutzt werden (Am.P. 929 503).

Zur Herstellung von Treibmitteln soll man vorteilhaft einen Alkohol anwenden, den man aus Melasse oder aus Zuckerabfall gewonnen hat. Man versetzt ihn zur Erhöhung der Zündfähigkeit mit Äther und setzt ihm außerdem ein denaturierendes und neutralisierend wirkendes Mittel, d. h. Pyridin, zu. Der Zusatz des Äthers soll 10—20 vH betragen. Man kann diesem Treibmittel auch noch geringe Mengen Wasser zusetzen, ebenso auch Methylalkohol (Am.P. 1 248 302).

Bei der Herstellung von Mischungen aus Alkohol und Äther hat man auch schon 45 vH Äther verwendet. Die direkte Herstellung solcher Mischungen durch teilweise Verätherung des Alkohols stieß aber wegen des zu beschaffenden Kühlwassers auf Schwierigkeiten. Nach dem neuen Verfahren leitet man die Ätherdämpfe, die große Mengen von unverändertem Alkohol und Wasser enthalten, durch einen mit Alkali gefüllten Reinigungsapparat und dann durch einen Dephlegmator, in dem das gebildete Kondenswasser zum Abkühlen des Äthers dient. Die weitergehenden Ätherdämpfe werden durch einen Strom Alkohol absorbiert und bilden dann eine gebrauchsfertige Mischung (Am.P. 1 488 605).

Alle Alkohol und Äther enthaltenden Mischungen zeigen den Übelstand, daß sie leicht sauer reagieren bzw. saure Verbrennungsprodukte liefern und somit zu Korrosionen des Motors führen. Zur Beseitigung dieses Übelstandes hat man ihnen bereits Ammoniak zugesetzt. Man soll aber den gleichen Zweck erreichen, wenn man ihnen 2—5 vH Castoröl zufügt. Dieser Zusatz soll außerdem auch noch die Homogenität der Mischung erhöhen (Am.P. 1 495 094).

Zur Verwendung von Schwerölen als Treibmitteln soll man einen über 160° C siedenden Kohlenwasserstoff, eine geringe Menge Äther und etwa 5 Teile Phenol oder Kresol zum Fixieren des Äthers benutzen. Solchen Mischungen kann man auch Alkohol zusetzen (Am.P. 1 519 905). Ähnliche Vorschläge sind im Schweiz.P. 105 486 enthalten (vgl. A III a).

c) Zusätze explosiver Natur.

Den Zusatz von Pikrinsäure, wie auch von Benzolpikrat, als krafterhöhende Mittel, hat man seit vielen Jahren gemacht. Zu einem gleichen Zweck ist auch das Naphthalinpikrat vorgeschlagen worden, das man entweder allein oder zusammen mit Wasserstoffsuperoxyd anwenden soll. An Stelle des Naphthalinpikrates soll man die analogen Verbindungen des Phenanthren, Fluoranthren, Pyren, Chrysen und Picen benutzen können (Am.P. 928 803).

Die Verwendung von Nitroestern als Zusatzmitteln auch zu alkalischen Treibmitteln ist bereits bei Besprechung der deutschen Patentschriften erwähnt worden. Man soll nun zu einem lediglich aus Alkohol bestehenden Treibmittel gelangen, wenn man 99 Teile Alkohol mit 0,75 Teilen Nitrobenzol und 0,25 Nitroester miteinander mischt (Am.P. 1 448 245).

Der Zusatz bestimmter nitrierter Kohlenwasserstoffe zu alkoholischen Treibmitteln ist in den letzten Patentschriften beschrieben. An Stelle solcher hinsichtlich ihrer Konstitution bekannter Nitroderivate kann man auch Nitroverbindungen unbestimmter Zusammensetzung verwenden. Zur Herstellung solcher Nitroprodukte geht man von Petroleum, von Kohlenwasserstoffölen pflanzlicher Herkunft in flüssigem oder festem Zustand aus. Man erhält diese Kohlenwasserstoffe aus Ölen oder Gummiharzen, als dicke ölige oder auch schwammige Massen. Sie werden in der Hitze durch Salpetersäure nitriert. Vorzugsweise verwendet man hierzu kalifornisches Petroleumöl. Das Nitroprodukt löst sich leicht in Alkohol. Man kann dieser Mischung auch noch Äther oder Amyl-, Önanthol-, Essigsäure- oder Salpetersäureester zusetzen, ebenso auch Amylacetat oder Aceton (Am.P. 1 480 372).

d) Zusätze verschiedener Natur.

Zur Herstellung eines Treibmittels soll man dem Äthylalkohol, Holzgeist, Chlorammonium, Phenol und eine kleine Menge Äther zusetzen. Es ist u. a. folgende Mischung angegeben: 98 vH Alkohol, 1,75 vH Äther, 0,128 vH Chlorammonium und 0,125 vH Phenol. Für dieses Treibmittel wird geltend gemacht, daß es leicht und restlos verbrennt und weniger Luft zur Verbrennung braucht als Gasolin. Man soll außerdem eine sehr hohe Kompression ohne Überhitzung des Motors anwenden können. Auch soll diese Mischung als Zusatz zum Gasolin benutzt werden (Am.P. 1 501 383).

Als Zusatzmittel, insbesondere auch für alkoholhaltige Mischungen, haben sich hydrierte Naphthaline als geeignet erwiesen, insbesondere das Tetrahydronaphthalin vom spez. Gew. 0,976 und einem Sdp .von 205—210° C. Man kann zur Herstellung der Mischungen leichte und schwere Erdöldestillate und Benzol, aber ebenso auch Äthylalkohol verwenden. Ein Zusatz von Äther ist vorgesehen. Auch kann man außer Äthylalkohol andere Alkohole, z. B. Amylalkohol, benutzen, ebenso auch Allyl-, Isoamyl-, Cetyl-, Methyl-, Ceryl- und Myricylalkohol. Diese höher siedenden Alkohole sollen eine leichtere Mischbarkeit mit Wasser bewirken. Es wird u. a. folgende Mischung vorgeschlagen: 30 Teile Tetrahydronaphthalin, 35 Teile Leichtbenzin, 30 Teile Äthylalkohol und 5 Teile Amylalkohol (Am.P. 1 525 578).

Man hat schon auf vielfachen Wegen versucht, den Treibmitteln Wasser zuzusetzen. In der Mehrzahl der Fälle erfolgte dieser Wasserzusatz rein mechanisch, indem man den vergasten Brennstoff vor seiner Verbrennung mit vernebeltem Wasser mischte. Die technischen Schwierigkeiten dieses Verfahrens haben dann dazu geführt, wasserhaltigen Alkohol anzuwenden, hierzu kann man sowohl Äthyl-, als auch Methylalkohol benutzen, wobei aber eine Vorwärmung erforderlich ist. Auch Aceton ist zu dem gleichen Zwecke brauchbar, aber zu teuer. Es hat sich nun gezeigt, daß derartige Mischungen, welche dynamisch ausreichende Werte darstellen, dadurch hergestellt werden können, daß man ihnen Benzol und vorteilhaft auch Aceton zusetzt. Es wird u. a. folgende Mischung empfohlen: 60 vH Äthylalkohol, 20 vH Aceton, 10 vH Benzol und 10 vH Wasser (Am.P. 1 504 837).

IV. Schwelbenzine, hydrierte Treibmittel, Krackbenzine, synthetisch hergestellte Treibmittel, wasserhaltige Treibmittel und Verschiedenes.

Es war von vornherein zu erwarten, daß mit Rücksicht auf die hohe Entwicklung der amerikanischen Krackindustrie in dieser Rubrik bei weitem die Vorschläge der Herstellung von Krackbenzinen zahlenmäßig überwiegen würden, was auch in der Tat der Fall ist. Die äußerst geringe Zahl dieser hier abgehandelten Verfahren läßt naturgemäß nicht den geringsten Schluß zu, welche Krackverfahren zur Zeit in Amerika am meisten zur Ausführung kommen. Eine Aufklärung über diese Sachlage liegt außerhalb des Rahmens dieser Zusammenstellung.

a) Wasserhaltige Treibmittel.

Auf die Wichtigkeit der Anwesenheit von Wasser in Treibmitteln ist bereits früher (vgl. Ostwald, Autler-Chemie 1910, S. 140 u. 194) hingewiesen worden. Es sollen im folgenden einige wasserhaltige Treibmittel besprochen werden.

Es hat bisher Schwierigkeiten gemacht, aus mexikanischem Rohöl ein Heizmittel herzustellen. Man vermeidet sie, wenn man heißes Wasser mit dem Rohöl mischt und dann die Mischung erhitzt, ehe sie zur Verwendung gelangt. In dem Öl sind etwa folgende Bestandteile enthalten: 10 vH Naphtha, 60 vH Leuchtöl, 15,5 vH Schmieröl und 14,5 vH Teer und Rückstand. Zur Mischung verwendet man 1 Teil Wasser auf 2 Teile Öl (Am.P. 1 177 405).

Mischungen aus Petroleum, Schwefelkohlenstoff und Anthracen vertragen einen gewissen Zusatz von Wasser, ohne daß Entmischung eintritt. Zur Herstellung dieser Mischung kann man auch Krackbenzine verwenden. Das Anthracen soll dazu dienen, eine Entmischung zwischen dem Kohlenwasserstoff und dem Schwefelkohlenstoff zu verhüten. An Stelle von reinem Anthracen kann man auch ein Rohprodukt, oder aber Anthracenöl anwenden (Am.P. 1 225 405).

Das Methylacetat soll es ermöglichen, mit anderen bekannten Treibmitteln, wie leichten Petroleumdestillaten, Mischungen herzustellen, die auch geringe Mengen von Wasser enthalten können. Neben dem Methylacetat kommen noch Ketone in Betracht. In erster Linie wird man billige Rohprodukte des Handels anwenden, d. h. Destillationsprodukte des Holzes, die sowohl Methylacetat als auch Ketone enthalten und Holzgeist sowie etwas Wasser, das aber die Mischbarkeit nicht stört (Am.P. 1 331 054).

Größere Mengen Wasser werden zu folgender Mischung verwendet: 75 Teile Alkohol, 10 Teile Äther und 15 Teile Wasser. An Stelle des Äthylalkohols kann man auch Methylalkohol anwenden. Der Alkohol kann auch roh sein, d. h. Fuselöl enthalten. Statt des üblichen Äthyläthers wird Methyläther in Vorschlag gebracht. Wird der Zusatz des Wassers erhöht, so muß man auch die Menge des zuzusetzenden Äthers vergrößern (Am.P. 1 338 982).

Zur Herstellung eines stark wasserhaltigen Treibmittels mischt man Wasser, Rohöl, Gasolin, Kerosin, Ammoniak, Naphtha, Glycerin, Seife, Äther und Alaun Zunächst wird das Wasser mit Glycerin, Seife, Rohöl, Gasolin, Benzin, Ammoniak, Äther, Naphtha und Alaun gemischt und unter Rühren gekocht. Nach dem Abkühlen erhält man eine dickflüssige Masse, in die man hinterher noch 2 Teile Gasolin und 1 Teil Rohöl einrührt. Die erhaltene Flüssigkeit wird entweder mit Kohle gereinigt oder aber durch ein Filter aus Kohle hindurchfiltriert (Am.P. 1 488 009).

Gleichfalls eine Emulsion, aber unter Verwendung von sehr geringen Mengen emulgierend wirkenden Substanzen, soll nach den Angaben des Am.P. 1 498 340 hergestellt werden. Man benutzt 9 vH Wasser, 40 vH Kerosin, 50 vH Gasolin und 1 vH Emulgierungsmittel. Man mischt und leitet bei einem Druck von 4000 Pfund auf den Quadratzoll durch einen Emulsionsapparat. Diese homogenisierten Mischungen sollen eine ausreichende Beständigkeit besitzen, um sie als Treibmittel zu verwenden (Am.P. 1 498 340).

Man hat das Wasser den Treibmitteln durch besondere Leitungen kurz vor dem Vergasen zugesetzt. Durch den Wasserzusatz wird infolge der hohen Verdampfungswärme des Wassers die Explosionstemperatur herabgemindert. Außerdem wirkt der Wasserdampf gegen Selbstentzündungen und gestattet höhere Kompressionen anzuwenden. Die getrennte Einführung des Wassers bietet aber technisch Schwierigkeiten dar. Deshalb hat man folgende wassereiche Mischung als Treibmittel vorgeschlagen: Aceton, Benzin oder Benzol und Wasser mit oder ohne Zusatz von Methyl- oder Äthylalkohol. Der Gehalt an Aceton muß so groß sein, um 8 vH in Lösung zu halten. Der Gehalt an Alkohol soll so groß oder größer sein, als die Menge Aceton und Benzin oder Benzol zusammen. Vorteilhaft enthält die Mischung Äthylalkohol mit einem geringen Überschuß an Aceton und einer geringeren Menge an Benzin und Benzol, während die Wassermenge etwa gleich dem Zusatz des Benzins oder Benzols ist. Es wird folgende Mischung vorgeschlagen: 60 Teile Alkohol, 20 Teile Aceton, 10 Teile Benzol und 10 Teile Wasser (Am.P. 1 504 837).

Um Treibmittel in wässeriger Emulsion herzustellen, werden folgende Angaben gemacht. Man erhitzt 300 g tockenes, ölsaures Kupfer bis zum Schmelzen. Dann löst man 300 g Ammoniumnitrat in der erforderlichen Menge Wasser. Die beiden Lösungen werden miteinander vermischt und 12 l gewöhnliches Gasolin unter Rühren zugefügt und gerührt. Hierauf folgt ein Zusatz von 12 l Wasser und $^1/_2$ l Ammoniak. Die Mischung wird in einem Apparat von Manton-Gaulin homogenisiert bei einem Druck zwischen 2000—5000 Pfund auf den Quadratzoll. Die entstandenen 225 l Treibmittel enthalten etwa 50 vH Wasser, die im Öl dispergiert sind. Bei Anwendung der gebräuchlichen Vergaser liefern 8—10 vH Wasser die besten Ergebnisse. Man erhält ein solches Treibmittel, wenn man 50 vH Treibmittel mit 5—9 l Gasolin vermischt (Am.P. 1 533 158).

b) Synthetische und hydrierte Treibmittel.

Man kann folgendermaßen Körper der Polymethylenreihe erhalten. Die Dämpfe von Schwerölen oder Rohölen werden mit Dampf gemischt und bei Temperaturen von etwa 550° C über Ferrooxyd geleitet. Man muß die Reaktion so leiten, daß das Eisen stets in dem Oxydulzustand verbleibt. Das hängt in erster Linie von der Menge des Wasserdampfes ab. Der Dampf reagiert mit dem Eisenoxydul, indem sich Ferrioxyd und Wasserstoff bildet. Das Ferrioxyd wird durch die Dämpfe des Kohlenwasserstoffes in Ferrooxyd reduziert, wobei sich Kohle, Wasserstoff und niedrige Kohlenwasserstoffe bilden. Diese ungesättigten Kohlenwasserstoffe gehen durch den aus dem Dampf entwickelten Wasserstoff in gesättigte leichte Kohlenwasserstoffe über, d. h. in Polymethylene bzw. Cycloparaffine. Die entstandenen Leichtöle werden mit 1 vH Schwefelsäure gereinigt und liefern Produkte, die 10—20 vH Olefine enthalten. Das neue Produkt siedet zwischen 40—180° C und zeigt ein spez. Gew. von 0,78—0,80 (Am.P. 1 409 404).

Zur Herstellung eines synthetischen Treibmittels werden folgende Angaben gemacht. Man bringt in einen Kessel schwere Kohlenwasserstoffe und leicht flüchtige Substanzen, wie Alkohol, Benzol, Äther, wobei Benzin und Alkohol wesentlich sind, während die Menge an Benzol und noch viel mehr an Äther um so geringer ist. Die Mischung wird mit Preßluft in einen erhitzten

Kessel gepreßt, der einen Katalysator enthält. Der Katalysator besteht aus gebranntem, Aluminiumverbindungen enthaltenden Ton, auf dem Zink oder Nickel niedergeschlagen ist. Die Temperatur beträgt 250—300° C. Das Reaktionsprodukt stellt ein Treibmittel dar (Am.P. 1 428 885).

Nach den Angaben des Am.P. 1 439 926 soll ein niedrig siedendes, Cycloparaffine enthaltendes Treibmittel hergestellt werden. Am wenigsten zersetzlich soll das Cyclohexan sein. Man kommt nach Sabatier zu dieser Verbindung, wenn man Benzol und Wasserstoff bei 200° C über einen Nickelkatalysator leitet. Man kann das Cyclohexan besser auf eine andere Weise herstellen, indem man Benzol oder andere Kohlenwasserstoffe mit hoch aktivem Wasserstoff in Berührung bringt. Dieser Wasserstoff wird in der Weise erzeugt, daß man Wasserdampf bei Temperaturen von über 530° C auf Ferrooxyd einwirken läßt. Zur Ausführung mischt man mit aromatischen Kohlenwasserstoffen, wie Benzol, Toluol, Xylol u. dgl., Paraffin- oder Olefinkohlenwasserstoffe und überhitzten Dampf und leitet bei 530—700° C über Ferrooxyd. Bei höheren Temperaturen tritt Bildung von Äthylen ein (Am.P. 1 439 976).

Man soll leicht verdichtbare Kohlenwasserstoffe aus dem Äthylen und Polymerisationsprodukte aus ungesättigten Kohlenwasserstoffen auf folgende Weise herstellen. Man preßt Äthylen oder ein Äthylen enthaltendes Gas in einen schweren Kohlenwasserstoff, wie Kerosin und erhitzt. Hierbei entsteht durch Polymerisation des Äthylens ein neues Produkt. 1000 cc. Kerosin (Sdp. über 250° C) werden in einem geschlossenen Druckkessel mit Eis gekühlt. Dann wird Äthylen unter einem Druck von 80 Pfund eingepreßt. Wenn der Druck konstant bleibt, sind etwa 13 l Äthylen von 4 l Kerosin aufgenommen. Die Destillation ergibt eine Flüssigkeit, die zwischen 38 und 180° C siedet. Das Kondensat zeigt die Eigenschaften von Butylen, Amylen, Octylen und Decylen. Es enthält keine erheblichen Mengen von Paraffinen. An Stelle des Äthylens soll man auch Krackgase verwenden, nachdem sie durch konzentrierte Schwefelsäure von Olefinen befreit worden sind (Am.P. 1 527 079).

Man kann auch hoch siedende Kohlenwasserstoffe als Treibmittel verwenden, wenn man sie vor der Verbrennung mit Luft und Acetylen mischt. Zu diesem Zweck ist aber eine vollkommene Vernebelung des Treibmittels und eine möglichst innige Vermischung miteinander erforderlich. Am besten ist es, wenn man bei der Herstellung der Mischung noch Wasser zusetzt (Am.P. 1 531 058).

c) Krackbenzine.

Man soll Petroleum mit einer Lösung von Zinksulfat versetzen und durch heiße Röhren leiten. Es ist nur eine sehr geringe Menge Zinksulfat erforderlich. Die Gegenwart der Wasserdämpfe aus dem Zinksulfat soll zur Spaltung der Petroleumdämpfe beitragen. Ferner wird auch bei den angewendeten hohen Temperaturen das Zinksulfat zersetzt aus dem sich schweflige Säure, Sauerstoff und Zinkoxyd bilden sollen. Das Zinkoxyd bildet nach seiner Reduktion metallisches Zink, das katalytisch wirkt (Am. P. 542590).

Für die Herstellung einer Treibflüssigkeit sind in dem Am.P. 1 068 348 folgende Angaben gemacht: Man soll eine Mischung von Dampf und den Verbrennungsprodukten eines Kohlenwasserstoffes, denen Wasser zugefügt wird, mit der Oberfläche eines geeigneten Materials, z. B. einer Metallkette mit kleinen Gliedern in Berührung bringen, die mit dem zugesetzten Wasser nicht in Berührung kommt und die Hitze aus den Verbrennungsprodukten erhält und auf die eingeführten Wasserpartikelchen überträgt, wobei leztere in Dampf übergehen (Am.P. 1 068 348).

Zur Herstellung von Treibmitteln wird u. a. auch Erdgas vorgeschlagen. Man soll Kerosin, Naphtha oder andere höhere Paraffine flüssig oder in Gasform mit heißem oder kaltem Erdgas vermischen und dann in geeigneten Vorrichtungen erhitzen. Das Einpressen des Erdgases kann mit einem Kompressor erfolgen. Die angewandte Temperatur richtet sich nach dem spezifischen Gewicht der benutzten Paraffine, ebenso auch die Eigenschaften des Endproduktes, die auch von dem Verhältnis zwischen dem flüssigen Kohlenwasserstoff und dem Erdgas abhängen (Am.P. 1 069 908).

Zur Spaltung schwerer Kohlenwasserstoffe soll man sich einer Anordnung bedienen, die aus Spaltröhren besteht, durch die das zu spaltende Öl läuft. Die eigentlichen Spaltröhren sind in weiteren Heizröhren angeordnet. Der Zwischenraum zwischen Spalt- und Heizröhren ist mit überhitztem Wasserdampf ausgefüllt. Die Heizröhren sind in einem Ofen angeordnet, der eine direkte Erhitzung der Heizröhren gestattet. Das entstehende Destillat wird den gleichen Reinigungsverfahren unterzogen wie Kerosin. Die so erhaltenen Produkte können mit Alkohol gemischt werden (Am.P. 1 131 880).

Man hat auch schon die Spaltung der Öle mit einer teilweisen Nitrierung kombiniert, indem man ein Gemisch von z. B. Kerosin mit Teeröl, in dem die Hauptbestandteile Toluol, Methylbenzol, Phenylmethan u. dgl. waren, der Destillation unter einem Druck von 300 Pfund auf den Quadratzoll unterwarf. Man hat dieses Verfahren auch derart ausgeführt, daß man zuerst die Nitroprodukte herstellte, dann diese zu einem beliebigen mineralischen, pflanzlichen oder tierischen Öl hinzusetzte und hierauf diese Mischung einer Destillation bei einem Druck von 300 Pfund auf den Quadratzoll unterwarf (Am.P. 1 185 747).

Der nach den Angaben des Am.P. 1 239 110 herzustellende Kraftstoff soll ungesättigte Kohlenwasserstoffe enthalten, und zwar eine gewisse Menge von Äthylenkohlenwasserstoffen. Er wird durch eine endothermische Reaktion zwischen einem permanenten Gas und einem verdampften Kohlenwasserstoff gewonnen. Zunächst wird ein hochsiedender Kohlenwasserstoff in einer Spaltröhre von 1—3 Zoll im Durchmesser bei einer Temperatur von 540—600° C und unter einem Druck von 75 Pfund auf den Quadratzoll gespalten. Dann läßt man die Destillate expandieren, dann kühlt man ab und trennt diejenigen Produkte aus dem Kondensator, deren Siedepunkt unterhalb 180—200° C liegt. Hierauf wird eine endothermische Reaktion eingeleitet, indem man das Gas und die Dämpfe in einem Kompressor bei Drucken von 100—125 Pfund auf den Quadratzoll komprimiert. Man verwendet hierzu das beim Spaltprozeß gebildete Gas und die Dämpfe aus den Fraktionen, die unterhalb 180—200° C sieden (Am. P. 1239100).

Man soll aus Krackbenzinen einen Brennstoff von besonders guten Eigenschaften erhalten, wenn man folgende Mischung herstellt: 52 Teile Krackbenzine, 25 Teile Alkohol, 5 Teile Fuselöl, 10 Teile Äther und 8 Teile Toluol. An Stelle von Toluol kann man Rohbenzol nehmen, ebenso auch Schweröle der Teerdestillation. Alle diese Körper fixieren den Äther. Für Luftfahrzeuge muß man den Gehalt an Krackbenzinen vermindern. Man verwendet dann 40 vH Krackbenzine, 31 vH Alkohol und 15 vH Äther (Am.P. 1 259 053).

Durch die Behandlung von Kerosin in Dampfform mit Temperaturen von 465—630° C erhält man neben schweren Nebenprodukten leicht siedende Treibmittel. Diese Leichtöle lassen sich nicht mit starker Schwefelsäure reinigen. Man muß für diese Zwecke vielmehr verdünnte, d. h. 40—70proz. Schwefelsäure anwenden. Man kann die Konzentration der Säure sukzessive steigern. Die Mitverwendung von verdünnter Chromsäure und von Kohle ist angezeigt (Am.P. 1 318 060).

Das Am.P. 1 318 061 umfaßt etwa die gleichen Ausführungen wie das zuletzt erwähnte, mit dem Unterschied, daß auch eine Apparatur angegeben ist, in welcher die Spaltung des Öles in der üblichen Weise, d. h. in einem direkt beheizten Röhrenerhitzer, ausgeführt werden soll (Am.P. 1 318 061).

Mit Hilfe des nachstehend erläuterten Verfahrens soll man leichte Öle aus Schiefer, sowie Benzol, Toluol und Solventnaphtha aus Kohle erhalten. Der Schiefer oder die Kohle wird in Form eines groben Pulvers mit fein pulverisiertem Kalkstein, Dolomit, Magnesiumcarbonat, Bariumcarbonat vermengt, die in der Hitze Kohlensäure abgeben. Hierzu setzt man noch Eisenspäne o. ä., die zur Bildung kleiner Mengen von Wasserstoff dienen sollen. Die beim Erhitzen entstehenden Kohlenwasserstoffe werden durch die entstehende Kohlensäure aus der Retorte entfernt. Man erhitzt bis auf 800° C, dann wird Wasser in den unteren Teil der Retorte eingeführt. Man erhält auf diese Weise ein Rohöl, dessen Einzelbestandteile durch fraktionierte Kondensation und durch Destillation getrennt werden. Die Schweröle gehen in den Betrieb zurück, indem man sie zweckmäßig von oben in dünnen Strahlen auf die Beschickung tropfen läßt (Am.P. 1 343 100).

Man kann das Kracken auch in der Weise ausführen, daß man zunächst das Öl bei gewöhnlichem atmosphärischen Druck verdampft, dann es durch äußeren Druck komprimiert, worauf man das gesamte Öl in einzelne Portionen trennt, die portionsweise in getrennte Spaltkammern geleitet werden, welche jede für sich unabhängige Einrichtungen zur Aufrechterhaltung von Hitze und Druck besitzen. Die aus den Spaltkammern austretenden Produkte werden wieder vereinigt und zusammen kondensiert (Am.P. 1 347 544).

Unter Anwendung von Hitze und Druck und unter Mitverwendung von Erdgas soll man folgendermaßen zu einem Treibmittel gelangen. Man führt in eine hohe Säule aus flüssigem Rohöl Erdgas unter Druck ein, wobei man Öl auf 330—390° C anwärmt und den Druck auf 175 Pfund per Quadratzoll hält. Das Erdgas wird am Boden der Ölsäule eingeleitet, wobei man das obere Ende der Säule höher erhitzt als das untere, und die Temperatur langsam steigert. Das Gas und die Dämpfe des Öles befinden sich innig vermischt über der Oberfläche des erhitzten Öles. Schließlich wird das entstandene Produkt in der üblichen Weise aufgearbeitet (Am.P. 1 376 925).

Beim Herstellen von Krackbenzinen kann man auch so verfahren, daß man das Schweröl verdampft, die Dämpfe durch einen Röhrenüberhitzer streichen läßt, und zwar derart, daß nur ein Teil der Dämpfe gespalten wird. Dann führt man die Dämpfe in einen Luftkühler, in dem ihnen Schweröle entgegen rieseln. Die Kondensate, d. h. das Gemisch aus den schweren Krackdestillaten und dem als Kühlmittel dienenden Schweröl wird wieder in den Betrieb zurückgeleitet, während die leichten Krackdestillate in der üblichen Weise kondensiert werden (Am.P. 1 407 619).

Man kann die üblichen Spaltverfahren auch mit einer teilweisen Oxydation kombinieren. Zu diesem Zwecke leitet man Kerosin bei einer Temperatur von 538—593° C durch ein Spaltrohr. Die hierbei entstehenden Dämpfe werden nur mit so viel Luft gemischt, daß sie zu ihrer Verbrennung nicht ausreicht, sondern nur zu einer teilweisen Oxydation genügt. Die Mischung aus Luft und Krackdestillaten wird durch einen auf 427—443° erwärmten Katalysator geleitet, der aus Vanadiumoxyd besteht und in einem Bleibad erhitzt wird. Hierbei entstehen Destillate, die zwischen 123—262° C sieden. Die so erhaltenen Treibmittel mischen sich glatt mit Spiritus, und zwar in allen Raumverhältnissen. Man kann zu den oxydierten Krackdestillaten auch Isopropyl-Alkohol, Aceton, Äther, Schwefelkohlenstoff u. a. m. hinzusetzen. Diese Kunstbenzine klopfen auch nicht so leicht wie die unoxydierten (Am.P. 1 516 757).

Als Mischung für Krackbenzine wird u. a. im Am.P. 1 414 959 folgende angegeben: 75 Teile Krackbenzin, 15 Teile Alkohol, 5 Teile Toluol und 5 Teile Äthylformiat. Als Ester kann man die der Ameisensäure, Essigsäure, Buttersäure und Valeriansäure anwenden. Es kommen auch noch Methyl- und Butylformiat in Betracht (Am.P. 1 414 759).

Bei der Spaltung von Ölen durch destruktive Destillation bilden sich erhebliche Mengen von ungesättigten Kohlenwasserstoffen, die man durch Reinigungsmethoden entfernen soll. Hierzu hat sich insbesondere eine wasserhaltige Schwefelsäure von 90 vH bei einer Temperatur von 13—24° C bewährt. Man trennt die Säureschicht von dem Öl, verdünnt hierauf mit Wasser, scheidet die ausgeschiedenen öligen Flüssigkeiten ab, unterwirft die verdünnte Säure einer Destillation, sammelt die Destillate und gewinnt aus ihnen den wasserlöslichen Alkohol. In den Waschwässern befindet sich u. a. Isopropylalkohol. Die gereinigten Öle enthalten Polymerisationsprodukte und Alkohole, wie z. B. Amylalkohol. Sie sind mit 90 vH Alkohol mischbar (Am.P. 1 431 259).

Um aus Erdgas und Schweröl Treibmittel herzustellen, soll man das Gas und Öl mit Hilfe einer Dampfdüse fein zerstäuben und dann das Gasgemisch hohen Temperaturen aussetzen. Man soll etwa 1000 cbm Erdgas nehmen und so viel Wasser, daß das gebildete Dampfvolumen 1500 cbm beträgt. Hierzu kommen 15 vH Feuerungsöl. Die Temperatur der Heizvorrichtung soll 500 bis

780° C betragen, die in der Heizschlange 360—450° C, und die Temperatur nach Verlassen des Katalysators 160—450° C (Am.P. 1 525 421).

d) Verschiedenes.

Man kann aus dem Wassergasteer leicht flüchtige Substanzen herstellen, wenn man ihn entwässert und destilliert bis Pech zurückbleibt. Die entstehenden Dämpfe werden kondensiert, hierauf mit Säure und dann mit einem Alkali behandelt. Es wird nochmals destilliert, bis das Destillat anfängt gelblich zu werden. Das zweite Destillat wird gleichfalls mit Säure und Alkali nachbehandelt. Es hat das spez. Gew. 0,820—0,900 und einen Sdp. zwischen 100—240° C. Es ist frei von Schwefel und Phenolen (Am.P. 832 409).

Es ist eine bekannte Tatsache, daß sich in den Zylindern der Explosionsmotoren häufig Abscheidungen von Kohlenstoff zeigen, die durch mechanische Behandlung nur schwer zu entfernen sind. Zur leichten Entfernung solcher Massen wird folgende Mischung vorgeschlagen: 4,5 l Aceton, 13—22,5 l Äther, 350 g Wasserstoffsuperoxyd und 120 g Methylnitrat (Am.P. 1 167 770).

Zu Treibmitteln, die aus Alkohol und Äther bestehen, soll man mit Vorteil etwas Kerosin und Anilin zusetzen. Durch diesen Zusatz soll der Äther fixiert werden und überdies die korrodierenden Wirkungen, welche durch die Zersetzungsprodukte des Äthers in dem Treibmittel zu erwarten sind, aufgehoben werden. Dieser Schutz erstreckt sich auch auf die sauren Verbrennungsprodukte des Äthers. Für tropische und subtropische Gegenden wird folgende Mischung empfohlen: 63 Teile Alkohol, 34 Teile Äther, 2 vH Kerosin und 1 vH Anilin. In kälteren Gegenden kann die Menge des Äthers auf 45 vH erhöht werden (Am.P. 1 384 946).

Das Treibmittel besteht aus einem hohen Prozentsatz an flüssigem Kohlenwasserstoff und pulverisierter Kohle o. dgl. und einem kleinen Zusatz eines Homogenisierungsmittels. Die Mischung wird durch apparative Einrichtungen homogenisiert, damit sie beständig bleibt. Man soll etwa 62 vH Kohlenwasserstoff, 34 vH Kohlenstoff, 3 vH Teeröle und 1 vH Harz mischen. Aus den sehr umfangreichen Angaben sei nur darauf hingewiesen, daß als Stabilisierungsmittel Harzseife vorgeschlagen wird, wobei das Harz auch durch Balsame, Terpentinöl, harzartige Produkte, Holzteerpech, Holzteer u. dgl. ersetzt werden kann. Als Peptisierungsmittel sollen Mittelöle der Teerdestillation, d. h. Kreosote, Naphthalin u. dgl. verwendet werden (Am.P. 1 390 228).

Auch das Am.P. 1 390 232 betrifft Treibmittel, die festen pulverisierten Kohlenstoff enthalten. Die sachlichen Angaben zur Herstellung derartiger Mischungen decken sich im wesentlichen mit denen der vorstehenden Patentschrift; es scheint besonderer Wert darauf gelegt zu sein, daß die mechanische Zerkleinerung der Kohle im Öl, und zwar unter Erwärmung stattfindet und daß diese Öle eine geringe Viscosität besitzen. Nach der Zerkleinerung findet dann eine Vermischung mit höher viscosen Ölen statt. Bei der Zerkleinerung ist die Gegenwart von Kohlenteerdestillaten als Peptisierungsmittel vorgesehen. U. a. ist folgende Zusammensetzung angegeben: 30 Teile Kohle, 15 Teile Kohlendestillat, 55 Teile Mineralöl. Die Kohle wird in dem Teeröl, dem 1 Teil Mineralöl zugesetzt ist, pulverisiert, indem man die Temperatur auf 94° C erhöht, dann wird der Rest des Mineralöles zugesetzt und solange erhitzt, bis ein beständiges Treibmittel erhalten wird, das schwerer als Wasser ist (Am.P. 1 390 232).

Zur Herstellung von Brennstoffen unter Mitverwendung von festem Kohlenstoff hat man sich auch schon des Erdgases bedient. Man soll in ein geschlossenes Druckgefäß zunächst Lampenruß o. dgl. bringen, dem etwas Schweröl zugesetzt sein kann. Dann preßt man in den Druckzylinder verflüssigtes Erdgas, dem man vorher in bekannter Weise das Gasolin entzogen hat. Man hört mit dem Einleiten des Gases auf, wenn der Druck oben in dem Gefäß 50—1500 Pfund pro Quadratzoll beträgt. Bevor man den Brennstoff gebraucht, wird die Druckflasche geschüttelt, um eine Verteilung des Kohlenstoffes in dem verflüssigten Gas zu bewirken (Am.P. 1 444 665).

Auch in dem Am.P. 1 444 723 wird wie in den Am.P. 1 390 228 und 1 390 232 die Herstellung eines Treibmittels unter Verwendung von festem Kohlenstoff beschrieben. Nach der Erfindung soll der aus Kohlenstoff, Ölen, Peptisierungsmitteln (Teeröle) und Stabilisierungsmitteln (Kalkharzseife) bestehende Brennstoff in zwei verschiedene Teile getrennt werden. Der eine ist eine kolloidale flüssige Masse, die den Kohlenstoff in kolloidem und molekularem Zustand und nur zum kleinen Teil im Zustand der Suspension enthält, während der andere Teil eine Paste bildet, bei der Kohlenstoff im Zustande der Suspension ist. Die Kohlenstoffpartikelchen von Suspensionsgröße kann man durch folgende Behandlung ausscheiden: 1. durch Zentrifugieren, 2. durch Erhitzen oder Verdünnen mit Benzol, Alkohol o. dgl., 3. durch Filtrieren durch Leinen, Filterpapier oder Porzellan (Am.P. 1 444 723).

Bei der Herstellung derartiger Brennstoffe soll man den Kohlenstoff in einem derartigen Zustand anwenden, daß ein Teil von ihm durch ein Filter geht, das Kolloide durchläßt, während ein Teil von einem solchen Filter zurückgehalten wird. Außerdem soll die Mischung noch ein Mittel enthalten, wodurch das Kohlenpulver in Suspension gehalten wird, und zwar länger, als dies im Hinblick auf die Viscosität und das relativ spezifische Gewicht zu erwarten gewesen wäre. Als Stabilisierungsmittel ist Harzseife genannt (Am.P. 1 447 008).

Zur Herstellung eines besonders sicher transportfähigen Treibmittels mit einem erniedrigten Flammpunkt soll man folgende Mischung herstellen: 60 l Toluol, 30 l Kerosin, 5 l Wasser, 60 g Aluminiumsulfat, 60 g Natriumbicarbonat, 30 g Schwefelsäure, 30 g Kaliumbichromat und 1500 l Naphtha. Als Toluol kann man auch ein stark benzolhaltiges Produkt anwenden. Durch die Einwirkung der Schwefelsäure auf das Bicarbonat und das Bichromat schäumt die Mischung stark auf. Wenn das Aufschäumen aufgehört hat, setzen sich unten in der wässerigen Lösung die Unreinlichkeiten ab (Am.P. 1 475 259).

Um aus dem Erdgas möglichst große Mengen von leichtsiedenden Produkten zu gewinnen, soll man folgendermaßen verfahren. Man leitet das Erdgas in eine Krackkammer, in die hoch erhitzte schwere Öle einströmen. Das Schweröl befindet sich derart im Kreislauf, daß die Schweröle solange in die Spaltkammer zurückkehren bis sie vollkommen gespalten sind (Am.P. 1 477 103).

Das Cyclohexan gestattet die Anwendung von hohen Kompressionen, ohne zum Klopfen zu neigen. Cyclohexan allein ist als Treibmittel nicht brauchbar, weil es einen zu hohen Schmelzpunkt besitzt, nämlich 0° C. Man muß ihm zwecks Herstellung von Brennstoffen Benzol zusetzen oder auch Toluol. Diese Mischungen zeigen weder die Übelstände des Cyclohexans noch auch die des Benzols. Dieses Gemisch wird erst unter minus 30° C fest. Zur Herstellung der Mischung soll man 80 vH Cyclohexan und 20 vH Benzol verwenden (Am.P. 1 491 998).

Man kann vom Acetylen zum Acetaldehyd kommen. Die Reaktion wird derart ausgeführt, daß man das Gas durch eine saure Lösung von Quecksilbersalzen hindurchleitet bei einer Temperatur von etwa 70° C. Zur Herstellung eines Treibmittels nimmt man diese Umsetzung nur teilweise vor, so daß man schließlich ein Gemisch von Acetylen und Acetaldehyd erhält, das man nach dem Trocknen zu einer Flüssigkeit verdichtet. Durch die Gegenwart von Acetaldehyd wird die Verflüssigung des Acetylens bedeutend erleichtert. Auch ist die Mischung von Acetylen mit Aldehyd nicht selbst entzündlich. Sie stellt außerdem einen sehr wertvollen Betriebsstoff für Motoren dar (Am.P.1 514 977).

Das Tetrahydronaphthalin hat einen Sdp. von 205—210° C und ein spez. Gew. von 0,976. Das Dekahydronaphthalin siedet bei 190° C, sein spez. Gew. ist 0,900. Diese beiden Verbindungen sind allein für motorische Zwecke nicht geeignet. Man erhält aber sehr gute Treibmittel, wenn man ihnen Kohlenwasserstoffe zusetzt, die unter 150° C sieden, und auch solche, deren Siedepunkt unter 100° C liegt. Es ist folgende Mischung angegeben: 50 Teile Tetrahydronaphthalin und 50 Teile Motorbenzin spez. Gew. 0,725 oder 50 Teile Tetrahydronaphthalin, 40 Teile Schwerbenzin spez. Gew. 0,760 und 10 Teile Gasolin spez. Gew. 0,650. Man kann diesen Mischungen auch Benzol zusetzen, z. B. 50 Teile Tetrahydronaphthalin, 50 Teile Motorbenzin spez. Gew. 0,725 und 50 oder 100 Teile Motorenbenzol. Andere Mischungen enthalten Spiritus. Mischungen, die neben Tetrahydronaphthalin aliphatische Kohlenwasserstoffe und Alkohole enthalten, bedürfen eines Homogenisierungsmittels. Solche sind Äthyläther und aliphatische Alkohole, die über 80° C sieden, wie Amylalkohol, Allylalkohol, Isopropylalkohol, Cetylalkohol, Methylallylcarbinol, Cetylalkohol, Cerylalkohol, Myricylalkohol. Die homogenisierende Wirkung des Alkohols wächst mit ihrem Gehalt an Kohlenstoff. Es ist folgende Mischung empfohlen: 30 Teile Tetrahydronaphthalin, 35 Teile Leichtbenzin, 30 Teile Äthylalkohol und 5 Teile Amylalkohol. Diese Mischung ist auch bei Temperaturen unter 0° C beständig (Am.P. 1 525 578).

D. Britische Patentschriften.

Aus der Anzahl von Patentschriften, die in einem bestimmten Lande ausgegeben werden, kann man noch keine bindenden Rückschlüsse ziehen, ob dieses Land für ein besonderes Gebiet der Technik höhere Interessen besitzt als ein anderes, in dem eine geringere Anzahl von Patentschriften herausgegeben worden sind, welche den gleichen Gegenstand betreffen, denn es ist hierbei unbedingt zu berücksichtigen, ob die Inhaber der betreffenden Patente Inländer sind oder nur als Ausländer Schutzrecht in einem fremden Lande erworben haben. Läßt man diese Schlußfolgerungen unberücksichtigt, so könnte man zu dem Schlusse kommen, daß in England wie auch in Amerika die mit Petroleumdestillation hergestellten Treibmittel im Vordergrunde des Interesses stehen. Diese Erscheinung würde sich auch im wesentlichen mit der Tatsache decken, daß England wie auch Amerika am

Petroleumhandel sehr stark interessiert sind. Dagegen scheint man der Verwendung von Teerölen in der Treibmittelindustrie in England eine größere Aufmerksamkeit entgegenzubringen. In der Herstellung von Treibmitteln auf Alkoholbasis sind in England anscheinend mehr Vorschläge zu verzeichnen als in Amerika, wenn auch zahlenmäßig nicht so viele wie in Frankreich, in dem das größte Interesse dafür vorhanden ist, auf der Alkoholbasis die Treibmittelfrage in nationalem Sinne einer Erledigung zuzuführen.

Die Besprechung der Patentschriften erfolgt nach dem gleichen Schema, das auch bei den früher besprochenen Patentschriften innegehalten wurde und das noch einmal wiederholt werden soll, um dem Leser ein Nachschlagen zu ersparen.

I. Kohlenwasserstoffe des Erdöls, wie Gasolin, Petroläther, Petroleumessenz, Benzin, Petroleum, Kerosin, Gasöl u. dgl.

II. Produkte der Teerdestillation, Benzol und seine Homologen, Teeröle, Schieferöle.

III. Alkohole, Aldehyde, Ketone.

IV. Schwelbenzine, hydrierte Treibmittel, Krackbenzine, synthetisch hergestellte Treibmittel, wasserhaltige Treibmittel und Verschiedenes.

Untergruppen:

a) Zusätze, welche die Mischbarkeit und Wirkung erhöhen.
b) Zusätze, welche die Zündfähigkeit erhöhen.
c) Zusätze explosiver Natur.
d) Zusätze mit verschiedenen Wirkungen.

I. Kohlenwasserstoffe des Erdöls, wie Gasolin, Petroläther, Petroleumessenz, Benzin, Petroleum, Kerosin, Gasöl u. a.

a) Zusätze, welche die Mischbarkeit und Wirkung erhöhen.

Zur Behandlung von Leichtölen soll man eine Mischung von gepulvertem Naphthalin, Kochsalz und gepulvertem Campher nehmen, in der das Naphthalin bei weitem überwiegen soll. Man soll 5 Pfund von diesem Gemisch in 180 l Petroleum oder Leichtöl bringen und darin auflösen (E.P. 20 082/1897).

Wenn man zwei Treibmittel, die sich schwer oder gar nicht miteinander mischen, zu einer homogenen Lösung bringen will, so soll man folgendermaßen verfahren. Man füllt einen Kessel mit einem porösen Material, wie Kieselgur, dann wird eine bestimmte Menge der spezifisch leichteren Flüssigkeit eingegossen. Dann wird die spezifisch schwerere Flüssigkeit nachgegossen, die sich langsam bis zum Boden verteilt. Die beiden Flüssigkeiten befinden sich jetzt in dem Zustand einer gleichmäßigen und äußerst feinen Verteilung in dem porösen Material und liefern dadurch praktisch ein permanentes Gasgemisch im Verhältnis der verwendeten Einzelmengen (E.P. 20 760/1901).

Man kann auch das an sich zu wenig flüchtige Kerosin zur Herstellung von Treibmitteln verwenden, wenn man ihm Gasolin zusetzt, sofern man bestimmte Mischungsverhältnisse innehält. Zur Herstellung der Mischung soll man 10 Teile Kerosin und 1 Teil Gasolin anwenden (E.P. 19 145/1902).

Um den Heizwert von flüssigen Kohlenwasserstoffen zu verbessern, soll man ihnen gasförmige Kohlenwasserstoffe oder Wasserstoff zusetzen. Als zuzusetzende Gase kommen folgende in Betracht: Acetylen, Leuchtgas, Wasserstoff, Wassergas oder eine Mischung von ihnen. Beim Einleiten der Gase kann man auch Druck anwenden. Man kann als Treibmittel auch Alkohol anwenden (E.P. 7793/1904).

Billige, aber schwer flüchtige Rückstände von Kohlenwasserstoffen, die auch aus dem Rohnaphthalin, aus Teerölen, Schieferölen und Alkoholdestillationen stammen können, kann man ohne weiteres nicht als Treibmittel verwenden. Deshalb wird vorgeschlagen, sie durch Schmelzen oder Erhitzen in eine flüssige bzw. leichter flüchtige Form zu bringen. Dann soll man die flüssige Masse möglichst fein vernebeln und das Gemisch von Brennstoff und Luft durch eine geheizte Kammer dem Motor zuführen (E.P. 8293/1904).

Der Petroleumessenz soll man Campher zusetzen. Der Campher löst sich in ausreichender Menge in dem Kohlenwasserstoff auf und erhöht infolge seines Reichtums an Wasserstoff die dynamische Wirkung des Brennstoffes. Man soll etwa 20 vH Campher auf 1 l Brennstoff anwenden. Der Geruch des Camphers kann durch Benzoin oder Asa foetida verdeckt werden (E.P. 11 680, 1905).

Man kann, wie bekannt, in der Hitze aus Peroxyden, Chloraten, Perchloraten, Chromaten oder deren Mischungen Sauerstoff entwickeln. Bei der Nutzbarmachung dieser Eigenschaft für Explosionsmotoren kann man den Sauerstoffträger, sofern er fest ist, nur in bestimmten Portionen dem Treibmittel zusetzen und die Verbrennungswärme des Treibmittels zur Entwicklung des Sauerstoffs ausnützen. Dazu kann der Sauerstoffträger auch in Patronenform gebracht sein. Man kann auch einen Teil des Treibmittels verbrennen, um mit Hilfe der dadurch entstehenden Hitze den Sauerstoff aus den entsprechenden Verbindungen frei zu machen. Man kann auch vorher den Sauerstoffträger mit Flüssigkeiten mischen oder ihn in solchen lösen (E.P. 3121/1906).

Zur Herstellung von Treibmitteln aus Petroleum soll man folgende Mischung herstellen: 1 Teil einer gesättigten Lösung von Campher in Petroleum, 1 Teil Alkohol, 1 Teil Terpertinöl, 1 Teil Petroleum unter Zusatz von Lavendelöl und 2 Teilen Naphthalin. Diese Mischung ermöglicht es, Paraffin oder Rohpetroleum leicht mit Petroleum zu mischen (E.P. 15 279/1906).

Man kann Mischungen zwischen Mineralölen und anderen leichten oder schweren Kohlenwasserstoffen nur mit Schwierigkeiten herstellen. So lösen sich z. B. in Benzin vom spez. Gew. 0,680 nicht mehr als 10—15 vH schweres Öl vom spez. Gew. 1,000. Nach dem nachstehend beschriebenen Verfahren soll man zur Herstellung derartiger Mischungen 50 vH schwere Kohlenwasserstoffe verwenden können. Die Mischung wird dadurch bewirkt, daß man einem Gemisch aus leichten und schweren Kohlenwasserstoffen Schwefelsäure und Zink- oder Bleioxyd zur Neutralisation der Säure zusetzt. An Stelle von Schwefelsäure kann auch Salzsäure benutzt werden. Es ist folgende Vorschrift gegeben: 50 l Benzin (spez. Gew. 0,680) werden mit 50 l eines schweren Mineralöls (spez. Gew. 1,000) gemischt, dann setzt man 3 vH Schwefelsäure (66° Bé) und 3 vH Zinkoxyd hinzu. Man soll dieses Verfahren auch bei Benzol und Gasolinen zur Anwendung bringen (E.P. 28 014/1906).

Kohlenwasserstoffe vom spez. Gew. 0,700—0,750 lassen sich nur schwer als Treibmittel verwenden. Sie sind aber für diese Zwecke gut brauchbar, wenn man sie vorher mit Ozon behandelt. Zur Oxydation benutzt man Mischungen von Kaliumbichromat, Kaliumpermanganat, Bariumsuperoxyd, Chlorate und Perchlorate mit Schwefelsäure. Man setzt die oxydierenden Mischungen dem Benzin zu und rührt. Es ist folgendes Beispiel angegeben: 10 Teile Schwefelsäure (25 vH) und 2 Teile einer Mischung aus Kaliumchlorat, Bariumsuperoxyd und Kaliumpermanganat. Hierzu setzt man 88 Teile Benzin und rührt. Dann wird mit Ammoniak neutralisiert (E.P. 8486/1907).

Zur Herstellung eines Treibmittels geht man vom rohen Schieferöl aus, dem man 4 vH seines Gewichts an Schwefelsäure von 66° Bé zusetzt. Man läßt absitzen und mischt das gereinigte Schieferöl mit 25—50 vH Benzin oder Petroleum. Die hergestellte

Mischung wird nochmals mit Schwefelsäure und hierauf mit Oxalsäure gereinigt (E.P. 12 606/1907).

Zur Reinigung von schweren Petroleumdestillaten (spez. Gew. 0,800—1,000) soll man dem Öl bei 45° C gepulvertes Blei oder Eisen zusetzen, um die Pyridine niederzuschlagen. Man trennt von dem gebildeten Niederschlag und versetzt mit 2 vH Schwefelsäure. Man dekantiert, versetzt nochmals mit 2 vH Schwefelsäure (66° Bé), dekantiert und neutralisiert mit Kalkmilch. Schließlich wird 10 vH einer Flüssigkeit zugesetzt, die aus leichten Petroleum- oder Schieferöldestillaten besteht, und die 2 vH Naphthalin enthält (E.P. 15 593/1907).

In dem E.P. 12 066/1907 ist ein Verfahren zur Reinigung von rohem Schieferöl beschrieben, um aus ihm durch Vermischen mit Petroleumdestillaten Treibmittel herzustellen. Dieses Verfahren ist auch auf Rohpetroleum übertragbar. Man soll also das Rohpetroleum zunächst mit 4 vH einer Schwefelsäure (66° Bé) versetzen. Das so gereinigte Produkt wird mit 25—50 vH Benzin oder Petroleum versetzt. Das Gemisch wird wiederum mit 4 vH Schwefelsäure versetzt. Man wäscht mit Wasser nach oder behandelt mit Oxalsäurelösung. Die Säure wird entfernt durch Zusatz von Zinkcarbonat, Bleicarbonat, Kalk oder Zinkoxyd. Bei diesen Zusätzen ist Wasser nicht erforderlich (E.P. 15 652/1907).

Die Wirkung von Schwerölen als Treibmittel kann man dadurch erhöhen, daß man ihnen leicht siedende Kohlenwasserstoffe des Petroleums oder auch Benzol zusetzt. Solche Mischungen sollen noch folgendermaßen behandelt werden. Der Mischung aus Kerosin und Benzol wird eine kleine Menge Alkali zugesetzt, dann eine Lösung eines Harzes in Benzol oder Petroläther, außerdem eine Lösung von Pikrinsäure in Benzol und schließlich etwas Schwefelsäure. Man setzt noch der Mischung Magnesiumsulfat hinzu. Ein Zusatz von Amylalkohol ist vorgesehen. Es wird dann destilliert und das Destillat unter 200° C aufgefangen (E.P. 22 561/1907).

Es ist bereits in dem E.P. 9793/1904 (vgl. D I a) ein Verfahren beschrieben, um flüssige Kohlenwasserstoffe mit Gasen, wie Acetylen, Leuchtgas, Wasserstoff, Wassergas oder einer Mischung aus ihnen, zu behandeln. Ein ähnliches Verfahren liegt auch dem E.P. 2700/1908 zugrunde. Dort sind als Gase auch noch Stickoxyde neben Acetylen und Kohlensäure sowie Wasserstoff und Sauerstoff genannt. In gleicher Weise soll man Amine der Fettreihe, z. B. Methylamin, anwenden (E.P. 2700/1908).

In dem E.P. 22 561/1907 (vgl. D I a) ist ein Verfahren zur Reinigung von Petroleum beschrieben, in dem Harzseife Verwendung findet. Auch das E.P. 7703/1908 verwendet Seife zu einem gleichen Zweck. Man soll Petroleum zunächst mit Schwefelsäure waschen und dann mit einer Seifenlösung, darauf wird dekantiert und mit pulverisiertem Kalk, Soda o. dgl. neutralisiert. Man setzt dann eine alkoholische Lösung von Naphthalin und eventuell Alkalicarbonaten zu. Nach gutem Rühren, Dekantieren und Filtrieren wird mit Gasolin, Benzol oder Benzin vermischt (E.P. 7703/1908).

Man hat das Naphthalin in geschmolzener Form bereits früher als Treibmittel vorgeschlagen (vgl. das F.P. 319 599 und Zusatz Nr. 2294, das F.P. 331 630 und Zusatz Nr. 2984 und das E.P. 8293/1904; vgl. D I a).

Man kann auch so verfahren, daß man es in Treibmitteln, wie Benzin, Benzol, Petroleum oder Alkohol, löst. Es lösen 100 Teile Toluol 31,94 Teile Naphthalin bei 16,5° C, 100 Teile absoluter Alkohol lösen 5,29 Teile Naphthalin bei 15° C. Alle diese Lösungen zeigen den Mißstand, daß sie das gelöste Naphthalin leicht in fester Form abscheiden. Man hat diesen Übelstand dadurch vermieden, daß man, unter Verwendung der heißen Auspuffgase und von festem Naphthalin direkt am Motor die als Treibmittel erforderliche Naphthalinlösung herstellt, wobei ein Auskrystallisieren des Naphthalins in den Leitungen nicht mehr in Frage kommt (E.P. 7594/1908).

Die Erhöhung der dynamischen Wirkung von Brennstoffen soll man durch Anwendung eines elektrischen Stromes bewirken, der z. B. von einer Voltaschen Säule erzeugt wird (E.P. 24 216, 1909). Ein solches Verfahren ist bereits im Ö.P 51 467 (vgl. A I a) beschrieben.

Die Reinigung von Schwerölen zwecks Herstellung von Treibmitteln ist bereits in den E.P. 28 014/1906, 12 606/1907, 15 593, 1907 und 15 652/1907 beschrieben. Ein ähnliches Verfahren wird auch in dem E.P. 27 714/1909 erläutert. Man nimmt 1000 cm³ Brennöl, das aus Schieferöl hergestellt worden ist (spez. Gew. 0,810), setzt 1 vH Schwelsäure von 60° Bé zu. Man rührt um, läßt absitzen, dekantiert, wäscht mit Kalkmilch, dekantiert wiederum und fügt 3 vH Kalk, 2 vH Chlornatrium und 9 vH Wasser hinzu. Nach neuerlichem Dekantieren setzt man 1 vH Naphthalin, gelöst in 1 vH Toluol hinzu (E.P. 27 714/1909).

Die Behandlung von Treibmitteln mit einer Voltaschen Säule zur Erhöhung ihrer dynamischen Kraft ist bereits in dem E.P. 24 216/1919 (vgl. D I a) und in dem Ö.P. 51 467 (vgl. A I a) beschrieben (E.P. 20 982/1910).

Man soll Petroleumdestillate oder solche des Schieferöles entweder für sich allein oder nach Zusatz von Gasolin zur Herstellung von Treibmitteln verwenden. Es wird folgende Arbeitsweise vorgeschlagen. Die benutzten Öle, die ein spez. Gew. von 0,790 bis 0,820 besitzen, enthalten etwa 2—3 vH Schwefel. Man setzt zu dem Öl 1—2 vH von einem schweren Teeröl und 1 vH Schwefelsäure. Man rührt und läßt dann absitzen. Die vom Niederschlag abgezogene Flüssigkeit wird mit 3—5 vH Ätzkalk, der mit Wasser angerührt ist, behandelt. Man trennt vom Niederschlag und versetzt mit 6—10 vH Handelsbenzol 0,1 vH Öl von bitteren Mandeln und 1 vH Schwefelsäure. Man läßt absitzen und dekantiert. Dann werden noch 10 vH Gasolin zugesetzt und Kalk. Dann wird filtriert und noch 25—40 vH Gasolin hinzugefügt (E.P. 25 177, 1911). Ähnliche Verfahren sind bereits beschrieben (vgl. das E.P. 27 714/1909 und die darin genannten E.P.; D I a).

Als Zusatzmittel für Benzin hat man folgende Mischung in Vorschlag gebracht. Es werden 15 Teile Harz (Kolophonium), 5 Teile Bleizucker und 10 Teile Petroläther in 100 Teilen Alkohol (95proz.) gelöst und hierauf destilliert. Zu dem Destillat setzt man etwas reines Aceton. Je nachdem das spezifische Gewicht eines Benzins 0,680—0,760 beträgt, soll man 1,5—4 vH von dem Destillat zusetzen (E.P. 27 111/1912).

In dem E.P. 25 177/1911 ist ein Verfahren beschrieben, nach dem man aus einem schweren Petroleum- oder Schieferöldestillat dadurch ein Treibmittel herstellen soll, daß man es mit 1—2 vH eines schweren Teeröles und 1 vH Schwefelsäure versetzt, dann wird Handelsbenzol und schließlich Gasolin zugesetzt. Ein sehr ähnliches Verfahren ist in dem E.P. 27 679/1912) beschrieben.

Um nicht nur Öle, sondern auch Teere oder Peche als Treibmittel verwenden zu können, soll man sie mit Preßluft oder Sauerstoff bzw. anderen Gasen unter Druck in eine geschlossene Kammer einpressen, die von außen erhitzt wird und in die noch Öl, Naphtha in flüssiger oder fester Form, oder Wasser eingebracht werden kann. Es sind in der Kammer Mischvorrichtungen vorgesehen, die es gestatten, beim Öffnen eines Ventils einen zur Verbrennung geeigneten Brennstoff austreten zu lassen (E.P. 711/1913).

Die Reinigungsverfahren für Kohlenwasserstoffe, die zur Herstellung von Treibmitteln angewendet werden sollen, kann man auch auf Mischungen von Kohlenwasserstoffen anwenden. So soll man Petroleum entweder roh oder raffiniert mit einer gleichen Menge Benzol versetzen und dieser Mischung Ätznatron, Soda Pottasche, eventuell Natriumnitrat allein oder miteinander gemischt zusetzen. Man rührt unter Erhitzen und filtriert vom Niederschlag ab (E.P. 7807/1913).

Heizöle besitzen vielfach eine zu hohe Viscosität. Man kann sie leichter flüssig machen, wenn man ihnen einen Zusatz von 8 vH Naphthalin zusetzt. Zu diesem Zweck braucht man kein reines Naphthalin zu nehmen, sondern es genügt, wenn man eine Lösung von Naphthalin in Steinkohlenteeröl und anderen Teerölen, in rohem Petroleum, in Rückstandsölen oder Schieferölen herstellt und zusetzt. Dieser Zusatz genügt, um selbst solche Öle dünnflüssig zu machen, die infolge ihres hohen Gehaltes an Paraffin in der Kälte fest werden (E.P. 14 778/1913).

Um aus Rohpetroleum und Gasolin einen homogen zusammengesetzten Brennstoff von ausreichender Zündfähigkeit zu erhalten, soll man folgendermaßen verfahren. Das Gasolin wird in einen am Boden mit Rührwerk versehenen Kessel gebracht und stark gerührt. Das Petroleum wird mit Hilfe einer Vernebelungsdüse gegen die Innenwand des Kessels eingespritzt. Diese Mischung soll die gleiche Verwendungsmöglichkeit wie Gasolin besitzen E.P. 18 681/1913).

Um Petroleumdestillate, die über 200° C sieden, zu Treibzwecken geeignet zu machen, werden sie bei niedriger Temperatur mit Ozon behandelt. Es bildet sich hierbei ein Niederschlag, von dem sie getrennt werden. Bei Destillaten, die über 280° C sieden, kann man zunächst einen kleinen Zusatz von Harz, Terpentinöl, Amylacetat oder niedrig siedenden Kohlenwasserstoffen machen, ehe sie bei niedrigen Temperaturen mit Ozon behandelt werden. Aus den hergestellten Mischungen kann man das Wasser, das sie enthalten, durch Einleiten von kalter Luft, d. h. durch Ausfrieren entfernen. Es ist folgendes Beispiel angegeben: Eine Mischung von Rohöl und etwa 5 vH Benzol wird mit 5 vH Natron gut verrührt, dann wird eine Lösung von 2 vH Harz oder $^1/_2$ vH Terpentinöl in Benzin, Benzol oder Petroleum zugesetzt und eine Lösung von 0,6 vH Pikrinsäure. An Stelle der Pikrinsäure kann man Magnesiumoxyd nehmen. Dann wird gerührt und ein kleiner Überschuß von Schwefelsäure zugesetzt. Hierauf fügt man wasserfreies Natriumsulfat hinzu, dann wird dekantiert und destilliert. Man kann das im Destillat enthaltene Wasser durch Ausfrieren entfernen (E.P. 20 188/1913).

Nach den Angaben des E.P. 2515/1914 soll man zunächst Rohpetroleum langsam fraktioniert destillieren. Man fängt den Petroläther (Sdp. bis 65° C) und die Benzine (Sdp. 65—110° C) getrennt auf, ebenso das Ligroin (Sdp. 110—150° C) und das Petroleum (Sdp. 150—270° C). Man stellt dann folgende Mischungen her: 1. 3,5 l Petroleum, $^1/_2$ l Benzin und $^1/_4$ l Ligroin, 2. $^1/_{10}$ l reiner Alkohol, $^1/_{10}$ l Ligroin und 40 Tropfen Äther, 3. $^2/_{10}$ l

Spiritus (95proz.), $^1/_{10}$ l Ligroin und 25 Tropfen Petroläther. Man mischt Lösung 2 mit 3 und setzt dann Lösung 1 hinzu, dann läßt man absitzen. Man kann der Mischung auch noch Benzol und Naphthalin zusetzen (E.P. 2515/1914).

Um aus Petroleum oder anderen Paraffinkohlenwasserstoffen und den sogenannten Mittelölen des Steinkohlenteers ein Treibmittel herzustellen, muß man die Mittelöle, welche zwischen 170—230° C sieden, einer Reinigung unterwerfen, indem man ihnen das Naphthalin soweit entzieht, daß sie bei 5° C kein Naphthalin abscheiden, und indem man ihnen die Phenole bis auf $^1/_2$ vH entzieht. Man mischt zur Herstellung der Treibmittel etwa $^1/_3$ Teeröle und $^2/_3$ Petroleum o. dgl. (E.P. 21 738/1914).

Auch die folgende Vorschrift beschäftigt sich mit einer Behandlung des sogenannten Mittelöles der Steinkohlenteerdestillation. Man unterwirft es nach der Entfernung der Phenole und des Naphthalins einer erneuten Destillation, bis die Destillate, deren Flammpunkt bis 35° C liegt, übergegangen sind. Diese Öle betragen etwa 50 vH der Gesamtmenge. Zur Herstellung von Treibmitteln wird das so gewonnene Öl mit Petroleum versetzt (E.P. 107 454).

Mischungen aus Petroleum und Alkohol lassen sich leicht herstellen, wenn der Alkohol vollkommen oder fast vollkommen frei von Wasser ist. Man verwendet von beiden Bestandteilen etwa gleiche Volumina (E.P. 109 802).

Schwere Petroleumöle werden mit starker Schwefelsäure zusammen mit Chlorkalk behandelt. Zu dem gereinigten Öl setzt man zum Carburieren Naphthalin oder Naphthalin zusammen mit Petroläther. Nach der Reinigung wird filtriert. Es ist folgendes Beispiel gegeben: Man setzt zu 4,5 l Schweröl etwa 15 g starke Schwefelsäure, dann wird 20 Minuten gerührt. Man fügt 30 g Chlorkalk hinzu und ebensoviel Naphthalin. Dann wird nach dem Absetzen filtriert. Man kann das so gereinigte Schweröl mit Petroleum mischen (E.P. 111 864).

Um den kritischen Kompressionsdruck, d. h. den Druck, oberhalb dessen ein Klopfen nicht zu vermeiden ist, für das Benzin zu erhöhen, wird vorgeschlagen, ihm die gleiche Menge Benzol zuzusetzen. Man kann mit einer solchen Mischung Motoren mit einer Kompression von 70—75 Pfund auf den Quadratzoll betreiben, obwohl das Benzin eine solche Kompression ohne Klopfen nicht aushält (E.P. 122 193).

Zur Herstellung eines Treibmittels für Luftschiffsmotoren soll man Mischungen herstellen, die ein Petroleumdestillat, einen aromatischen Kohlenwasserstoff und Alkohol von über 98 Grad enthalten. Es sind folgende Mischungen empfohlen: 40 Teile Äthylalkohol, 30 Teile Benzol und 30 Teile Gasolin oder Naphtha mit einem spez. Gew. von 52—60° Bé. Man kann den Alkohol in einer Menge von 40—60 vH anwenden, das Benzol zwischen 25—35 vH und das Gasolin von 30—50 vH. An Stelle von Äthylalkohol kann man auch Methyl- oder Butylalkohol nehmen und an Stelle von Benzol Toluol (E.P. 128 917).

Unter Verwendung von Rohpetroleum soll man auch aus den Rückständen der Benzolfabrikation zu Treibmitteln gelangen. In den Benzolraffinerien fällt das Naphthalinöl als Nebenprodukt ab. Man destilliert aus diesem Naphthalinöl das darin enthaltene Leichtöl ab und vermischt es mit $^1/_{12}$ Rohpetroleum (E. P. 129 010).

Man hat schon Lösungen von Teerdestillaten in Kreosot als Brennstoffe vorgeschlagen. Diese Mischung ist frei von Schwefel, sie besizt aber einen geringeren Heizwert als Petroleum. Andererseits ist der Schwefelgehalt im Petroleum nicht unerheblich (etwa 3 vH). Man kann nun den unerwünschten Schwefelgehalt vermindern und den Heizwert erhöhen, wenn man die angegebene Mischung noch mit Petroleum versetzt (E.P. 129 495).

Aus Rohölen, Schieferölen, anderen Ölen oder Fetten soll man zu Treibmitteln gelangen, wenn man sie mit Schwefelsäure oder Anhydrid oder Oxalsäure behandelt. Man verfährt derart, daß man das Öl oder verflüssigte Fett mit 1—5 Teilen Schwefelsäure oder Oxalsäure zweckmäßig bei Temperaturen unter 0° C in offenen oder geschlossenen Kesseln behandelt. Nach gutem Umrühren läßt man absetzen und zieht die untere Schicht ab, welche die Unreinlichkeiten enthält. Dann wird mit Wasser nachgewaschen, dem pulverisiertes Zink, Kaliumcarbonat oder andere Alkalien zugesetzt sind. Hierauf folgt Filtrieren durch Kieselgur oder Kohle. Dem Destillat setzt man Trioxymethylen, Paraformaldehyd oder andere Polymerisationsprodukte des Formaldehyds hinzu oder auch Formalin selbst. Dann filtriert man durch Kieselgur, Magnesiumcarbonat oder Kohle. Das Filtrat kann mit Leichtölen, Benzol o. dgl. versetzt werden (E.P. 153 365).

Zwar ist Benzol kein vollgültiger Ersatz für Benzin, weil es ein zu hohes spezifisches Gewicht hat und außerdem leicht Kohle abscheidet, dagegen ist das Hydrierungsprodukt des Benzols, d. h. das Hexahydrobenzol sehr gut als Benzinersatz brauchbar. Sein Schmelzpunkt liegt bei 4° C. Man kann ihn aber herabsetzen, wenn man es mit Kohlenwasserstoffen oder Alkohol mischt. Ein Zusatz von 5 vH Benzol erniedrigt den Schmelzpunkt auf — 17° C (E.P. 157 222).

Um aus Rohpetroleum Treibmittel herzustellen, unterwirft man es zunächst einer Destillation, wobei es einer stufenweisen Destillation in einem Kolonnenapparat unterliegt, welche der Gewinnung einzelner Fraktionen gestattet. Während der Destillation werden permanente Gase, z. B. überhitzter Wasserdampf, eingeblasen. Man soll bis auf ein Pech von bestimmten Eigenschaften destillieren (E.P. 158 918).

Man kennt bereits solche Treibmittel, die leichte Petroleumdestillate, Alkohol. und aromatische Kohlenwasserstoffe enthalten. Zu ihrer Herstellung verwendet man Äthyl- und Methylalkohol, der wasserfrei ist, Gasolin oder Naphtha und Benzol oder Toluol. Man kann aber auch folgende Mischung herstellen. Erdöl- oder Schieferöldestillate, die bis 260° C sieden, Steinkohlenteerdestillate (Sdp. bis 130° C) und wasserfreier Methylalkohol. Es ist folgende Mischung angegeben: 40—50 vH Teerdestillat (Sdp. von 75—130° C), 40—50 Teile Destillat aus Rohpetroleum (Sdp. 60—260° C) und 3—5 vH wasserfreier Methylalkohol. Die Mischung sieht zunächst trübe aus. Sie klärt sich beim Stehen und wird dann filtriert (E.P. 174 360).

Zum Carburieren von Brennstoffen soll man sich folgende Lösung herstellen: 125 g Alkannarot, 4,5 l Petroleum und $1^1/_2$ kg Campher. Von dieser Mischung soll man etwa 3—6 g auf 4,5 l Petroleum, Benzol oder ein anderes Treibmittel setzen, um an Brennstoff zu sparen und eine Abscheidung von Kohlenstoff zu verhindern (E.P. 174 463).

Auch zu der Treibmittelmischung des E.P. 174 712 wird unter anderen Zusätzen Campher vorgeschlagen. Sie besteht im wesentlichen aus Kerosin, Naphthalin, Campher, Benzol, Naphtha und Holzspiritus. Die Lösung soll filtriert werden. Man kann auch noch Schwefel oder Äther, Terpentinöl bzw. Ammoniak zusetzen. Es ist folgendes Beispiel angegeben: 3500 g Kerosin, 5 g Campher, 10 g Naphthalin, 5 g Schwefel. Man filtriert durch Kohle oder Beinschwarz und setzt 1200 g Benzol zu, ebenso 300 g Naphtha und 80 g Holzspiritus. Man kann auch noch geringe Mengen von flüssigem Ammoniak (spez. Gew. 0,880), Terpentinöl und Äther zusetzen (E.P. 174 712).

Den hoch siedenden Destillaten des Erd- und Teeröles hat man zur Erhöhung ihrer Entzündlichkeit leicht entflammbare Stoffe, wie Äther, Schwefelkohlenstoff, Ligroin oder Gasolin zugesetzt. Solche Mischungen enthalten z. B. folgende Bestandteile: Petroleumdestillate mit einem Flammpunkt über 50° C und Kohlenteerdestillate mit einem Flammpunkt zwischen 27 und 32° C, denen 25 vH Benzin und 0,5 vH Äther zugesetzt ist. Auch sind Mischungen von folgender Zusammensetzung bekannt: 30 Teile Gasolin, 30 Teile Benzol, 40 Teile Alkohol und 5 Teile Äther. In solchen Mischungen kann der Alkohol durch Methyl- oder Butylalkohol ersetzt werden. An Stelle von Benzol kann man Toluol und an Stelle von Äthyläther Butyläther verwenden. Man soll nun als Zusatz zu Gemischen aus Rohpetroleum und leichten Teerölen aliphatische oder aromatische Ketone, Aldehyde oder Ester anwenden. Die Zusatzmenge soll 3—10 vH betragen. An Stelle von Aceton kann Acetonöl benutzt werden (E.P. 176 329).

Zum Carburieren von Benzin soll man Naphthalin anwenden, das in Schwefelkohlenstoff gelöst worden ist. Man verwendet hierzu etwa 3 vH Naphthalin und 1 vH Schwefelkohlenstoff. Wenn das spezifische Gewicht des benutzten Benzins 0,720 ist, so verringert es sich nach dem Carburieren auf 0,700—0,705. Die Brennstoffersparnis soll 28—30 vH betragen (E.P. 180 287).

Auch das E.P. 180 622 betrifft ein Treibmittel, das durch einen Zusatz von Naphthalin und Schwefelkohlenstoff carburiert worden ist. Man kann nun an Stelle des Schwefelkohlenstoffes eine geringe Menge Aceton oder Äther benutzen. Der Zusatz des Naphthalins soll ebenfalls 3 vH und der des Acetons u. dgl. 1 vH betragen (E.P. 180 622).

Zur Herstellung von Treibmitteln aus hydrierten Naphthalinen soll man ihnen Kohlenwasserstoffe zusetzen, die unter 200° C sieden. Außerdem soll man solchen Mischungen noch Methyl- oder Äthylalkohol hinzusetzen. Man erreicht dadurch eine Erhöhung der dynamischen Wirkung und vermeidet das Verrußen des Zylinders. Um klare Mischungen aus Tetrahydronaphthalin, Petroleum und Alkohol herzustellen, muß man ihnen Petroleumspiritus, d. h. eine Mischung von Petroleum und Methylalkohol zusetzen. Homogenisierend wirk ein geringer Zusatz von Äther oder einem höherwertigen Alkohol, z. B. Amylalkohol. Es ist folgende Mischung angegeben: 30 Teile Tetrahydronaphthalin, 30 Teile Leichtbenzin, 30 Teile Methylalkohol und 5 Teile Amylalkohol. Die Mischung ist auch noch bei —10° C beständig (E.P. 184 785).

Man soll sowohl rohe Erdöle als auch Schieferöle, pflanzliche oder tierische Öle einer besonderen Behandlung unterwerfen, um daraus Treibmittel herzustellen. Es sind folgende Beispiele angegeben: 450 l rohes Mineralöl, 100 l Naphtha (spez. Gew. 0,800), 3750 ccm conc. Schwefelsäure, 5000 g Kaliumcarbonat, 2500 g Naphthalin, 50 g Benzoesäure, 200 g Seife und 4000 ccm Wasser. Die einzelnen Zusätze werden etwa in der gleichen Reihenfolge gegemacht. Vor dem Zusatz der Seife wird filtriert und nachher destilliert. Für die Herstellung der Seife ist folgende Vorschrift angegeben: 4000 g Öl, 2000 g Ätznatron, wechselnde Mengen Wasserglas, 100 g Kochsalz und 14 l Wasser. Nach der Destillation findet nochmals eine Wäsche mit starkem Alkali und mit Säuren statt, worauf für eine zweite Destillation Seife, unterchlorigsaures Natron und Benzoesäure zugesetzt werden (E.P. 193 934).

Wie bereits öfters erwähnt, kann man aus schwer flüchtigen Ölen durch Zusatz von leicht siedenden Flüssigkeiten Treibmittel herstellen. Als hoch siedende Öle nimmt man Rohpetroleum, Steinkohlenteer, Braunkohlenteer, Schieferöl, Schieferteer, Torfteer, Holzteer u. ä. Man soll diesen Ölen Äther zusetzen und gleichzeitig als Fixierungsmittel für den Äther Phenole. Der Zusatz an Äther soll 2—5 bzw. bis 10 vH betragen und auch 3 bis 8 vH Phenol bzw. Kresol. Man kann auch noch folgende Flüssigkeiten zusetzen: Petroleum, Benzin, Tetralin, Dekalin, hydrierte Naphthole u. dgl. Es ist u. a. folgendes Beispiel angegeben: 50 Teile niedrig siedender Kohlenwasserstoff, 47 Teile schwerer Kohlenwasserstoff, 30 Teile Äther und 3—8 Teile Phenol oder Kresol (E.P. 213 948).

Kerosin ist ein unzweckmäßiges Treibmittel, weil es u. a. nicht flüchtig genug ist und überdies zum Klopfen neigt. Man kann aber aus Kerosin zu guten Treibmitteln kommen, wenn man es mit einer Mischung von Alkohol und Acetaldehyd versetzt. Diese Mischung ist ausreichend flüchtig und neigt nicht zum Klopfen. Der Acetaldehyd ist allein als Zusatzmittel zu flüchtig. Er wird aber vom Alkohol fixiert. Wenn man Acetaldehyd mit Alkohol vermischt, so siedet diese Mischung nicht bei den Siedepunkten der beiden Komponenten, d. h. bei 21° C und 78° C, sondern im wesentlichen bei 77° C. Die Mischung wird mit Calciumcarbonat neutralisiert. An Stelle von reinem Aldehyd kann man Rohaldehyd verwenden. Für die Mischung mit Benzol kann der Alkohol 95proz. sein; falls als Kohlenwasserstoff Kerosin gewählt wird, soll der Alkohol wasserfrei sein. Es ist u. a. folgende Mischung angegeben: 20 Teile Kerosin, 60 Teile schweres Petroleum, 20 Teile einer Mischung von 2 Teilen Alkohol und 1 Teil Aldehyd (E.P. 216 169).

Wenn ein Gemisch von zwei Flüssigkeiten mit naheliegenden Siedepunkten schnell destilliert wird, so wird der Siedepunkt des Gemisches zwischen den Siedepunkten der Komponenten liegen. Bei Komponenten mit weit auseinander liegenden Siedepunkten tritt diese Erscheinung erst dann ein, wenn diese beiden Komponenten durch andere Flüssigkeiten mit dazwischen liegenden langsam ansteigenden Siedepunkten miteinander verkettet sind. Es wird u. a. folgende Mischung vorgeschlagen: 20 Teile Äther, 25 Teile Alkohol, 14 Teile Heptan, 8 Teile Toluol, 4 Teile Fuselöl, 3 Teile Xylol, 2,5 Teile hydriertes Kresol, 2,5 Teile Dekahydronaphthalin. Ein solches Gemisch fängt nicht beim Siedepunkt des Äthers, d. h. bei 35° C, zu sieden an, sondern bei 50° C, und geht dann bei 74—140° C über, trotz der Anwesenheit von Heptan, Toluol und Fuselöl (E.P. 217 873).

Man soll ein stoßfreies und sehr wirksames Treibmittel erhalten, wenn man eine Mischung von Aceton und Benzol herstellt, wobei der Zusatz von Aceton etwa 25—50 vH betragen soll. An Stelle des Benzols kann man auch Gasolin, Kerosin, Paraffinöle und Naphtha verwenden mit einem gleichen oder etwas kleineren Zusatz von Aceton (E.P. 230 354).

b) Zusätze, welche die Zündfähigkeit erhöhen.

Durch die Behandlung von Ölen mit Ozon wird das spezifische Gewicht und der Flammpunkt erhöht, wodurch aus zu niedrig siedenden Ölen sicher zu handhabende Produkte werden. Der Grad der Veränderung hängt von der Art des Öles und der Menge des benutzten Ozones ab. Man kann zur Behandlung mit Ozon entweder rohes oder gereinigtes Petroleum nehmen und nach der Behandlung einer weiteren Reinigung unterwerfen (E.P. 17 371, 1899).

Die Treibmittel mit niedrigem Siedepunkt für geringe Kompression haben einen hohen Marktpreis, da ihre Menge beschränkt ist. Das Gegenteil gilt für Petroleum, Steinkohlen- und Braunkohlenteere u. ä. Man kann aber auch die hoch siedenden Kohlenwasserstoffe als Treibmittel verwenden, wenn man ihnen etwa 1 vH niedrig siedende Flüssigkeiten, wie Äther, Schwefelkohlenstoff, Gasolin oder Ligroin zusetzt. Ein Zusatz von 1 vH Gasolin oder Schwefelkohlenstoff genügt für ein Teeröl, von dem 90 vH zwischen 160—260° C überdestillieren und das einen Flammpunkt von 51° C hat (E.P. 18 706/1907).

Als Zusatzmittel zu Schwerbenzinen soll man an Stelle von Äther auch die Umwandlungsprodukte, die man aus Alkohol und Schwefelsäure bei einer Temperatur erhält, die unterhalb der Gewinnungstemperatur des Äthers liegt, benutzen. Man setzt außerdem vorteilhaft Petroleumessenz, Aceton, Äther oder Mischungen desselben zu. Es ist folgendes Beispiel angegeben: 100 Teile Alkohol werden mit 20 Teilen Schwefelsäure gemischt und 5 Teile Petroleumessenz hinzugesetzt und bei 100° C destilliert. Zu dem Destillat setzt man 5 Teile Petroleumessenz oder Benzin, 1 Teil Aceton oder 1 Teil Äther. 5 vH von dieser Flüssigkeit werden mit einem Schwerbenzin oder Teeröl vermischt und 1 Teil Aceton oder 1 Teil Äther zugesetzt (E.P. 1248/1909).

Man kann die dynamische Wirkung von Treibmitteln, wie z. B. Kohlenwasserstoffen, bedeutend erhöhen, wenn man ihnen Wasserstoff zufügt und mit einem großen Überschuß von Luft arbeitet. Der Wasserstoff braucht nicht in der Flüssigkeit gelöst zu sein, sondern man kann ihn zusammen mit der Luft einführen. Im übrigen lösen Gasoline, Benzine, Petroleum und Schweröle eine ausreichende Menge Wasserstoff, sofern er genügend fein verteilt in das Treibmittel eingeleitet wird (E.P. 4570/1913). Im übrigen ist die Herstellung von Treibmitteln unter Verwendung von Wasserstoff auch in dem E.P. 7793/1904 beschrieben (vgl. D I a).

In den E.P. 14 671/1907 und 22 561/1907 sind Reinigungsverfahren für Treibmittel angegeben. Man kann derartige Verfahren auch unter Mitverwendung von Ozon ausführen. Es ist folgendes Beispiel angeführt. Eine Mischung von Petroleum, Benzol und Benzin, der eine geeignete Lösung von Harz, $^1/_2$ vH Peroxyde und Nitroverbindungen zugesetzt worden sind, wird bis etwa 200° C und bei Verwendung von schweren Ölen von 300 bis 350° C destilliert. Dann wird Ozon, nachdem das Öl abgekühlt worden ist, zugesetzt. Nach dem Absetzen des Niederschlages wird die Dsetillation fortgesetzt (E.P. 6643/1913).

Bei der Verwendung von Schwerölen als Treibmittel ergeben sich vielfache Schwierigkeiten, wie nicht vollkommene Verbrennung, Anwärmen der Vergaser u. a. m. Man hat auch schon Naphthalin als Treibmittel vorgeschlagen, das infolge seines Schmelzpunktes von 80° C gleichfalls Spezialvergaser erfordert. Man soll nun das Naphthalin in folgender Lösung anwenden, in der es keine Neigung zeigt, sich auszuscheiden. Es ist folgende Mischung angegeben: 400 g Rohnaphthalin, 600 g raffiniertes Mineralöl, 10 g α-Nitronaphthalin, 5 g α-Naphthylamin und 5 g Kresol (E.P. 11 167/1913).

Es ist bereits vorgeschlagen worden, Treibmittel mit Wasserstoff zu sättigen. Als solche sind folgende genannt: Gasolin, Petroleum, Benzin, Alkohol u. a. Die Sättigung soll entweder bei normalem atmosphärischen Druck und Temperatur oder bei höheren Temperaturen vorgenommen werden. Anstatt nun den Wasserstoff durch das Treibmittel hindurchzuleiten, wird die Flüssigkeit in eine Atmosphäre von Wasserstoff fein zerstäubt. Die Sättigung wird in einem geschlossenen Kessel vorgenommen, in den der Kohlenwasserstoff von oben durch eine Düse eintritt. Man kann annehmen, daß der Wasserstoff in dem Treibmittel gelöst ist, wenn darin enthaltenes Hexan Wasserstoff anlagert.

Dieser Wasserstoff ist so locker gebunden, daß er beim Verdampfen wieder frei wird. Die Absorption des Wasserstoffs in dem Treibmittel kann durch katalytisch wirkende Substanzen, wie Pulver von Aluminium oder Nickel erhöht werden (E.P. 11 756/1913).

Zur Erhöhung der Zündfähigkeit hat man neben dem Äther auch noch gelben Phosphor verwendet. Zu diesem Zwecke soll man eine Mischung von Petroleum oder Benzin mit einem geeigneten Äther herstellen sowie eine Lösung von reinem Phosphor in Schwefelkohlenstoff. A ist eine Lösung von 100 Teilen Petroleum, Benzin o. ä. und 50 Teilen Schwefeläther o. dgl. B ist eine Lösung von 8 g reinem Phosphor in 100 g Schwefelkohlenstoff. Man mischt 150 g Lösung A und 10 g Lösung B und setzt 840 g Alkohol von 90° Bé hinzu. Beim Hinzufügen der Lösung B entsteht eine schwache Ausscheidung von Phosphor, die in einigen Tropfen Pfefferminzessenz gelöst wird (E.P. 27 733/1913).

Man hat den Treibmitteln zur Erhöhung ihrer Wirkung Nitroverbindungen, wie Pikrinsäure, Benzolpikrat o. dgl., zugesetzt. Bessere Resultate soll man erreichen, wenn man den Treibmitteln Verbindngen zusetzt, welche wie Trioxybenzoesäure Hydroxylgruppen enthalten, und zwar in Verbindung mit Estern oder Carboxylgruppen enthaltenden Säuren, wobei man am Rückflußkühler erhitzt. Man setzt zu 1200 ccm Brennöl, 0,5 g Trioxybenzoesäure zusammen mit 7,5 ccm Äthylacetat. Dann destilliert man bis auf 60 ccm Rückstand ab. Das Destillat sieht trübe aus, wegen des ausgeschiedenen Pyrogallols. Man setzt nun 42 ccm Leichtbenzin und 0,5 g Trioxybenzoesäure sowie 2,5 g Äther zu und erhitzt am Rückflußkühler eine halbe Stunde, wobei eine klare Flüssigkeit erhalten wird (E.P. 22 191/1914).

Die Zündfähigkeit von Treibmitteln, wie Kerosin, kann man bedeutend erhöhen, wenn man sie mit Acetylen sättigt. Man kann solchen Mischungen auch sehr hoch siedende, für Treibmittel sonst nicht geeignete Kohlenwasserstoffe zusetzen. Man verwendet Kerosin, das unter 300° C siedet, und vorzugsweise eine Petroleumfraktion (spez. Gew. 0,775—0,780) mit einem Siedepunkt zwischen 150—230° C und etwa die Hälfte des Volumens an Acetylen. Zur Sättigung wird das Öl fein zerstäubt und das Acetylen unter einem Druck von 5—10 Pfund per Quadratzentimeter eingepreßt. Um die Aufnahmefähigkeit des Öles für Acetylen zu erhöhen, kann man $^1/_2$—1 vH Äther, Aceton oder Methylalkohol zusetzen (E.P. 105 256). Die Sättigung von Treibmitteln mit Acetylen ist auch in dem E.P. 7793/1904 (vgl. D I a) und in dem D.R.P. 176 297 (vgl. A II b) sowie in dem E.P. 107217 beschrieben. Man benutzt dazu einen geschlossenen Kessel, in den das Gas und die fein verteilte Flüssigkeit eingeführt wird. Es sind Einrichtungen vorgesehen, um die Flüssigkeit in den Dampfzustand zu versetzen und darin zu erhalten. Die Flüssigkeit wird durch einen oder mehrere Vernebeler in den Kessel eingespritzt, der mit Acetylen gefüllt ist. Die Flüssigkeit soll unter einem Druck von 40 Pfund auf den Quadratzentimenter eingeblasen werden. Als Flüssigkeit dienen Petroleumfraktionen vom spez. Gew. 0,775—0,780 wie auch Benzol, das nach seiner Sättigung dem Petroleum zugesetzt werden kann (E.P. 107 217).

Man soll Petroleumdestillate mit einem Flammpunkt über 50° C und Teeröle mit einem Flammpunkt zwischen 27 bis 32° C in gleichen Mengen miteinander mischen und dazu etwa 25 vH Benzin und schließlich 0,5 vH Äther zusetzen (E.P. 110132).

Treibmittel, die neben Kohlenwasserstoffen Acetylen und Wassergas enthalten, sind bereits im Vorstehenden erwähnt worden (vgl. E.P. 7793/1904). In dem E.P. 110 520 sind die gleichen Ausgangsmaterialien genannt. Man soll aber hier folgendermaßen arbeiten. Petroleumdestillate und Teerdestillate werden verdampft und eine Mischung von 98 vH Acetylen und 2 vH Wassergas wird in gleicher Menge dem Öldampf zugesetzt. Dann wird der Dampf kondensiert, wobei die Gase in dem Öl bleiben (E.P. 110 520).

In den vorher genannten Vorschriften ist an mehreren Stellen ein Zusatz von Schwefelkohlenstoff zu Treibmitteln erwähnt (vgl. z. B. E.P. 18 706/1907, D Ib). Auch in dem E.P. 118 021 ist eine ähnliche Vorschrift enthalten. Nach den dort gemachten Angaben soll man 70 Teile Paraffinöl und 30 Teile Schwefelkohlenstoff miteinander mischen. Zu einer Tonne dieser Mischung werden 5—10 vH Kalk dazugesetzt, bis der Schwefel aus dieser Mischung entfernt worden ist (E.P. 118 021).

Zur Herstellung eines Treibmittels soll man 50—55 Teile Kerosin mit 25 Teilen Alkohol, 5 Teilen Fuselöl, das auch in einem unrektifizierten Alkohol enthalten sein kann, 10 Teile Äther und 8 Teile Toluol miteinander mischen. Der Gehalt an Toluol kann bis auf 10 vH erhöht werden. Die Konzentration des Alkohols wählt man möglichst hoch. Die Fuselöle enthalten verschiedene Amylalkohole und auch Butyl- und Propylalkohol. Das Fuselöl scheint die leichter flüchtigen Bestandteile, wie Alkohol und Äther, zu fixieren und ihnen außerdem die hygroskopischen Eigenschaften zu nehmen. Ebenso wirkt das Toluol. Man darf nicht unter 4 vH Toluol, heruntergehen, um den Äther zu fixieren. Man kann auch Krackbenzine an Stelle des Kerosins benutzen. Ebenso kann man auch Teeröle aus Steinkohlenteer, Holzteer und Wassergasteer verwenden. An Stelle von Toluol kann Rohbenzol treten, das auch den Äther fixiert. Bei Verwendung von weniger Kerosin kann man mehr schwere Teeröle verwenden; dasselbe gilt für Toluol oder Rohbenzol. Als Treibmittel für Äroplane vermindert man den Gehalt an Kerosin. Es wird folgende Mischung angegeben: 40 Teile Kerosin, 31 vH Alkohol, 4 vH Fuselöl, 15 vH Äther und 10 vH Toluol. An Stelle von Äther kann man Erdgasbenzine anwenden (E.P. 135 514).

Man hat auch zu Treibmitteln neben solchen Stoffen, welche die Entzündlichkeit erhöhen, Carburierungsmittel zugesetzt. Zunächst wird in dem Kohlenwasserstoff, z. B. Petroleum, Naphthalin gelöst und dann Schwefelkohlenstoff, Aceton oder Schwefeläther zugesetzt. Vom Naphthalin nimmt man etwa 3 vH, während man die flüchtigen Zusätze in einer Menge von 1 vH nimmt (E.P. 180 622).

c) Zusätze explosiver Natur.

Man hat Rohölen, wie sie aus der Quelle kommen oder auch, nachdem sie einer teilweisen Fraktionierung unterzogen worden sind, Nitroverbindungen oder ein Peroxyd zugesetzt, die man zweckmäßig vorher in einem Mineralöl lösen kann. Man kann auch Gummi oder Harze zusetzen, ebenso wie wasserfreies Natriumsulfat. Man verfährt beispielsweise derart, daß man das Mineralöl mit gewöhnlichem Harz und wasserfreiem Natriumsulfat mischt. Dann wäscht man die Mischung mit Schwefelsäure, Natronlauge und Wasser und setzt etwas Pikrinsäure zu. Schließlich erfolgt eine Destillation mit überhitztem Wasserdampf. In dem Beispiel sind folgende Angaben gemacht: 100 Teile Rohbenzin, 20 Teile Benzol, $^1/_2$ Teil Alkali, 5 Teile Harz, gelöst in Benzol oder Mineralöl, $^1/_2$ Teil Pikrinsäure, gelöst in Benzol, $^1/_2$ Teil Schwefelsäure, $^1/_2$ Teil Magnesiumsulfat und $^1/_{10}$ Teil Amylacetat (E.P. 14671, 1907).

Wenn man Pikrinsäure längere Zeit mit Benzol erhitzt, so entsteht eine Verbindung, d. h. das sogenannte Benzolpikrat, das nicht die unangenehmen Eigenschaften der Pikrinsäure besitzt. Man setzt etwa 10 vH Benzolpikrat zu 90 vH Benzin (E.P. 10 739/1910). Ein gleiches Verfahren ist auch im D.R.P. 229 579 beschrieben (vgl. A II c).

Zur Erhöhung der dynamischen Wirkung von Kohlenwasserstoffen, wie Petroleum, Schweröl, Naphtha u. dgl., soll man ihnen eine bestimmte Menge von einem Oxydationsmittel zusetzen. Als solche Zusätze gelten die Nitroderivate des Benzols, Toluols, Xylols, Naphthalins und Anilins (E.P. 131 869). Ein ähnliches Verfahren ist in dem D.R.P. 164 643 Kl. 46 beschrieben (vgl. A I c).

d) Zusätze mit verschiedenen Wirkungen.

Als Treibmittel ist empfohlen worden, überhitzten Wasserdampf zu verwenden, der mit geringen Mengen Fett, fetten oder mineralischen Ölen beladen ist. Diese Dämpfe geben mit Luft leicht explodierbare Mischungen. Es wird $^1/_{2000}$ der Ölsubstanz auf 1 Teil Wasser angewendet (E.P. 18 487/1912).

Ein gleichfalls wasserhaltiges Treibmittel soll man erhalten, wenn man einen geeigneten Kohlenwasserstoff, Wasser und ein geeignetes animalisches Fett so zusammenbringt, daß sie eine beständige Mischung liefern. Man verwendet etwa gleiche Mengen Wasser und Kohlenwasserstoff und erwärmt auf eine Temperatur von 44° C. Hierzu setzt man eine bestimmte Menge eines animalischen Fettes, wie Talg, Degras, Fischöl, Fett aus Wollfett, bei einer den Schmelzpunkt des Fettes übersteigenden Temperatur. Es ist folgendes Beispiel angegeben: 225 l werden erhalten, indem man 112 l mit 112 l Kohlenwasserstofföl vermischt und bis zum Schmelzen des Fettes erhitzt, das in einer Menge von $1^1/_2$ Pfund zugesetzt wird (E.P. 114 411).

Bei der Herstellung der üblichen Mischungen mit Kerosin als Grundlage soll man auch Cyclohexan verwenden. Das Treibmittel soll einen Paraffinkohlenwasserstoff, insbesondere Kerosin, Benzol oder seine Homologen, Toluol, Cyclohexan und Naphthalin enthalten. Insbesondere in kalten Gegenden zeigt das Benzol den Übelstand, sich auszuscheiden. Substanzen, die diese Ausscheidung vermeiden und die auch in den beschriebenen Mischungen mit verwendet werden, sind Toluol, Cyclohexan und Naphthalin. Eine Mischung aus 50 vH Benzol und 50 vH Kerosin scheidet bei —11° C Krystalle aus. Durch den Zusatz von Cyclohexan, Toluol und Naphthalin kann man den Punkt der Ausscheidung bedeutend herabdrücken (E.P. 138 585).

Es ist seit einiger Zeit das Bestreben, den kritischen Druck auch bei solchen Treibmitteln, die an sich zum Klopfen neigen, durch gewisse Zusätze zu erhöhen, ohne daß Klopfen eintritt. Um diese Wirkung zu erreichen, soll man dem Treibmittel einen Zusatz von $3^1/_2$ vH Anilin hinzufügen. Man kann den Zusatz dem Treibmittel beim Mischen oder kurz vor seiner Verbrennung zusetzen (E.P. 140 041).

Zur Herstellung von Treibmitteln hat man auch schon Naphthensäuren angewendet, die man in einer Menge von mindestens 5 vH zu leichten oder schweren Kohlenwasserstoffen zusetzt. Die Verwendung von Naphthenseifen zur Herstellung wasserhaltiger Treibmittel ist bereits in dem E.P. 12 325/1914 beschrieben. Dort sollen die Naphthenseifen für eine möglichst gute Emulsion der Treibmittel sorgen. Es sind folgende Vorschriften angegeben: 62 Vol. Benzol, 20 Vol. Gasöl, 10,0 Vol. Naphthensäure, 1,1 Vol. Ammoniak (25 vH), 4,3 Vol. Wasser und 2,6 Vol. Kresolöl oder 60,0 Vol. Benzin, 17,2 Vol. Kerosin, 15,4 Vol. Naphthensäure, 1,7 Vol. Natronlösung (50 vH), 4,17 Vol. Wasser und 1,53 Vol. Kresolöl. Man soll so mischen, daß man das Gasöl oder Kerosin mit der Naphthensäure mischt, dann $^3/_4$ des erforderlichen Ammoniaks hinzusetzt, rührt und nach dem Abkühlen den leichten Kohlenwasserstoff zusammen mit Wasser, Alkohol, Kresol oder Phenol zusetzt. Die Lösung soll vollkommen klar sein, andernfalls haben sich saure Naphthenseifen gebildet. Der Zusatz von 1—2 vH Naphthensäuren zu Schmiermitteln ist bekannt. Wenn es nur darauf ankommt, den Brennstoff durch Zusatz von Naphthensäuren zu strecken, ohne ihm Wasser einzuverleiben, so kann man eine Menge von 40 vH Naphthensäure anwenden (E.P. 185 796).

Ein gleichfalls wasserhaltiges Treibmittel ist in dem E.P. 186 106 beschrieben. Es besteht aus Kohlenwasserstoffölen, Teerdestillaten und harzartigen Produkten, entweder allein oder zusammen mit fetten Ölen und ihren Destillationsprodukten und Wasser. Die Verbindung der Komponenten vollzieht sich durch Ammoniak oder Amine. Die verwendete Menge Ammoniak reicht zur Verseifung nicht aus. Die harzartigen und fetten Komponenten können nitriert oder sulfuriert werden. Man kann auch nur einen Teil von ihnen nitrieren und den anderen sulfnrieren. Die mineralischen Öle sollen ein spez. Gew. von 0,865—0,895 besitzen. Man kann auch reines Harzöl benutzen oder die Destillate von Kopal, harten Gummiharzen oder Tallöl. Das Ammoniak soll als 12proz. Lösung angewendet werden. Trimethylamin soll man in 15proz. Lösung anwenden. Die benutzten Teerdestillate sollen zwischen 250—280° C sieden und Teersäuren enthalten. Es sind folgende Beispiele gegeben: 65 Teile Kerosin, 10—12 Teile Harzöl oder einer Mischung von harzartigen und fettigen Substanzen im Verhältnis 20 : 80, 2—5 Teile Ammoniak und 20 Teile Wasser. Wenn ein solches Treibmittel durch einen Vorwärmer geht, so verwandelt es sich in Dampf, der mit Luft gemischt im Motor zur Explosion kommt (E.P. 186 106).

Um Tetrahydronaphthalin oder Dekahydronaphthalin als Treibmittel zu verwenden, soll man sie mit einem oder mehreren aliphatischen Kohlenwasserstoffen vermischen, von denen ein Teil unter 100° C siedet. Es wird folgende Mischung angegeben: 50 Teile Tetrahydronaphthalin und 50 Teile Petroleum (spez. Gew.

0,725) oder 50 Teile Tetrahydronaphthalin, 40 Teile schweres Petroleum (spez. Gew. 0,760) und 10 Teile Gasolin (spez. Gew. 0,650). Man kann auch folgende Mischung herstellen: 50 Teile Tetrahydronaphthalin, 50 Teile Petroleum (spez. Gew. 0,725) und 50—100 Teile Motorbenzol (E.P. 202 805).

Als Schmiermittel für Motoren wird folgende Mischung vorgeschlagen: Mineralisches Colzaöl, Walrat, Campher, Naphthalin, Farbstoff. Man kann an Stelle von Colzaöl oder Walrat ein hochsiedendes Mineralöl benutzen. Man setzt von diesem Gemisch etwa 30 g auf 9 l Petroleum oder Benzol, um einen ausreichenden Schmiereffekt zu erreichen. Dieses Schmieröl soll den Ansatz von Ruß u. dgl. verhindern. Das Schmieröl soll in folgenden Verhältnissen gemischt werden: 50 vH Colzaöl, 30 vH Mineralöl (spez. Gew. 0,908), 10 vH Walrat, 7,5 vH Naphthalin, 1,5 vH Campher, 1 vH Farbstoff (E.P. 202 830).

Durch den Zusatz von Eisencarbonyl sollen Motortreibmittel mit einem höheren wirtschaftlichen Effekt verwendbar sein. Es kommen in Betracht Kohlenwasserstoffe, wie Gasolin, sowie Alkohole und Mischungen aus diesen Komponenten. Man kann das Eisencarbonyl zusammen mit dem Brennstoff erzeugen (vgl. E.P. 20 488/1913), indem man Reaktionsgase, die Kohlenoxyd enthalten, nachdem sie die Kontaktmasse verlassen haben, über Eisen leitet. Von dem Eisencarbonyl soll man $^1/_{10}$—1 vH zusetzen. Durch diesen Zusatz wird selbst starkes Klopfen der Motoren beseitigt (E.P. 226 731).

Leicht siedende Kohlenwasserstoffe verdunsten bekanntlich aus Gemischen sehr schnell. Solche leicht siedende Produkte bilden sich aber bei einer großen Menge technischer Prozesse, z. B. bei der Destillation von Petroleum oder Naphtha, bei der Extraktion von Gasolin aus Erdgas, beim Kracken von schweren Kohlenwasserstoffen, bei der synthetischen Herstellung von Kohlenwasserstoffen durch Hydrierung oder Katalyse. Die Verluste an diesen niedrig siedenden Kohlenwasserstoffen beim Transport u. dgl. sind an sich sehr bedeutend. Auch der Zusatz von hoch siedenden Produkten konnte die Verdunstbarkeit der leicht siedenden Produkte nicht vermindern. Dagegen haben sich als Fixierungsmittel hydrierte Produkte, wie Hexahydrobenzol, als äußerst wirksam erwiesen. Man soll außer Hexahydrobenzol auch noch Tetrahydronaphthalin und Dekahydronaphthalin in Anwendung bringen (E.P. 230 311). Ein gleiches Verfahren ist im D.R.P. 405 534 Kl. 23 beschrieben (vgl. A IV).

II. Produkte der Teerdestillation, Benzol und seine Homologen, Teeröle Schieferöle u. a.

a) Zusätze, welche die Mischbarkeit und Wirkung erhöhen.

In den Industrien zur Gewinnung von Naphthalin, Teerölen, Schieferölen und Alkohol fallen größere Mengen von Rückständen ab, die zu niedrigen Preisen gehandelt werden. Man kann diese Rückstände zur Herstellung von Treibmitteln verwenden, wenn man sie schmilzt oder möglichst fein pulverisiert zusammen mit der erforderlichen Menge Luft im Dampfzustand einbläst. Das Einblasen wird direkt durch einen Injektor ohne Anwendung eines Vergasers bewirkt (E.P. 8293/1904).

Zu den Ölen, die eine starke Kompression vertragen, gehören die Braunkohlenteeröle und die Destillate des Rohpetroleums, die von 200—350° C sieden. Man hat den Leichtbenzinen, die keine hohe Kompression vertragen, schon Benzol zugesetzt. An Stelle des Benzols soll man mit Vorteil ein Teeröldestillat anwenden, das zwischen 100—250° C siedet und von Basen und Säuren befreit ist. Diese Fraktion hat einen höheren Caloriengehalt als Benzol. Diese Teeröle reinigt man von Schwefelverbindungen unter Zusatz von Bleiacetat durch Dampfdestillation. Dieses Destillat wird mit gewöhnlichem Benzol vermischt. Der Zusatz des Benzols zu diesem Destillat richtet sich nach den Drucken, die angewendet werden sollen (E.P. 27 629/1906).

Treibmittel aus Schieferöl werden in der Weise hergestellt, daß man zunächst das rohe Schieferöl mit 4 vH Schwefelsäure von 66° Bé mischt. Dann wird das klare Öl vom Bodensatz getrennt. Das so gereinigte Öl vermischt man dann mit Petroleumessenz (etwa 25 vH oder mehr). Für bestimmte Zwecke kann man auch noch Benzin oder gewöhnliches Petroleum zusetzen. Die so hergestellte Mischung wird einer weiteren Reinigung durch Mischen mit 4 vH Schwefelsäure unterworfen. Nach dem Abtrennen vom Niederschlag wird mit Oxalsäure nachbehandelt (E.P. 12 606, 1907).

Ohne Destillation von schweren Ölen soll man auf folgende Weise zu einem Treibmittel gelangen. Man erwärmt schweres Schieferöl (spez. Gew. 0,800—1,000) auf 45° C und versetzt dann mit fein gepulvertem Blei oder Eisen, um die Pyridine auszufällen. Man dekantiert und setzt 2 vH reine Schwefelsäure zu. Es wird nochmals dekantiert, mit Schwefelsäure von 66° Bé versetzt, wiederum dekantiert und mit Kalkmilch neutralisiert. Dann werden 10 vH eines Leichtöles, gewonnen aus Schieferöl oder Petroleum (Sdp. 120 °C) und 2 vH Naphthalin zugesetzt (E.P. 15 593/1907).

Um aus Benzol oder einem anderen ähnlichen Teerdestillat einen Brennstoff herzustellen, soll man es mit einem rohen Mineralöl von hohem Siedepunkt mischen und dieser Mischung eine kleine Menge Alkali und ein Harz zusetzen, das in Benzol o. dgl. gelöst wurde, außerdem einen oxydierend wirkenden Körper, wie Pikrinsäure, gelöst, z. B. in Benzol, und außerdem eine kleine Menge Schwefelsäure, man rührt um und fügt eine wässerige Lösung von Magnesiumsulfat hinzu. Man kann dann noch eine kleine Menge Amylalkohol zusetzen, worauf destilliert wird (E.P. 22 561/1907). Ähnliche Reinigungsverfahren sind im Ö.P. 50 151 beschrieben (vgl. A I a).

Um aus Benzol Verunreinigungen zu entfernen und seine dynamische Wirkung zu erhöhen, soll man es mit gasförmigen Kohlenwasserstoffen, Acetylen, Leuchtgas, Wassergas behandeln. An sich ist die Behandlung von Benzol mit Stickoxyden und Acetylen bekannt, ebenso wie mit Kohlensäure, Wasserstoff und Sauerstoff, entweder getrennt oder zusammen. Man kann zur Behandlung auch Methylamin anwenden, und zwar unter Druck (E.P. 2700, 1908).

Die Verwendung von Naphthalin, insbesondere in geschmolzenem Zustand, als Treibmittel ist aus dem F.P. 319 599 und seinem Zusatz Nr. 2294, aus dem F.P. 331 630 und seinem Zusatz Nr. 2984 und auch aus dem E.P. 8293/1904 bekannt. Man kann das Naphthalin aber auch in Benzol o. dgl. lösen. Um alle Mißstände, welche sonst mit der Verwendung des gelösten Naphthalins verbunden sind, zu beseitigen, befindet sich das Naphthalin als Block in dem Treibmittel, das durch die Abdämpfe der Wasserkühlung erwärmt wird (E.P. 7594/1908).

Das zur Herstellung von Treibmitteln verwendete Schieferöl soll man auf folgende Weise reinigen. Das Öl von einem spez. Gew. von 0,810 wird mit 3 vH Schwefelsäure von 66° Bé versetzt. Man rührt um und läßt absitzen, dekantiert und versetzt mit 3 Teilen Holzkohle. Man läßt absitzen und fügt 4 Teile Zinkpulver und 3 Teile Salzsäure hinzu. Der entstehende Wasserstoff soll die Konstitution des Öles verändern. Dann wird dekantiert und 1 Teil Bleioxyd zugesetzt. Man läßt dann absitzen und filtriert (E.P. 17 030, 1909).

Auch in dem E.P. 27 714/1909 ist ein Reinigungsverfahren für Schieferöle beschrieben. Man nimmt 1000 ccm Schieferöl (spez.

Gew. 0,810), versetzt mit 1 vH Schwefelsäure (66° Bé). Dann wird dekantiert und mit Kalkwasser gewaschen. Man dekantiert wiederum und setzt 3 vH Kalk, 2 vH Kochsalz und 9 vH Wasser zu. Hierdurch sollen alle Schwefelverbindungen entfernt werden. Man dekantiert nochmals und setzt 1 vH Naphthalin, gelöst in Toluol, hinzu (E.P. 27 714/1909).

Zur Herstellung von Treibmitteln aus Benzol soll man eine Mischung von Benzol, Gasolin oder Pentan und Schwefelkohlenstoff herstellen. Es ist folgende Mischung angegeben: 80 vH Benzol, 18 vH Gasolin und 2 vH Schwefelkohlenstoff oder 73 vH Benzol, 25 vH Pentan und 2 vH Schwefelkohlenstoff (E.P. 25 739, 1910).

Zur Herstellung von Treibmitteln soll man Steinkohlenteer oder Pech verflüssigen und mit etwa der gleichen Menge Paraffin, Petroleum, Holzdestillaten, Schieferöl oder anderen schweren Kohlenwasserstoffen mischen. Diese Mischung wird dann in einen Destillierapparat gebracht und wie gewöhnlich destilliert, gereinigt und filtriert (E.P. 16 987/1911).

Auch das E.P. 25 177/1911 betrifft ein Treibmittel aus Schieferöl. Man geht von einem Schieferöl aus, das ein spez. Gew. von 0,79—0,82 hat und 2—3 vH Schwefel enthält. Hierzu setzt man 1—2 vH schweres Teeröl und behandelt mit 1 vH Schwefelsäure. Man dekantiert und behandelt mit 3—5 vH Ätzkalk, der vor dem Einbringen in das Öl mit Wasser angerührt wird. Man läßt dann absitzen. Das Destillat wird dann mit 6—10 vH Benzol, 0,1 vH Bittermandelöl und 1 vH Schwefelsäure versetzt. Nach dem Rühren läßt man absitzen. Dann werden 10 vH Gasolin zugesetzt und die Mischung mit Kalk behandelt. Es wird dekantiert, filtriert und mit 25—40 vH Gasolin gemischt (E.P. 25 177/1911).

Man soll das Destillat von Schieferölen mit schwerem Teeröl versetzen und dann zur Reinigung mit Schwefelsäure; dann läßt man absitzen. Man kann dem Destillat auch Bittermandelöl, Benzol und eine kleine Menge Schwefelsäure zusetzen, darauf wird Gasolin zugefügt und mit gelöschtem Kalk behandelt. Das Verfahren ist in seinen Einzelheiten ähnlich wie das des E.P. 25 177, 1911 (E.P. 27 679/1912).

Um aus Teeren, Pech o. dgl. Brennstoffe herzustellen, soll man sie in eine geschlossene Kammer mit Preßluft, Sauerstoff o. dgl. einpressen, sie dort mit Öl mischen, ebenso auch mit Naphtha in fester oder flüssiger Form, oder auch mit Wasser, wodurch sie in einen schaumigen Zustand versetzt werden sollen. Die Mischkammer wird durch Auspuffgase oder Heizquellen erwärmt. Das Öl wird durch eingeblasene Luft stark gerührt, um als Treibmittel gut verwendbar zu sein (E.P. 711/1913).

Man soll Benzol mit einer gleichen Menge von Handelspetroleum oder Rohpetroleum mischen, zu dieser Mischung Ätznatron, gelöst oder in anderer Form, hinzufügen. Man kann auch Soda, Pottasche oder Salpeter anwenden. Man soll die Reinigungsmittel in einer Menge von etwa 180 g auf 4,5 l einer Mischung von gleichen Teilen Benzol und Petroleum anwenden (E.P. 7807/1913).

Man soll die Destillate von Steinkohlen- oder Hochofenteer, wie Benzol o. dgl., mit einem leicht flüchtigen Körper, wie Alkohol und einer kleinen Menge Campher versetzen und dann destillieren. Man soll folgende Mischung herstellen: 115 l 90er Benzol, 350 l Äthylalkohol und 10 kg Campher (E.P. 3899/1914).

Destillate des Steinkohlenteers, deren Siedepunkt über dem der Xylole liegt, sind nicht ohne weiteres als Treibmittel brauchbar. Man kann sie aber dafür geeignet machen, wenn man sie mit den schweren Gasen und leichten Fraktionen, die sich beim Kracken von Mineralölen bilden, versetzt. Man kann die beiden Komponenten entweder gasförmig aufeinander einwirken lassen und dann kondensieren, oder die Gase und Leichtöle auf das schwere Öl in kaltem Zustand einwirken lassen. Man kann den Siedepunkt des Xylols (138° C) auf diese Weise auf 35° C herabmindern (E.P. 12 962/1914).

Es ist bisher nicht möglich gewesen, die Rückstände des Teeres, die man nach dem Abdestillieren von Benzol, Toluol und anderen leicht flüchtigen Teerölen erhält, in Treibmittel umzuwandeln. Man soll seinen Zweck aber erreichen, wenn man diese Stoffe mit einer $^1/_2$—1 proz. wässerigen Lösung von Ätzalkali vorzugsweise warm mischt und stehen läßt. Da der Teer 5—7 vH Phenole enthält, so kann eine Entphenolierung auf diesem Wege nicht erfolgen. Es bilden sich zwei Schichten, von denen die wässerige die obere ist. Wenn die wässerige Schicht eine hellrote Farbe angenommen hat, wird die Teerschicht abgezogen und destilliert. Die nicht unter 200° C abdestillierenden Öle sind die gewünschten Treiböle (E.P. 10 383/1914).

Man kann das Reinigungsverfahren des E.P. 28 072/1913, das lediglich für Alkohole bestimmt war, auch auf Torföle, Teeröle u. dgl. übertragen. Man kann als Ausgangsmaterial Benzol oder etwa Mischungen mit 50 vH Benzol verwenden. Vorteilhaft sind Mischungen von $66^2/_3$ vH rohem Alkohol und $33^1/_3$ vH Benzol (E.P. 18 226/1914).

Man soll die sogenannten Mittelöle der Teerdestillation, d. h. Produkte, die von 170—230° C sieden und aus denen das Naphthalin und die Teersäuren entfernt worden sind, mit Petroleum, Paraffinöl u. dgl. mischen. Das Naphthalin muß soweit entfernt sein, daß keine Ausscheidung mehr bei 5° C erfolgt; die Teersäuren sollen bis $^1/_2$ vH entfernt sein. Es ist folgendes Beispiel angegeben: Mittelöle (Sdp. 170—230° C) werden mit einer 10—30proz. wässerigen Lösung von Ätznatron versetzt, getrennt und mit 2—5 vH Schwefelsäure gewaschen. Man wäscht dann mit Wasser, dekantiert und kühlt auf 4° C ab. Das ausgeschiedene Naphthalin wird abgepreßt. Beim Mischen von $^1/_3$ dieses Öls mit $^2/_3$ Petroleum bildet sich ein Niederschlag, der abfiltriert wird (E.P. 21 738/1914).

Ein sehr ähnliches Verfahren, wie das zuletzt beschriebene Verfahren erläutert auch das E.P. 23 014/1914. Man geht auch hier von einem Mittelöl der Teerdestillation aus, das nach folgender Angabe von Naphthalin und den Teersäuren gereinigt wird. Mittelöl (Sdp. 170—230° C) wird mit 10—30 vH einer wässerigen Lösung von Ätznatron vermischt und dann von der wässerigen Lösung getrennt. Dann wird mit 2—5 vH Schwefelsäure gesäuert. Man wäscht dann mit Wasser nach und kühlt auf 4° C ab, wobei sich das Naphthalin ausscheidet, das abgepreßt wird. Dann wird das Öl bei einer Temperatur von 230° C abdestilliert. Nach dem Abdestillieren erfolgt wiederum ein Abkühlen auf 4° C zur Abscheidung von Naphthalin u. dgl., dann wird das Destillat mit Petroleum, Paraffinöl o. dgl. vermischt (E.P. 23 014/1914).

Auch das E.P. 107 454 erläutert ein ähnliches Verfahren wie die E.P. 21 738/1914 und 23 014/1914. Man geht auch hier von einem Mittelöl (Sdp. 170—230° C) aus, das durch Alkali von den Phenolen und durch Abkühlen unter 0° C vom Naphthalin befreit wird. Das so gereinigte Öl wird dann einer fraktionierten Destillation unterzogen, wobei man die Destillate bis zu einem Flammpunkt von 35° C und die mit einem Flammpunkt von 38—49° C getrennt auffängt. Die Destillate werden vor ihrer Verwendung als Treibmittel mit Petroleum vermischt (E.P. 107 454).

Um aus Ölen, wie Teerölen bzw. auch Mineralölen und Pech, ein Treibmittel herzustellen, muß man die Öle einer vorausgehenden Behandlung mit Alkalien unterziehen, um den Schwefel aus ihnen zu entfernen. Wendet man konzentriertes oder festes Alkali an, so wird mit dem Schwefel zugleich der Gehalt an Teersäuren mit entfernt. Will man nur den Schwefel und nicht die Phenole entfernen, so benutzt man verdünnte Lösungen von Ätzalkalien. Dann wird zur Ausscheidung des Naphthalins abgekühlt. Dann wird das Öl auf 120° C erwärmt, um etwa 50 vH Kohlenteerpech aufzulösen (E.P. 110 023).

Jedes Treibmittel klopft oberhalb seiner kritischen Kompression. Um das Kerosin bei höheren Drucken verbrennen zu können, soll man ihm etwa die gleiche Menge Benzol zusetzen. Wenn man einen Motor anwendet, der 70—75 Pfund pro Quadratzoll Kompression besitzt, also eine Kompression, die für Kerosin zu hoch ist, für Benzol dagegen zu niedrig ist, so kann man die Mischung aus gleichen Teilen Kerosin und Benzol verwenden, ohne Klopfen befürchten zu müssen (E.P. 122 193).

Um Treibmittel aus Schieferölen herzustellen, soll man folgendermaßen verfahren. Man mischt leichte Schieferöle (spez. Gew. 0,700 oder darunter) mit schweren Steinkohlenteerölen (spez. Gew. 0,800—0,950) und destilliert die Mischung nach dem Waschen. Zur Mischung verwendet man 25 vH Leichtöle und 75 vH Öle mit einem Siedepunkt über 200° C. Die Mischung wird mit Schwefelsäure, Alkali und Wasser gewaschen und dann bis auf 180° C abdestilliert (E.P. 124 072).

Man soll Treibmittel für Luftfahrzeuge herstellen, wenn man Alkohol von etwa 98 vH mit einem aromatischen Kohlenwasserstoff und einem Petroleumdestillat mischt. Es ist folgende Mischung angegeben: 40 Teile Alkohol, 30 Teile Benzol und 30 Teile Gasolin oder Naphtha. Der Gehalt an Alkohol kann zwischen 40—60 vH schwanken, der von Benzol von 25—35 vH und Gasolin oder Naphtha von 30—50 vH. Durch die Verwendung von fast wasserfreiem Alkohol wird eine Ausscheidung des Benzols bei tiefen Temperaturen vermieden. An Stelle von Äthylalkohol kann man auch Methyl- oder Butylalkohol anwenden, und an Stelle von Benzol Toluol (E.P. 128 917).

Zur Herstellung von Treibmitteln soll man auch den Rückstand von der Destillation des Benzols, d. h. das Naphthalinöl, verwenden. Mit dem Rückstandsöl wird eine kleine Menge Rohbenzol oder Petroleum gemischt, um das Treibmittel herzustellen. Man mischt das Rückstandsöl von der Herstellung des Benzols (1 Teil) mit Rohbenzol oder Petroleum ($^1/_{12}$ Teil) (E.P. 129 010).

In dem E.P. 129 393 ist ein Verfahren beschrieben, das darin besteht, ein Destillat des Steinkohlenteerpeches in Kreosot oder einem anderen Lösungsmittel zu lösen. Solche Lösungen haben den Vorteil, daß sie praktisch frei von Schwefel sind, aber ihr Heizwert ist geringer, als der des Petroleums. Das Neue des Verfahrens besteht darin, daß man Destillate des Kohlenteerpeches in Kreosot o. dgl. auflöst und dann mit Brennöl versetzt, wodurch man einen Brennstoff mit erhöhtem Heizwert und geringerem Schwefelgehalt erhält (E.P. 129 495).

Um aus Teerölen, die einen geringen Gehalt an Pech besitzen, Treibmittel herzustellen, soll man, beispielsweise Schieferöl (spez. Gew. 0,850—0,900), bei einer Temperatur von etwa 300° C etwa 3—4 Stunden lang mit einem Luftstrom behandeln. Im ganzen werden durch 4,5 l etwa 200 Kubikfuß Luft hindurchgeblasen. Das geblasene Schieferöl stellt einen dichten Schaum dar. Man mischt dann gewöhnliches Teeröl mit einem gleichen Volumen Kreosot. Zu 3 Teilen dieser Mischung setzt man 1 Teil geblasenes Teeröl. Zu dieser so erhaltenen Mischung setzt man noch Mineralöl in einer Menge von etwa 70 vH (E.P. 130 699).

Zur Herstellung von Treibmitteln soll man leichte, schwere oder auch rohe Schieferöle oder andere Öle und Fette mit Schwefelsäure, Oxalsäure o. dgl. behandeln. Man verwendet etwa 5 Teile der Säure und arbeitet bei Temperaturen unter 0° C entweder in offenen oder geschlossenen Kesseln. Nach dem Mischen läßt man absitzen. Dann wäscht man mit Wasser nach, dem pulverisiertes Zink, Kaliumcarbonat oder andere Alkalien zugesetzt sind. Hierauf wird durch Kieselgur, Magnesiumcarbonat, Tierkohle o. dgl. filtriert und Formaldehyd als Formalin oder seine Polymerisationsprodukte, wie Trioxymethylen, Paraformaldehyd o. dgl., zugesetzt. Man soll etwa bei 0° C arbeiten. Dem fertigen Produkt werden Leichtöle, z. B. Benzol, hinzugefügt (E.P. 153 365).

Man soll eine Mischung aus einem Teerdestillat (Sdp. 130° C), Rohpetroleum (Sdp. 260° C) und vorzugsweise wasserfreiem Methylalkohol herstellen. Es ist folgendes Beispiel angegeben: 40 bis 50 vH Teerdestillat (Sdp. 75—130° C), 40—50 vH Rohpetroleumdestillate (Sdp. 50—260° C) und 3—5 vH wasserfreien Methylalkohol. Nach dem Mischen tritt Trübung ein, worauf filtriert wird (E.P. 174 360).

Man kann hoch siedende Fraktionen von Steinkohlen- und Braunkohlenteeren dadurch zu Treibmittelzwecken geeignet machen, daß man ihnen leicht entzündliche Stoffe, wie Äther, Schwefelkohlenstoff, Ligroin oder Gasolin, zusetzt. Es ist folgende Mischung genannt. Gleiche Teile von Petroleumdestillaten (Flammpunkt über 50° C) und Kohlenteerdestillaten (Flammpunkt zwischen 27 und 32° C), 25 vH Benzin und 0,5 vH Äther. In dem vorliegenden Verfahren sollen als Zusatzmittel aliphatische oder aromatische Ketone, Aldehyde, Äther oder Ester an Stelle von Methylalkohol als Zusatz Verwendung finden. Insbesondere handelt es sich hierbei um Mischungen des E.P. 174 360, die aus einem Teerdestillat und Destillat des Rohpetroleums bestehen (E.P. 176 329).

Man hat bereits früher in die Zylinder zusammen mit den Treibmitteln Wasser in äußerst feiner Form eingeblasen, um seine latente Verdampfungswärme nutzbar zu machen. Außerdem wird durch die Gegenwart des Wassers die Detonationsfähigkeit herabgemindert und gestattet infolgedessen die Anwendung von höheren Kompressionsdrucken. Man kann das Wasser aber auch den Brennstoffen selbst zusetzen. Es wird z. B. folgende Mischung vorgeschlagen. Aceton und Benzin oder Benzol und Wasser mit oder ohne Zusatz von Methyl- oder Äthylalkohol. Man nimmt mehr Aceton als Benzin oder Benzol, die gleiche Menge oder mehr Aceton und wenigstens 8 vH Wasser. Alkohol setzt man ebensoviel zu, wie Aceton und Benzin oder Benzol zusammen. Es ist noch folgende Mischung vorgeschlagen: 60 Teile Äthylalkohol, 20 Teile Aceton, 10 Teile Benzin oder Benzol und 10 Teile Wasser. Die Menge an Wasser sollte mindestens 8 vH und höchstens 16 vH betragen. Wo höhere Dampftension gewünscht wird, muß der Mischung Äther zugesetzt werden (E.P. 183 577).

Auf eine etwas eigentümliche Weise soll man auch unter Verwendung von Teerprodukten und vergorenen Pflanzenteilen zu einem Treibmittel gelangen. Zuckerhaltige Pflanzensäfte, die in besonderer Art behandelt worden sind, werden mit einer Mischung aus Hefe, Tannin, Kaliumtartrat und Schwefelsäure vermischt und bei 15—30 ° vergoren; dann wird eine Mischung von Teer, Schwefelsäure und Alkohol zugesetzt. Nach einer weiteren Behandlung wird destilliert (E.P. 187 640).

Das Treibmittel ist aus einer beträchtlichen Menge hoch siedender Produkte, aus etwas weniger niedrig siedenden Produkten und aus einer kleinen Menge Äther und Phenolen hergestellt. Die hoch siedenden Produkte stammen aus Rohpetroleum, Steinkohlenteer, Braunkohlenteer, Schieferöl, Schieferteer, Torfteer, Holzteer u. ä., die zwischen 160—200° C sieden. Daneben finden Verwendung: Petroleum, Benzin, Benzol, Tetralin o. a. Diese Zusätze werden dann angewendet, wenn die Schweröle zu viscos sind. Die Schweröle werden in einer Menge von 30—80 vH benutzt. Um die Mischungen zu stabilisieren, werden geringe Mengen Phenole zugesetzt; außerdem wird Äther zugesetzt. Es ist folgende Mischung angegeben. Man mischt Steinkohlenteeröl (spez. Gew. 1,1), das 25 vH Destillate enthält, die über 350° C sieden, mit der gleichen Menge Benzin oder Benzol, 3 vH Äther und der erforderlichen Menge Phenol (E.P. 213 948).

In Gemischen, die auch schwer flüchtige Bestandteile, wie schwere Teeröle und auch Tetrahydronaphthalin, enthalten, zeigt sich die unerwünschte Tatsache, daß beim Zusatz von niedrig siedenden Stoffen diese letzteren beim Erhitzen zuerst verdampfen und daß dann die Siedetemperatur auf den Siedepunkt der hoch siedenden Bestandteile steigt. Wenn man eine Mischung herstellt, bei der die Siedepunkte der Einzelbestandteile nicht weit auseinander liegen, so liegt die Siedekurve der Hauptmenge dieser Mischung zwischen dem niedrigsten und höchsten Siedepunkt der Einzelbestandteile. Man kann diese Annäherung der Siedepunkte auch bei solchen Flüssigkeiten herbeiführen, deren Siedepunkte weit auseinander liegen, wenn man die Spannung zwischen Anfangs- und Endtemperatur durch Zusatz von Flüssigkeiten mit ansteigender Erhöhung der Siedepunkte überbrückt. Es ist u. a. folgendes Beispiel angeführt: 20 Teile Äther, 25 Teile Alkohol, 14 Teile Heptan, 8 Teile Toluol, 4 Teile Fuselöl, 3 Teile Xylol, 2,5 Teile hydriertes Kresol, 2,5 Teile Dekahydronaphthalin. Diese Mischung beginnt nicht beim Siedepunkt des Äthers, d. h. bei 35° C, zu sieden an, sondern erst bei 50° C, und die Destillationstemperatur steigt bis 74 bzw. 145° C (E.P. 217 873).

Man soll einen Brennstoff, der nicht zum Klopfen neigt, herstellen, wenn man Benzol und Aceton mischt. Von Aceton soll man 25—50 vH anwenden. An Stelle des Benzols soll man auch leichte Kohlenwasserstoffe, wie Gasolin, Kerosin, Paraffinöl und Naphtha verwenden. Diese Brennstoffmischungen sollen ein Verbrennen des Schmieröls verhindern (E.P. 230 354).

b) Zusätze, welche die Zündfähigkeit erhöhen.

Die Leichtöle des Steinkohlenteers, Braunkohlenteers und des Erdöls lassen sich nur mit niedrigen Kompressionen verbrennen, während die wirtschaftlich besser ausnutzbaren schwereren Öle mit hohen Kompressionen zu verwenden sind. Außerdem besitzen die schwereren Destillate des Steinkohlen- und Braunkohlenteers einen relativ niedrigen Marktpreis. Man kann auch diese hoch siedenden Teeröle zu Treibmitteln verwenden, wenn man ihnen 1 vH einer niedrig siedenden Flüssigkeit zusetzt, deren Dampftension bei 100° C über 2000 mm beträgt, wie Äthyläther, Schwefelkohlenstoff oder niedrig siedende Kohlenwasserstoffe (E.P. 18 706/1907).

Man soll auch Steinkohlenbenzine mit einem Destillat vermischen, das man erhält, wenn Alkohol mit einer Mineralsäure bei einer Temperatur destilliert wird, die zur Bildung von Äther nicht ausreichend ist. Es ist folgendes Beispiel angegeben: 100 Teile Alkohol werden mit 20 Teilen Schwefelsäure gemischt und hierzu 5 Teile Petroleumessenz oder Benzin zugesetzt. Dann wird bei 100° C destilliert. Zu dem Destillat setzt man 5 Teile Petroleumessenz oder Benzin, 1 Teil Aceton oder 1 Teil Äther. Empfehlenswert ist eine Mischung von 80 Teilen Alkohol und 10 Teilen Petroleumessenz. Man mischt 5 Teile dieser Mischung z. B. mit Kohlenbenzin und setzt 1 Teil Aceton oder 1 Teil Äther hinzu (E.P. 1248/1909).

Man kann die dynamische Wirkung auch von Benzol u. dgl. dadurch erhöhen, daß man Wasserstoff in dem Kohlenwasserstoff löst und den Brennstoff mit einem Überschuß von Luft verbrennt. Der Wasserstoff kann als Preßgas angewendet werden. Der Zusatz kann zwischen dem Vergaser und dem Zylinder erfolgen, und zwar derart, daß der Wasserstoff und die Vergaser-Luft gut gemischt sind (E.P. 4570/1913).

Man soll auch zu Benzol, gemischt mit Benzin, eine Lösung von Harz setzen, der $^1/_2$ vH Peroxyde und Nitroverbindungen zugesetzt worden sind und die Destillation bei 200° C und bei Verwendung von höher siedenden Kohlenwasserstoffen und bei einem geringeren Zusatz von Oxydationsmitteln bei 300—380° C unterbrechen. Dann kühlt man das Destillat ab und leitet Ozon ein. Man trennt vom gebildeten Niederschlag und setzt dann die Destillation fort (E.P. 6643/1913).

Zur Herstellung eines Treibmittels soll man Petroleumdestillat mit einem Flammpunkt über 50° C, Teeröle mit einem Flammpunkt über 27—32° C in gleichen Mengen zusammenmischen und hierzu 25 vH Benzin und 0,5 vH Aceton zusetzen (E.P. 110 132).

Man verdampft Petroleumdestillate und Teeröle, die einen Flammpunkt von 24—30° C haben, und setzt eine Mischung von 98 vH Acetylen und 2 vH Wassergas hinzu, und zwar in gleichem Volumen. Dann wird kondensiert, wobei die Gase in dem Kondensat gelöst bleiben (E.P. 110 520).

Man hat aromatische Kohlenwasserstoffe auch zur Herstellung von Treibmitteln für niedrige Temperaturen (Luftfahrzeuge) vorgeschlagen. Es wird u. a. in dem E.P. 128 916 folgende Mischung vorgeschlagen, die neben Alkohol aus wenigstens 25 vH eines aromatischen Kohlenwasserstoffes und mindestens 20 vH Schwefeläther oder Butyläther besteht, z. B. 40 Teile Alkohol, 30 Teile Benzol und 30 Teile Äther. Der Alkohol kann zwischen 35 bis 50 vH schwanken, das Benzol zwischen 25—35 vH und der Äther zwischen 20—40 vH. Der Alkohol wird vorteilhaft möglichst oder ganz wasserfrei angewendet. An Stelle von Äthylalkohol kann man Methyl- oder Butylalkohol, an Stelle von Benzol, Toluol und an Stelle von Schwefeläther Butyläther anwenden (E.P. 128 916).

Wenn man Schweröle, die auch vom Steinkohlenteer oder Holzteer stammen können, zur Herstellung von Treibmitteln verwenden will, so soll man sie mit Äther, Äthylalkohol, etwas Fuselöl und etwas Toluol mischen. Es ist folgendes Beispiel angegeben: 50—55 Teile Schweröl, 25 Teile Alkohol, 5 Teile Fuselöl (die auch im unreinen Alkohol enthalten sein können), 10 Teile Äther und 8 Teile Toluol. Den Alkohol nimmt man möglichst wasserfrei. Man kann das Toluol in Mengen zwischen 4—12 vH anwenden. Das Toluol dient zum Fixieren des Äthers, ebenso auch Rohbenzol und schwere Teeröle, von denen nur 4—5 vH verwendet werden sollen. Frostbeständige Treibmittel erfordern wenig hoch siedende Kohlenwasserstoffe und mehr Äther (E.P. 135 514).

c) Zusätze explosiver Natur.

Man soll auch Schieferölen zur Verbesserung ihrer Eigenschaften Nitroverbindungen oder ein Peroxyd zusetzen, die vorteilhaft vorher in einem Mineralöl gelöst werden. Um die Lösung zu homogenisieren, wird Gummi oder ein Harz zugesetzt und ein Salz, wie Natriumsulfat. Man soll so verfahren, daß man das Öl mit Harz und entwässertem Natriumsulfat versetzt, dann wäscht man die Mischung mit Schwefelsäure und hierauf mit Alkali. Schließlich wird Pikrinsäure zugesetzt und dann mit überhitztem Dampf destilliert (E.P. 14 671/1907).

Man soll Benzol nicht, wie es früher vorgeschlagen wurde, mit Pikrinsäure, sondern mit Benzolpikrat versetzen, das man durch langes Erwärmen von Benzol mit Pikrinsäure am Rückflußkühler erhält (E.P. 10 739/1910). Ein gleiches Verfahren ist in dem D.R.P. 229 579 beschrieben (vgl. A IIc).

Auch das E.P. 131 869 beschreibt ein ähnliches Verfahren, wie das zuletzt erwähnte Patent. Man soll zur Erhöhung der dynamischen Wirkung Kohlenwasserstoffen, von denen an erster Stelle Benzol genannt ist, organische Verbindungen zusetzen, welche die Nitrogruppe enthalten. Genannt sind Nitrobenzol und die Nitroderivate des Toluols, Xylols, Naphthalins, Anilins u. ä. (E.P. 131 869).

d) Zusätze mit verschiedenen Wirkungen.

Das im folgenden näher beschriebene Treibmittel soll alle für ein solches geforderten Vorteile aufweisen, nämlich einen hohen Heizwert besitzen, einen hohen kritischen Druck haben, die Zylinder reinigen, eine große dynamische Wirkung aufweisen. Hervorzuheben ist eine kurze Destillationskurve, niedriger Flammpunkt, geringe Viscositätsänderungen, das Fehlen korrodierender Eigenschaften und ein niedriger Schmelzpunkt. Das Treibmittel setzt sich aus 80 vH Cyclohexan und 20 vH Benzol zusammen. Dieses Verhältnis zeigt die Eigenschaften einer eutektischen Mischung (E.P. 133 667).

Auch das im E.P. 138 585 beschriebene Treibmittel ist unter Verwendung auch von Cyclohexan hergestellt. Nach den dort gemachten Angaben sollte in erster Linie die Aufgabe gelöst werden, solche Stoffe ausfindig zu machen, mit Hilfe deren es gelingt, eine Mischung aus gleichen Teilen Benzol und Kerosin oder aus ähnlichen Mischungsverhältnissen frostbeständig zu machen. Als solche Mittel haben sich Toluol, Cyclohexan und Naphthalin erwiesen. Es wird u. a. folgende Mischung genannt: 50 vH Kerosin, 30 vH Benzol, 20 vH Cyclohexan, 35 vH Benzol und 15 vH Toluol. Auch eine Mischung von Kerosin und Benzol wird durch Zusatz von 7 vH Naphthalin frostbeständiger (E.P. 138 585).

Unter Verwendung von Harzen soll man ein Treibmittel auch aus Steinkohlenteerölen herstellen, denen man fette Öle, dann Destillate und Wasser sowie Ammoniak oder Amine zusetzen soll. Das Ammoniak oder die Amine sind zu der Verseifung erforderlich. Die harzigen und fettigen Bestandteile können nitriert oder sulfuriert sein. Es sind folgende Beispiele angegeben: 65 Teile Kerosin oder leichtes Solaröl, 20 Teile Wasser, 2—5 Teile Ammoniak und 10—12 Teile einer harzigen oder harzigen und fettigen Substanz, zur Bildung von Harz- und Fettseifen, oder 50 Teile Mineralöl, 15 Teile Teeröl, das Phenole enthält, 1—4 Teile Ammoniak und 10—15 Teile Harze oder Fette. Als harzige Substanzen kann man reine Harzöle nehmen oder die Kondensate, die man beim Destillieren von Kopalharzen oder harten Gummiharzen erhält, ebenso auch Tallöl, das beim Aufschließen von Holz mit Bisulfitlösung erhalten wird. Als Basen verwendet man Ammoniak oder Trimethylamin (E.P. 186 106).

III. Alkohole, Aldehyde, Ketone.

Während insbesondere in Frankreich schon seit vielen Jahren Bestrebungen im Gange gewesen sind, um die Treibmittelfrage mit Hilfe des Alkohols zu lösen, kommt ein gleiches Bestreben in England nicht so sichtbar zum Ausdruck. Zwar beschäftigen sich eine größere Anzahl von Veröffentlichungen mit der Herstellung von alkoholhaltigen Treibmitteln, indessen sind die Anmelder im großen und ganzen Nichtengländer, die ihre Rechte auch in England wahren wollen. Die Besprechung der Patentschriften soll in der gleichen Weise wie früher erfolgen, d. h.

a) Zusätze, welche die Mischbarkeit und Wirkung erhöhen.
b) Zusätze, welche die Zündfähigkeit erhöhen.
c) Zusätze explosiver Natur.
d) Zusätze verschiedener Natur.

Für die Herstellung von alkoholhaltigen Treibmittelgemischen spielt, wie bereits häufiger erwähnt wurde, der Wassergehalt des Alkohols eine ausschlaggebende Rolle, weil nur absoluter Alkohol mit Kohlenwasserstoffen mischbar ist, während zur Mischung von wasserhaltigem Alkohol mit Kohlenwasserstoffen die Mitverwendung von Homogenisierungsmitteln erforderlich ist.

Um Alkohol das Wasser zu entziehen, soll man ihn mit einem Überschuß von Calciumcarbid behandeln, d. h. etwa 50 ccm Äthylalkohol (95proz.) mit 10 g Carbid. Bei dieser Behandlung entsteht bekanntlich Acetylen, das sich zum Teil in dem Alkohol löst. Auf diese Weise erhält man schließlich eine Flüssigkeit, die aus 99 vH wasserfreiem Alkohol und 1 vH Acetylen besteht. Der gebildete Kalkschlamm wird durch Filtrieren entfernt. Man kann die Entwässerung des Alkohols aber auch in Gegenwart von Kohlenwasserstoffen vornehmen. Zu diesem Zweck werden 50 ccm Alkohol mit 50 ccm Gasolin und 40 ccm Kerosin vermischt und dann mit 10 g Carbid versetzt. Man rührt gut um, läßt einige Tage stehen und filtriert den Kalk ab (E.P. 149 398).

Zu wasserfreiem Alkohol kann man auch durch mehrfaches Destillieren von wasserhaltigem Alkohol unter Zusatz von Kohlenwasserstoffen und etwas Fuselöl gelangen. Bei Verwendung von Kerosin und Gasolin braucht der Zusatz des Fuselöles 0,25—1 vH nicht zu überschreiten. Ein Teil des Fuselöles bleibt in dem wasserfreien Alkohol und dient dort als Treibmittel, der Rest geht immer wieder mit den Destillaten in den Betrieb zurück. Man soll zur Destillation z. B. eine Mischung verwenden, die 40 Teile Alkohol (92—94proz.), 0,25 Teile gewöhnliches Fuselöl und 60 Teile Benzol, oder Gasolin, Kerosin bzw. Teeröl enthält. Verwendet man als Alkohol ein stark mit Fuselöl verunreinigtes Produkt, so ist ein weiterer Zusatz von Fuselöl überflüssig (E.P. 159 880).

Zur Herstellung von wasserfreiem Alkohol hat man auch schon vorgeschlagen, den Alkohol in Form von Dämpfen durch eine Kolonne zu leiten, die mit wasseranziehenden Stoffen beschickt ist. Als solche sind Calcium, Calciumcarbid, gebrannter Kalk, trockenes Kaliumcarbonat, wasserfreies Ferrosulfat u. dgl. genannt. Die wasseranziehenden Substanzen soll man staffelweise zur Anwendung bringen. Man kann diese Entwässerung vor der Mischung des Alkohols mit anderen Treibmitteln vornehmen oder direkt an das Herstellungsverfahren anschließen (E.P. 188 336).

Es hat sich beim Entwässern von Alkohol die Tatsache ergeben, daß die Entwässerung bei Gegenwart von Kohlenwasserstoffen leichter vor sich geht. Zur Ausführung stellt man sich z. B. eine Mischung von Alkohol und Gasolin her, die man durch eine Absorptionskolonne hindurchschickt, welche mit wasseranziehenden Stoffen gefüllt ist. Hierbei tritt die zu entwässernde Flüssigkeit von oben in die Trockenapparate ein. Man kann die entwässernde Wirkung erhöhen, wenn man dem Gemisch von Alkohol mit Gasolin Homogenisierungsmittel, wie Äther, Benzol, Toluol, Xylol, Butylalkohol, Isopropylalkohol o. dgl. zusetzt. Das verwendete, häufig sauer reagierende Gasolin wird zweckmäßig vorher durch Alkalien, wie Alkalicarbonate, Calciumcarbid o. dgl., neutralisiert (E.P. 204 697).

Auf gleichen Beobachtungen, wie das zuletzt beschriebene Verfahren, beruht auch die Arbeitsweise des E.P. 206 516. Man setzt also dem zu entwässernden Alkohol zunächst Kohlenwasserstoffe zu, welche die Entwässerung des Alkohols erleichtern sollen. Als Mischungen sind u. a. folgende vorgeschlagen: 50 Teile Leichtpetroleum (spez. Gew. 0,708), 25 Teile Alkohol (95,5proz) und 2 Teile trockenes Kaliumcarbonat. Die Behandlung mit dem Entwässerungsmittel wird je nach Bedarf mehrmals vorgenommen. Man kann auch folgende Mischungen verwenden: 55 Teile Alkohol (95,5 proz.) und 45 Teile Petroleum (spez. Gew. 0,728), oder 10 Teile Alkohol (95,5proz.) und 90 Teile Schwerpetroleum (spez. Gew. 0,753), oder 25 Teile Alkohol, 15 Teile Äther und 60 Teile Handelspetroleum (E.P. 206 516).

Zu einem relativ wasserarmen Gemisch aus Alkohol und Kohlenwasserstoffen soll man in der Weise gelangen, daß man Alkohol mit Petroleum oder einem andern Kohlenwasserstoff mischt und das Gemisch destilliert. Hierbei geht die Hauptmenge des Wassers mit einem Teil des Alkohols und des Kohlenwasserstoffes über. Beim Stehen trennt sich das Destillat in zwei Schichten, von denen die obere aus wasserfreiem Alkohol und Kohlenwasserstoff, die untere aus wässerigem Alkohol besteht, Die obere Schicht wird mit dem Destillatrückstand vereinigt (E.P. 232 276).

a) Zusätze, welche die Mischbarkeit und Wirkung erhöhen.

Zur Carburierung von Alkohol, insbesondere von Methylalkohol, ist bereits ein Zusatz von Terpentinöl vorgeschlagen. Bei diesem Zusatz läßt sich, insbesondere bei längerem Stehen, kaum vermeiden, daß sich Harz aus der Lösung abscheidet. Deshalb ist zu einem gleichen Zweck auch schon Naphthalin benutzt worden, das im übrigen die gleiche unangenehme Eigenschaft wie das Terpentinöl besitzt, d. h. feste Niederschläge in den Röhren, Ventilen o. dgl. absetzt. Dieser Mißstand wird vermieden, wenn man das Naphthalin durch Behandeln mit Schwefelsäure in eine wasserlösliche Verbindung, d. h. Naphthalinsulfosäure, überführt. Die Naphthalinsulfosäure wird in Leichtölen aufgelöst und dann dem Alkohol zugesetzt (E.P. 16 232/1897).

Um die dynamischen Wirkungen des Alkohols zu erhöhen, soll man ihn mit Gasen, wie Acetylen, Kohlengas, Wasserstoff, Wassergas oder einer Mischung dieser Gase sättigen. Zu diesem Zwecke bedient man sich vorteilhaft einer Absorptionskolonne, auch unter Anwendung von Druck (E.P. 7793/1904).

In den zuletzt genannten Patentschriften sind u. a. als Carburierungsmittel Terpentinöl und Naphthalin genannt, und es wird von der Verwendung dieser Mittel abgeraten. Auf einem anderen Standpunkt steht das E.P. 15 279/1906, in dem folgende Mischung vorgeschlagen wird: 1 Teil Lösung von Campher in Petroleum, 1 Teil Alkohol, 1 Teil Terpentinöl, 1 Teil Lavendelöl, gelöst in Petroleum, und 2 Teile Naphthalin. Mit Hilfe dieser Mischung soll man z. B. aus Rohpetroleum ein Treibmittel herstellen können, indem man einen geringen Teil dieser Mischung zu Rohpetroleum zusetzt (E.P. 15 279/1906).

Verbindungen, die dem Alkohol hinsichtlich seiner Konstitution ähneln, sind die Aldehyde. Auch diese hat man schon als Treibmittel in Vorschlag gebracht. So soll man z. B. Formaldehyd als Treibmittel verwenden. Neben dem gasförmigen Formaldehyd sind außerdem noch seine festen Polymerisationsprodukte, wie Paraformaldehyd und Trioxymethylen, genannt. Die Verbrennungswärme des Formaldehyds ist viel höher als z. B. diejenige des Leuchtgases (E.P. 21 360/1907).

Es ist bereits in dem E.P. 7793/1904 erwähnt, daß die Wirkung des Alkohols als Treibmittel erhöht wird, wenn man ihm Gase, wie Acetylen, Kohlengas, Wassergas u. ä., zusetzt. Zu einem gleichen Zweck hat man bereits andere Gase, wie Stickoxyde zusammen mit Acetylen, vorgeschlagen, ebenso auch Kohlensäure, Wasserstoff und Sauerstoff, entweder einzeln oder zusammen. Man soll gleiche Wirkungen erreichen, wenn man organische Ammoniakderivate, z. B. Methylamin, durch den Alkohol hindurchleitet. Das Einleiten nimmt man vorteilhaft unter Druck vor (E.P. 2700/1908).

Man kann aus Alkohol krafterhöhende Zusätze für Treibmittel herstellen, wenn man folgende Mischung herstellt: 15 Teile Kolophonium, 5 Teile Bleizucker, 10 Teile Petroläther wurden in 100 Teilen 95proz. Alkohol gelöst und die Mischung bei etwa 100° C destilliert. Zu dem Destillat setzt man etwas chemisch reines Aceton. Von dieser Mischung setzt man geeignete Mengen zu den üblichen Treibmitteln (E.P. 27 111/1912).

In der zuletzt genannten Patentschrift ist bereits empfohlen worden, dem Alkohol Harz zuzusetzen und hierauf zu destillieren.

Eine ähnliche Arbeitsweise liegt auch dem E.P. 20 188/1913 zugrunde. Dort wird die Herstellung von alkoholhaltigen Treibmitteln in der Weise vorgenommen, daß man vor der Mischung die Kohlenwasserstoffe mit Harzen und Amylacetat versetzt und hierauf mit Ozon behandelt (E.P. 20 188/1913).

Zur Herstellung alkoholischer Treibmittelmischungen soll man auch vom Rohpetroleum ausgehen, das wenig erwärmt und dann einer fraktionierten Destillation unterworfen wird. Bis 65° C wird Petroläther gewonnen. Von 65—100° C destilliert dann Benzin über. Von 110—150° C destilliert Ligroin und darüber Petroleum. Aus diesen gesonderten Destillaten soll man nun folgende Mischungen herstellen: 1. 3,5 l gereinigtes Petroleum, 0,5 l Benzin und 0,25 l Ligroin; 2. 0,1 l reiner Alkohol, 0,1 l Ligroin und 40 Tropfen Schwefeläther; 3. 0,2 l Alkohol, 0,1 l Ligroin und 25 Tropfen Petroleumäther. Man mischt zunächst Mischung 2 und 3 und gießt dann die Mischung 1 hinzu. Es wird gut durchgerührt und dann längere Zeit stehengelassen (E.P. 2515/1914).

Zum Carburieren von Gemischen, die aus Äthylalkohol und Methylalkohol bestehen, hat man auch schon Benzolkohlenwasserstoffe neben Campher vorgeschlagen. Man soll Gemische anwenden, die 82 vH Äthylalkohol, 10 vH Methylalkohol und 8 vH Wasser enthalten. Als Zusatz verwendet man sogenanntes 90er Benzol, d. h. ein Gemisch von Benzol und Toluol das zwischen 100—120° C siedet, und Teerölnaphtha, die einen Siedepunkt von 80—160° C zeigt. Dazu wird 1 vH Campher zugesetzt. Die miteinander gemischten Flüssigkeiten unter Zusatz des Camphers werden in einen Destillierapparat gebracht, und werden bei Temperaturen zwischen 80—160° C überdestilliert. Es sind folgende Mischungsverhältnisse zwischen Benzol und Alkohol angegeben: 25 vH Benzol — 10 vH Alkohol, 33 vH Benzol — 66 vH Alkohol, 50 vH Benzol — 49 vH Alkohol (E.P. 3899/1914).

Zur Herstellung solcher Mischungen, die neben Alkohol Benzol o. dgl. enthalten, soll man auch einen solchen Alkohol verwenden, der durch Fermentieren von rohem Torf hergestellt worden ist. Bei diesem Verfahren kann man ein ungereinigtes Rohprodukt erhalten, das auch noch die höheren Gärungsalkohole mitenthält und auch ohne Denaturieren nicht zu Genußzwecken verwendet werden kann. Als Zusatz zu diesem Alkohol benutzt man Rohbenzol oder gereinigtes Benzol. Man soll etwa ein Verhältnis von 2 Teilen Alkohol zu 1 Teil Benzol innehalten. Für diese Mischung wird in erster Linie der niedrige Preis geltend gemacht, der sich aus der billigen Gewinnung des Alkohols herleiten soll (E.P. 18 226/1914).

In dem E.P. 24262/1914 ist eine Mischung von 60—40vH Alkohol und 40—60 vH Äther beschrieben, zu der man als Carburierungsmittel Petroleumkohlenwasserstoffe hinzusetzen sollte. Bei der Anwendung einer solchen Mischung tritt leicht eine Korrosion der Ventile und Zylinder ein. Zur Verhütung dieser auf der Gegenwart saurer Gase beruhenden Einwirkung hat man den Zusatz von Ammoniak empfohlen. Im vorliegenden Falle wird an Stelle des Ammoniaks Trimethylamin benutzt. Es wird folgende Mischung vorgeschlagen: 54 Teile Alkohol, 45 Teile Äther, 1 Teil Trimethylamin (E.P. 7017/1915).

Aus ökonomischen Gründen sind solche Vorschriften für die Herstellung von Treibmitteln äußerst selten, zu denen wasserfreier Alkohol benutzt werden muß. Deshalb ist es nicht weiter auffällig, daß sich eine solche Vorschrift erst im Jahre 1917 vorfindet, in dem bereits große, insbesondere französische Untersuchungen für die billige Herstellung von wasserfreiem Alkohol vorlagen. Es wird eine Mischung von gleichen Raumteilen absolutem Alkohol und Petroleum genannt (E.P. 109 802).

Es hat sich, ehe man noch über die Eigenschaften orientiert war, welche die sogenannten Lösungsmittel (Homogenisierungsmittel) für Mischungen aus Alkohol und Kohlenwasserstoffen besitzen mußten, gezeigt, daß z. B. Rohbenzol sich leicht mit wasserhaltigem Alkohol mischt. Das gleiche galt für ungereinigten Alkohol. In dem ersten Falle waren die Lösungsvermittler die im Rohbenzol enthaltenen Phenole, im zweiten Fall der im Rohalkohol enthaltene Amylalkohol. Von dieser Beobachtung macht das E.P. 109 806 Gebrauch, indem Fuselöl bzw. Amylalkohol als Lösungsvermittler vorgeschlagen werden. Es wird folgende Arbeitsweise empfohlen. Als Kohlenwasserstoffe benutzt man Kerosin, das unter dem Namen Exportöl bekannt ist. Auf 2 Teile des Kerosins wird 1 Teil eines niedrig siedenden Erdöldestillates (Sdp. 60—80° C) oder auch ein Krackbenzin, das durch Druckwärmespaltung von hoch siedenden Mineralölen hergestellt worden ist, zugefügt. Zu diesem Gemisch setzt man 1 Teil Alkohol, 95proz., und die erforderliche Menge von Fuselöl oder wasserfreiem Amylalkohol, d. h. etwa 0,4 vH (E.P. 109 806).

Während die meisten Vorschriften, welche die Herstellung alkoholischer Treibmittel betreffen, vom fertigen Alkohol ausgehen, empfiehlt das E.P. 111 661 ein Zwischenprodukt zu benutzen, das man bei der Destillation der Maische erhält und das einen Gehalt von etwa 48 vH an Alkohol aufweist. Von diesem Zwischenprodukt soll man 94 vH nehmen und diese mit 5,4 vH eines leichten Teeröls oder Erdöls und 0,6 vH Campher versetzen.

Von diesem Gemisch werden dann $^2/_3$ abdestilliert und stellen das gewünschte Treibmittel dar. An Stelle des Camphers soll man auch Harzöl, Terpentinöl, Pinen oder ähnlich zusammengesetzte Verbindungen verwenden (E.P. 111 661).

In den vorher besprochenen Patentschriften sind bereits Verfahren erwähnt, nach denen eine Erhöhung der dynamischen Wirkung des Alkohols durch Zusätze wie Acetylen und auch Formaldehyd erreicht wurde. Man kann nun diese beiden Stoffe bzw. ihnen sehr nahe verwandte auch gleichzeitig als Zusatz verwenden. So wird empfohlen, dem Alkohol neben dem Acetylen auch Acrolein, d. h. auch einen Aldehyd, zuzusetzen. Der Zusatz von Acrolein soll 1 vH nicht überschreiten (E.P. 120 792).

Bisher hatte man gemischte alkoholische Treibmittel in der Weise hergestellt, daß man Alkohol mit einem Carburierungsmittel bei Gegenwart einer Mineralsäure destillierte. Dem Destillat wurde Petroleumessenz, Benzin und Aceton oder Äther zugesetzt. Die Produkte besaßen etwa folgende Zusammensetzung: 100 Teile Alkohol, 5 Teile Petroleum, 5 Teile Benzin, 1 Teil Aceton oder Äther. Aus Rohpetroleum wurden nach der Destillation aus den Destillaten drei verschiedene Mischungen hergestellt, die neben den Erdöldestillaten Alkohol und auch Äther aufwiesen, und denen nach ihrer Mischung noch Naphthalin und Benzol zugesetzt werden sollte. Bei der Verwendung von Benzol als Homogenisierungsmittel erhält man keine frostsicheren Mischungen, deshalb kann man, wo auf die Frostsicherheit ein besonderer Wert gelegt wird, neben dem Benzol auch noch Äther anwenden. Es wird folgende Mischung vorgeschlagen: 40 Teile Äthylalkohol, 30 Teile Benzol, 30 Teile Gasolin und 5 Teile Äther. Die Mischungsverhältnisse können auch geändert werden, so kann man 40—60 Teile Alkohol nehmen, 25—35 Teile Benzol, 30—50 Teile Gasolin und 5—20 Teile Äther. An Stelle von Äthylalkohol kann man Methyl- oder Butylalkohol verwenden, an Stelle von Benzol Toluol und an Stelle von Äthyläther Butyläther (E.P. 128 915).

In der zuletzt erwähnten Patentschrift sind Mischungen beschrieben, die außer Äthylalkohol und Gasolin als Homogenisierungsmittel Äther, Benzol und Aceton enthalten. Ähnliche Mischungen sind auch in dem E.P. 128 916 beschrieben, mit dem Unterschied, daß hier keine aliphatischen Kohlenwasserstoffe angewendet werden. Es wird folgende Mischung genannt: 86 Teile Äthylalkohol, 10 Teile Äthyläther, 1 Teil Holzspiritus, 3 Teile Benzol oder 40 Teile Äthylalkohol, 30 Teile Benzol und 30 Teile Äthyläther. An Stelle des Äthyläthers soll auch Butyläther verwendet werden. Das wesentliche dieser Mischungen ist, daß sie im wesentlichen nur aus Alkohol, Äther und einem aromatischen Kohlenwasserstoff bestehen (E.P. 128 916).

Zur Herstellung von Brennstoffen für Äroplane hat man schon Mischungen vorgeschlagen, die aus Petroleum, Benzin, Ligroin, Alkohol und Schwefeläther bestanden, ebenso auch solche, die Benzin, Terpentinöl und Alkohol enthielten. Man kann nur vorzugsweise unter Verwendung von Alkohol von mindestens 98° auch zu anderen für die genannten Zwecke geeigneten Mischungen kommen, z. B. 40 Teile Äthylalkohol, 30 Teile Benzol, 30 Teile Gasolin oder Naphtha. Der Gehalt an Alkohol kann 40—60 vH betragen, der an Benzol 25—30 vH und der an Gasolin 30—50 vH. Anstatt Äthylalkohol kann man Methylalkohol verwenden und an Stelle von Benzol Toluol (E.P. 128917).

Als Homogenisierungsmittel für die Herstellung gemischter alkoholischer Treibmittel hat man auch schon freie Fettsäuren und insbesondere ungesättigte Fettsäuren benutzt. In erster Linie sind die Fettsäuren des Leinöls und der Rapsöle vorgeschlagen worden, von denen nur relativ geringe Mengen notwendig sind, um den angestrebten Zweck zu erreichen. Es werden folgende Mischungen vorgeschlagen: 25 Teile Gasolin, 25 Teile Kerosin, 25 Teile Alkohol und 13 Teile Leinölfettsäure, oder 25 Teile Gasolin, 25 Teile Kerosin, 25 Teile Alkohol und 12 Teile Rapsölfettsäure (E.P. 136 452).

Man hat schon früher vorgeschlagen, Nitrobenzol zu Alkoholen, insbesondere zu Amylalkohol, zuzusetzen. Das Nitrobenzol hat sich aber auch als ein sehr geeignetes Homogenisierungsmittel erwiesen, wenn man alkoholischen Treibmitteln große Mengen an Petroleum einverleiben will. Es wurden u. a. folgende Mischungen vorgeschlagen: 25 Teile Alkohol, 25 Teile Gasolin, 25 Teile Kerosin und 9 Teile Mononitrobenzol oder 25 Teile Kerosin, 25 Teile Gasolin, 25 Teile Alkohol, 17 Teile Methylalkohol, 17 Teile Benzol, 17 Teile Nitrobenzol, 17 Teile Kresol und 17 Teile Toluol. An Stelle des Nitrobenzols kann man auch Nitrotoluol anwenden (E.P. 140 796).

In den letzten Patentschriften sind als Homogenisierungsmittel Äther, Aceton, Benzol, ungesättigte Fettsäuren, Nitrobenzol u. a. m. genannt worden. In einer gleichen Richtung wirken auch die Phenole der aromatischen Reihe, insbesondere das Phenol, Kresol u. a. Es sind folgende Mischungen genannt: 25 Teile Alkohol, 25 Teile Gasolin, 25 Teile Kerosin und 8 Teile Kresol oder 25 Teile Alkohol, 25 Teile Kerosin, 25 Teile Gasolin, 4 Teile Aceton und 5 Teile Kresol, oder 25 Teile Kerosin, 25 Teile Gasolin, 25 Teile Alkohol, 4 Teile Kresol und 4 Teile Benzol, oder 25 Teile Alkohol, 25 Teile Kerosin, 25 Teile Gasolin, 15 Teile Toluol, 15 Teile Benzol und 15 Teile Kresol, oder 25 Teile Kerosin,

25 Teile Gasolin, 25 Teile Alkohol, 17 Teile Methylalkohol, 17 Teile Benzol, 17 Teile Nitrobenzol, 17 Teile Oresol und 17 Teile Toluol E.P. 140 797).

Es ist bereits in dem E.P. 2700/1908 ein Treibmittel beschrieben worden, das aus Alkohol besteht, in den Methylamin eingeleitet wird. Ein ähnlicher Vorschlag liegt auch dem E.P. 141 091 zugrunde. Nach den dort gemachten Angaben soll man ein Treibmittel folgender Zusammensetzung herstellen: 48 Teile Äthylalkohol, 50 Teile Äther und 1—2 vH Methylamin. Es sind auch noch folgende Mischungen genannt: 52 Teile Alkohol, 46 Teile Äther, 1 Teil Monomethylamin und 1 Teil Äthyl- oder Methylformiat. An Stelle des Monomethylamins soll man auch das Dioder Trimethylamin verwenden, das in Mengen von 0,5—8 vH zur Anwendung kommen soll (E.P. 141 091).

Man hat schon aus Äthyl- bzw. Methyl- und andere Alkohole und Äther entweder allein oder zusammen mit andern Mitteln, wie Benzin, Schwefelkohlenstoff, Kohlenstoffchloriden, Chlorderivaten des Äthans, Methans u. dgl. Treibmittel hergestellt z. B. aus Petroleumdestillaten, Alkohol und gechlortem Kohlenwasserstoff. Es wird folgende Mischung vorgeschlagen: 25 Teile Alkohol, 25 Teile Kerosin, 25 Teile Gasolin und 9 Teile Chloroform (E.P. 143 017).

Zum Homogenisieren von gemischten Treibmitteln hat man aromatische Kohlenwasserstoffe neben Phenolen und Nitrobenzol benutzt. Es wurden folgende Mischungen in Vorschlag gebracht: 25 Teile Kerosin, 25 Teile Gasolin, 25 Teile Äthylalkohol, 4 Teile Kresol und 4 Teile Benzol; oder 25 Teile Äthylalkohol, 25 Teile Kerosin, 25 Teile Gasolin, 15 Teile Toluol, 15 Teile Benzol und 15 Teile Kresol; oder 25 Teile Kerosin, 25 Teile Gasolin, 25 Teile Äthylalkohol, 17 Teile Kresol und 17 Teile Toluol. Als aromatischer Kohlenwasserstoff kann auch Anthracen verwendet werden und als aliphatischer lediglich Gasolin (E.P. 144 052).

Man hat die Entwässerung des Alkohols mit Hilfe von Calciumcarbid auch schon in der Weise ausgeführt, daß man zunächst den Alkohol mit leichten Kohlenwasserstoffen mischte und dann das Gemisch mit Carbid behandelte. Die entwässerte Treibmittelmischung enthält naturgemäß Acetylen. Sie kann aber für besondere Zwecke auch noch mit Acetylen gesättigt werden. Man soll etwa 50 ccm Alkohol mit 50 ccm Gasolin und 40 ccm Kerosin mischen und dann mit einem Überschuß von Calciumcarbid, d. h. etwa 10 g Carbid, versetzen. Man läßt dann absetzen und filtriert (E.P. 149 398).

Mit Hilfe von Formaldehyd und Polymerisationsprodukten des Aldehyds, wie Trioxymethylen, Paraformaldehyd u. dgl. soll man unter Mitbenutzung von Kohlenwasserstoffen zu Treibmittelmischungen kommen. Zu diesem Zweck werden Kohlenwasserstoffe, die leichte, schwere oder rohe Öle des Schiefers, Teers oder auch anderer Provenienz oder auch Fette sein können, mit Schwefelsäure, Oxalsäure oder Schwefelsäureanhydrid vermischt.. Man läßt absitzen, entsäuert mit Zinkstaub, Kaliumcarbonat, Soda oder anderen Metallen bzw. Alkalien, filtriert durch Kieselgur, Magnesiumcarbonat, Tierkohle und versetzt dann mit der 40proz. Formalinlösung, und zwar 4 Teile auf 320 Teile Öl (E.P. 153 365).

Als Treibmittel für Flugzeuge werden folgende Mischungen vorgeschlagen: 40 Teile Alkohol, 28 Teile Gasolin, 17 Teile Benzol, 10 Teile Äther und 8 Teile Toluol; oder 20 Teile Alkohol, 20 Teile Gasolin, 15 Teile Kerosin, 35 Teile Methyläthylketon und 5 Teile Äther; oder 15 Teile Benzol, 40 Teile Alkohol, 30 Teile Gasolin und 15 Teile Äther. Diese Mischung soll auch bei Temperaturen von — 50° C nicht gefrieren (E.P. 153 925).

Auch das E.P. 154 867 betrifft die Herstellung solcher Mischungen, die infolge ihrer Frostbeständigkeit als Treibmittel für Flugzeuge Verwendung finden sollen. Dieses Verfahren soll eine Verbesserung des vorstehenden E.P. 153 925 sein. In dieser Patentschrift waren frostbeständige Mischungen angegeben, die relativ große Mengen von Homogenisierungsmitteln enthielten. Man kann aber auch mit Benzol allein als Homogenisierungsmittel auskommen, wenn man keinen wasserhaltigen, sondern wasserfreien Alkohol benutzt. Es wird folgende Mischung vorgeschlagen: 12 Teile Benzol, 30 Teile Gasolin und 40 Teile wasserfreier Alkohol (E.P. 154 867).

Vom treibmitteltechnischen Standpunkt aus kann man das Benzol nicht als einen vollgültigen Ersatz für aliphatische Kohlenwasserstoffe betrachten, wegen seines hohen spezifischen Gewichtes und seines hohen Gehaltes an Kohlenstoff, der leicht zu Verschmutzungen des Motors führt. Dagegen zeigen die Hydrierungsprodukte des Benzols, z. B. das Hexahydrobenzol, diese Übelstände nicht. Diese Flüssigkeit wird bei + 4° C fest. Sie bleibt aber bei tiefen Temperaturen noch flüssig, wenn man sie mit Alkohol mischt (E.P. 157 222).

Zum Carburieren des Alkohols hat man ihn häufig mit Benzin vermischt. Man hat zu diesem Zweck auch schon Teeröle, Harzöle, Terpentinöl und Fichtenöl benutzt. Man kann die Carburierung auch mit Harzersatz durchführen, zweckmäßig unter Zusatz von leichtem Acetonöl, dessen Siedepunkt zwischen 70—130° C liegt. Das leichte Acetonöl gewinnt man bei der Rektifikation des Rohacetons. Es enthält hauptsächlich höhere Ketone, insbesondere

Methyläthylketon, und dient als Homogenisierungsmittel. Man kann es deshalb entbehren, wenn man an Stelle von wasserhaltigem wasserfreien Alkohol anwendet. Es wird folgende Mischung vorgeschlagen: 1000 Teile Alkohol, 200—500 Teile Harzersatz (spez. Gew. 0,890) und 125 Teile leichtes Acetonöl (E.P. 168 308).

Die alkoholischen Treibmittelmischungen enthalten für gewöhnlich neben dem Alkohol leichte Petroleumdestillate und aromatische Kohlenwasserstoffe. Man hat auch schon wasserfreien Äthyl- oder Methylalkohol mit Gasolin, Naphtha, Benzol oder Toluol gemischt. Man kann den Alkohol aber auch zur Herstellung von schwerer flüchtigen Treibmittelmischungen für Dieselmotore o. dgl. verwenden. Man mischt 40—50 vH eines Destillates aus rohem Petroleum, das zwischen 50—260° C übergeht. Hierzu fügt man 3—5 vH von wasserfreiem Holzgeist. Die trübe Mischung klärt sich langsam und wird dann filtriert (E.P. 174 360).

Zur Erhöhung der dynamischen Wirkung hat man Treibmittelmischungen neben kohlenstoffreichen Substanzen, wie Campher, Naphthalin, Terpentinöl, auch schon Schwefel zugesetzt. Es wird folgende Mischung empfohlen: 3 kg Kerosin, 6 g Campher, 12 g Naphthalin, 6 g Schwefelblüte. Diese Mischung wird durch Holzkohle filtriert, dann wird zugefügt: 1 kg Benzol, 250 g Naphtha und 80 g Methylalkohol. Je nach Bedarf können noch folgende Zusätze gemacht werden: geringe Mengen von flüssigem Ammoniak, Terpentinöl und Äther (E.P. 174 712).

Es sind Mischungen bekannt, die etwa aus 40 Teilen Alkohol, 30 Teilen Gasolin oder Naphtha, 30 Teilen Benzol und 5 Teilen Äther bestehen. In diesen Mischungen kann man den Äthylalkohol durch Methylalkohol oder Butylalkohol ersetzen und an Stelle von Benzol Toluol, sowie an Stelle von Äthyläther Butyläther anwenden. Man kann zu derartigen Mischungen auch aliphatische oder aromatische Ketone, Aldehyde, Äther oder Ester auch zusammen mit Methylalkohol anwenden. Der Zusatz dieser Verbindungen kann 3—10 vH betragen, vorteilhaft sind 3—5 vH. Man kann die Zusätze in reiner Form oder als Rohprodukte verwenden, d. h. an Stelle von Aceton das Acetonöl (E.P. 176 329).

Die mechanische Hinzufügung von Wasser in die Brennstoffdüse stößt auf Schwierigkeiten. Deshalb hat man versucht, stark wasserhaltige Brennstoffe herzustellen, die sich nicht entmischen. Zu diesem Zwecke soll man Aceton mit Benzin oder Benzol und Wasser mischen mit oder ohne Zusatz von Äthyl- oder Methylalkohol. Bei gleichen Teilen von Benzin oder Benzol und Aceton kann man 8 vH Wasser zusetzen. Vorteilhaft nimmt man als Hauptbestandteil Alkohol mit einer geringen Menge Aceton und noch weniger Benzin oder Benzol. Wasser nimmt man soviel wie Benzol. Man könnte zwar Äthylalkohol allein mit Wasser anwenden, müßte aber dann den Motor anwärmen. Methylalkohol wäre ebenfalls neben Wasser brauchbar, er ist aber zu teuer und hat einen zu geringen Energieinhalt. Das gleiche gilt für Aceton neben Wasser. Die Dampfzufuhr und der Calorieninhalt des wässerigen Alkohols wird durch den Zusatz von Benzin oder Benzol gehoben. Es wird folgende Mischung empfohlen: 60 Teile Äthylalkohol, 20 Teile Aceton, 10 Teile Benzin oder Benzol und 10 Teile Wasser. Der Wassergehalt kann zwischen 8—16 vH schwanken. Ein Zusatz von Äther erhöht die Zündfähigkeit (E.P. 183 577).

Für gewöhnlich hat man sowohl den Amylalkohol als auch aromatische Nitroverbindungen dazu benutzt, um alkoholische Treibmittelmischungen zu homogenisieren. Es ist zwar schon ein Treibmittel bekannt, das aus 70 vH Amylalkohol und 30 vH Nitrobenzol bestand. Man kann die vorgenannten Homogenisierungsmittel auch zusammen anwenden. Es wird folgende Mischung vorgeschlagen: 96 Teile Alkohol, 21 Teile Petroleumnaphtha oder leichte Teeröle, 1 Teil Nitrobenzol und 1 Teil Amylalkohol (E.P. 184 607).

Die hydrierten aromatischen Kohlenwasserstoffe haben erst in den letzten Jahren eine große Bedeutung für die Herstellung von Treibmitteln gewonnen. Sie lassen sich aber mit wässerigem Alkohol nicht ohne weiteres zu Mischungen, speziell solchen, die kältebeständig sind, vereinigen, und denen man zur Erhöhung der Wirkung leichte Petroleumdestillate zugesetzt hat. Dieser Nachteil findet sich auch bei dem Petroleumspiritus, der bekanntlich eine Mischung von Petroleum mit Methylalkohol ist. Man erhält nun frostbeständige Mischungen aus den vorerwähnten Substanzen, wenn man ihnen als Homogenisierungsmittel kleine Mengen von Äther oder hoch siedender Alkohole zusetzt. Es wird folgende Mischung vorgeschlagen: 30 Teile Tetrahydronaphthalin, 35 Teile Leichtbenzin, 30 Teile Methylalkohol und 5 Teile Amylalkohol (E.P. 184 785).

Man hat vielfach Mischungen von Alkohol und Äther als Treibmittel vorgeschlagen. Es ist aber schwer, die Mischungen so herzustellen, daß ihr Energieinhalt genügt, ohne daß sie zur Selbstentzündung neigen. Auch geben sie beim Verbrennen leicht sauer reagierende Verbrennungsprodukte, weshalb man ihnen Ammoniak oder organische Basen wie Trimethylamin zugesetzt hat. Die genannten Mischungen aus Alkohol und Äther sollen dadurch verbessert werden, daß man ihnen ein vegetabilisches Öl, wie Harzöl oder Terpentinöl, zusetzt. Es wird u. a. folgende Mischung vorgeschlagen: 36 Teile Alkohol, 62 Teile Äther, 1 Teil Harzöl und $^1/_4$ vH einer gesättigten Lösung von Ätzalkali in Alkohol (E.P. 187 326).

Anstatt von fertigem Alkohol soll man von zuckerhaltigen Pflanzensäften u. dgl. ausgehen, wie z. B. vom Saft des Zuckerrohrs, der Orangen, des Maniok, der Wassermelone usw. An Stelle der Zuckersäfte soll man auch Alkohol von 20—40° Bé anwenden. Man mischt die Säfte mit folgender Mischung: 500 g Orangenschale, 60 g vegetabilischen oder mineralischen Teer, 40 Teile gepulvertes Naphthalin, 125 Teile Schwefelsäure und 9 l Wasser; dann wird gekocht. Aus diesem Gemisch soll dann durch Gärung Alkohol hergestellt werden. Als Zusatz für den Alkohol wird folgende Mischung vorgeschlagen: 500 Teile Terpentinöl, 1000 Teile Äther, 3000 Teile Naphtha, 500 Teile tierisches, vegetabilisches oder mineralisches Öl, 150 Teile Salzsäure, 50 Teile Teer und 20 Teile Naphthalin (E.P. 187 640).

Zur Herstellung von Treibmitteln soll man Alkohol benutzen, den man aus Torf hergestellt hat. Zu diesem Zweck behandelt man den Torf in bestimmter Weise mit Wasser, wobei anscheinend eine Gärung eintreten soll, dann wird er getrocknet und mit Wasser extrahiert. Der Extrakt wird mit Hefe vergoren. Nachdem der Schaum entfernt ist, wird die Flüssigkeit bei etwas über 100° C und 2 Atm. Druck abdestilliert. Das Destillat hat einen Sdp. von 77° C, das spez. Gew. 0,825 und der Flammpunkt 33° C. Der so gewonnene Alkohol wird zweckmäßig mit Colzaöl oder Rapsöl gemischt, das bei über 300° C unter einem Druck von 8 Atm. gekrackt worden ist. Die Mischung soll aus 75 vH Torfalkohol und 25 vH gekracktem Colzaöl bestehen (E.P. 188 469).

Mischungen von Alkohol mit Äther besitzen günstige dynamische Eigenschaften, indessen zeigen sie den Nachteil, daß sie infolge der Bildung von sauren Verbrennungsgasen korrodierend auf Metallteile einwirken. Aus diesem Grunde hatte man derartigen Mischungen Ammoniak zugesetzt. In gleicher Weise soll ein Zusatz von Castoröl wirken (2—5 vH), das neben der Verhinderung der Korrosion schmierend auf den Motor wirkt und überdies als Homogenisierungsmittel zwischen dem Alkohol und Kohlenwasserstoffen wirken soll (E.P. 189 715).

Bei der Herstellung gemischter Treibmittel aus wasserenthaltendem Alkohol und Kohlenwasserstoffen gelangt man bei der Verwendung von Benzol als Homogenisierungsmittel dann zu klaren Lösungen, wenn man den Gehalt an Petroleum sehr gering wählt. Neben dem Benzol sind zum Homogenisieren noch andere Flüssigkeiten vorgeschlagen worden, wie Schwefeläther, Castoröl,

Phenol, Kresol u. dgl., ebenso auch Amylalkohol. Da der Amylalkohol ein Nebenprodukt der Spiritusherstellung ist, so ist er nicht in beliebigen Mengen verfügbar. Man hat deshalb vorgeschlagen, ihn durch den Butylalkohol zu ersetzen, der bereits als solcher ein gutes Treibmittel ist und der außerdem ein größeres Homogenisierungsvermögen besitzt als Amylalkohol. Auch liegt sein Sdp. bei 116° C, während der Amylalkohol erst bei 131° C siedet. Bei Verwendung von etwa 5 Vol. Butylalkohol lösen sich 100 Vol. Petroleum in allen Mischungsverhältnissen mit einer Mischung, die aus gleichen Teilen Alkohol 95 vH und Benzol besteht (E.P. 191 000).

Beim Zusatz von Naphthalin zu Treibmitteln besteht immerhin die Gefahr, daß sich dieser Körper ausscheidet. Man kann diesen Übelstand vermeiden, wenn man solchen Mischungen neben dem Naphthalin Nitroverbindungen, wie Nitronaphthalin oder auch Naphthylamin zusetzt. Falls die Mischung daneben noch Alkohol enthält, so ist die Mitverwendung von Homogenisierungsmitteln wie Äther oder Kresol geboten. Es wird etwa folgende Mischung vorgeschlagen: 500 Teile Alkohol, 335 Teile Rohnaphthalin, 15 Teile Nitronaphthalin, 100 Teile Reinbenzol, 10 Teile Äther und 40 Teile Kresol (E.P. 205 070).

Die Aufgabe, beständige Mischungen aus Wasser enthaltendem Alkohol und Kohlenwasserstoff herzustellen, hat man auch schon auf physikalischem Wege versucht. Zu diesem Zweck wird Mineralöl mit gewöhnlichem Alkohol gemischt und diese Mischung etwa auf minus 10° C abgekühlt, wobei sich die Flüssigkeit in eine Emulsion, die Alkohol und Öl und darüber in eine wasserfreie Mischung der Bestandteile trennt. Zus Ausführung mischt man 10 Teile Handelsalkohol (95proz.) mit 90 Teilen Petroleum bei 20° C. Es scheidet sich unten eine undurchsichtige Schicht ab, die Wasser, Petroleum und Alkohol enthält und etwa 5—6 vH des Gesamtvolumens ausmacht. Die obere Schicht besteht aus 95 vH Petroleum und 5 vH Alkohol neben sehr wenig Wasser. Sie wird auf minus 10° abgekühlt. Hierbei bildet sich eine dünne, schwere Schicht, etwa 6—7 vH des Gesamtvolumens, die aus 75 vH Alkohol, 25 vH Petroleum und sehr wenig Wasser besteht. Die Oberschicht beträgt 93—99 vH des Gesamtvolumens und besteht aus etwa 6 vH Alkohol, 94 vH Petroleum und nicht mehr meßbaren Mengen Wasser (E.P. 205 367).

Die Verwendung des Kerosins als Carburierungsmittel ist auch beim Zusatz von geringen Mengen Petroleum nicht unbedenklich gewesen, weil es leicht zum Klopfen neigt. Auch bei der Verwendung von Petroleum und zu tiefen Temperaturen des Kühlwassers zeigen sich ähnliche Erscheinungen. Vom technischen Standpunkt aus wäre es sehr wünschenswert, wenn man schwere Petroleumdestillate mit einem Gehalt von Kerosin vermischen könnte. Die Benutzung derartiger Produkte zu Treibzwecken ist auch möglich, wenn man sie mit Alkohol und Acetaldehyd mischt, auch beim Zusatz von Kerosin ist ein Klopfen nicht zu befürchten. Der Acetaldehyd siedet bereits bei 20° C. Man kann ihn aber stabilisieren, wenn man ihn vorher unter ganz bestimmten Bedingungen mit Alkohol mischt. Aus einer Mischung von 1 Teil Aldehyd mit 2 Teilen Alkohol destilliert die Hauptmenge etwa bei 77° C. Die im Aldehyd enthaltenen Säuren werden mit kohlensaurem Kalk neutralisiert. Man kann an Stelle der Mischung auch den bei der Herstellung von Acetaldehyd entstehenden Rohaldehyd verwenden. Es wird u. a. folgende Mischung vorgeschlagen: 20 Teile Kerosin, 60 Teile Schwerpetroleum, 20 Teile einer Alkohol-Aldehydmischung (2 : 1) (E.P. 216 169).

Treibmittelgemische bestehen für gewöhnlich aus Substanzen, deren Siedepunkt erheblich auseinander liegt. Es hat sich nun für die Siedepunkte derartiger Mischungen folgende Gesetzmäßigkeiten ergeben. Wenn man eine Mischung von Flüssigkeiten, deren Siedepunkte nahe beieinander liegen, schnell zum Kochen bringt, so wird die Flüssigkeit mit dem niedrigen Siedepunkt höher, diejenige mit dem höheren Siedepunkt bei einer niedrigeren Temperatur destillieren. Bei Flüssigkeiten mit weit auseinander liegenden Siedepunkten tritt diese Erscheinung nicht ein. Handelt es sich nun um ein Gemisch, dessen einzelne Bestandteile abgestufte Siedepunkte aufweisen, so werden sich die extremsten Siedepunkte einander nähern, und zwar um so mehr, je schneller die Erwärmung erfolgt. Diese Annäherung auseinander liegender Siedepunkte tritt nun progressiv zwischen den Einzelbestandteilen der gesamten Mischung auf, so daß beim Verwenden niedrig siedender Bestandteile der Siedepunkt der Gesamtmischung im Durchschnitt erniedrigt erscheint. Man stellt z. B. folgende Mischung her: 20 Teile Äther, 25 Teile Alkohol, 14 Teile Heptan, 8 Teile Toluol, 4 Teile Fuselöl, 2,5 Teile Methylcyclohexanol und 2,5 Teile Dekahydronaphthalin. Diese Mischung fängt nicht bei 35° C, d. h. dem Siedepunkt des Äthers, zu sieden an, sondern der Beginn des Siedens tritt bei 50° C ein und setzt sich fort zwischen 74° C und 136° C, trotz der Anwesenheit von Heptan, Toluol und Fuselöl, die innerhalb dieser Grenzen überdestillieren (E.P. 217 873).

Mit Hilfe von Aceton soll man zu einem stoßfrei arbeitenden, äußerst wirksamen Treibmittel gelangen, wenn man es mit Kohlenwasserstoffen und eventuell auch mit anderen Zusatzmitteln mischt. Als Kohlenwasserstoffe kann man Benzol, Gasolin, Kerosin, Paraffinöle, Naphtha o. dgl. wählen. Bei der Verwendung von Benzol setzt man 25—50 vH Aceton hinzu, dagegen verlangen Gasolin, Kerosin, Paraffinöle gleiche Mengen Kohlenwasserstoff und Aceton, während man 2 Vol. Naphtha mit 1 Vol. Aceton mischen soll (E.P. 230 354).

b) Zusätze, welche die Zündfähigkeit erhöhen.

Beim Betrieb von Motoren mit Alkohol muß man entweder anwärmen oder Zusätze von Kohlenwasserstoffen wie Petroleum, Benzol o. dgl. anwenden. Die Zündungsschwierigkeiten sollen aber behoben werden, wenn man dem Alkohol Schwefelsäure und eine Lösung von gelbem Phosphor zusetzt. Es wird folgende Mischung empfohlen: 300 g Alkohol, 1000 g Handelsschwefelsäure und 100 ccm Chloroform, oder Äther, in dem 1 g gelber Phosphor gelöst ist. Diese Mischung wird aus einem Kessel bei 120—130° C destilliert. Das so erhaltene Destillat soll aus 10—5 vH Triäthylphosphin, 40—50 vH Äther, 30—10 vH Wasser und 20—35 vH Alkohol bestehen. Dieses Treibmittel soll wegen seines Wassergehaltes Metallteile angreifen. Um dies zu verhindern, soll man ihm 1 vH Castoröl zusetzen, in dem geringe Mengen von gelbem Phosphor gelöst sind (E.P. 23 806/1908).

Wenn man Alkohol als Treibmittel verwendet und dafür Sorge trägt, daß mit einem Überschuß von Luft gearbeitet wird, um sicher zu sein, daß das gesamte Treibmittel restlos verbrennt, treten oft Fehlzündungen ein. Man vermeidet diesen Übelstand dadurch, daß man dem Treibmittel Wasserstoff zusetzt (E.P. 4570/1913).

Wenn man Treibmittel, wie z. B. auch Alkohol, mit Wasserstoff sättigen will, so gelangt man nicht zu dem gewünschten Ergebnis, wenn man den Wasserstoff lediglich durchleitet. Man soll vielmehr den Alkohol möglichst fein zerstäuben und in dieser Form in Wasserstoffgas einblasen. Die so gewonnene Mischung soll den Wasserstoff beim Transport nicht entweichen lassen. Die Absorption des Wasserstoffs in dem Treibmittel soll durch Gegenwart eines katalytisch wirkenden Metalls, wie Aluminium- oder Nickelpulver oder einer Mischung von beiden, stark gefördert werden. Die Sättigung von Alkohol mit Gasen, z. B. auch Wasserstoff, ist auch schon in dem E.P. 7793/1904 beschrieben (E.P. 11 756/1913).

Im vorstehenden ist bereits auf ein Verfahren hingewiesen worden, das zu seiner Ausführung gelben Phosphor verwendet. Auch das E.P 27 733/1913 benutzt den gleichen Körper. Der

Phosphor wird zu diesem Zweck in Schwefelkohlenstoff aufgelöst. Man stellt zwei Lösungen her: 1. 100 Teile Petroleum, Benzin o. ä. und 50 Teile Äther; 2. 8 g weißer Phosphor gelöst in 100 g Schwefelkohlenstoff. Man mischt 150 g Lösung 1 und 10 g Lösung 2 mit 840 g Alkohol. Geringe Mengen von Pfefferminzöl sollen die Ausscheidung des Phosphors verhindern (E.P. 27 733/1913).

Zu den zahlreichen, aus Alkohol und Äther bestehenden Mischungen gehört auch die des E.P. 21 316/1914. Nach den dort gemachten Angaben soll man folgende Mischung herstellen: 86 Teile Alkohol, 10 Teile Äther, 1 Teil Holzgeist und 3 Teile Benzol. Die beiden zuletzt genannten Zusätze sollen nur denaturierend wirken (E.P. 21 316/1914).

Bei den meisten Vorschriften, die sich eines Zusatzes von Äther zu Alkohol bedienen, ist man bei relativ kleinen Mengen (etwa (5—10 vH) stehen geblieben. In dem E.P. 24 262/1914 ist man mit dem Ätherzusatz so hoch gegangen, daß eine zu große Flüchtigkeit und zu hohe Gestehungstosten der Mischung zu erwarten waren. Es wird empfohlen, 40—60 Teile Alkohol mit 60—40 Teilen Äther zu mischen. Die Korrosion der Metallteile soll durch einen geringen Zusatz von Ammoniak behoben werden und die Genußfähigkeit durch einen Zusatz von 0,2 vH arseniger Säure (E.P. 24 262/1914).

In dem bereits besprochenen E.P. 7793/1904 ist der Vorschlag gemacht worden, Alkohol mit Gasen, wie Acetylen, Kohlengas, Wassergas u. dgl. zu sättigen. Auch das E.P. 112 741 enthält ähnliche Vorschläge. Man soll Alkohol oder Gemische verschiedener Alkohole in Dampfform mit Acetylen mischen (E.P. 112 741). Die Mischung von fein zerstäubtem Alkohol mit Wasserstoff ist bereits in dem E.P. 11 756/1913 beschrieben.

Anstatt den Alkohol mit dem Äther zu mischen, kann man ihn auch zum Teil veräthern, wobei ein stark alkoholhaltiger Rohäther entsteht. Man soll folgendermaßen verfahren: Man leitet Alkohol durch eine auf 100—150° C erhitzte Mischung von 9 Teilen Schwefelsäure und 5 Teilen Alkohol. Das dabei entstehende Destillat wird nach bekannten Verfahren gereinigt. Man setzt ihm 10—14 vH ätherfreien Alkohol und 5—50 vH Kohlenwasserstoffe, wie Benzin, Petroleum, Gasolin u. dgl. zu (E.P. 133 434).

Für die Verwendbarkeit einer Mischung ist nicht nur der Charakter der Einzelbestandteile von Bedeutung, sondern auch die Mengenverhältnisse der Einzelbestandteile. So genügt z. B. folgende Mischung den gewöhnlichen Anforderungen: 50—55 Teile Kerosin, 25 Teile Alkohol, 5 Teile Fuselöl, 10 Teile Äther und 8 Teile Toluol. Wenn aber besonders hohe Anforderungen an die

Frostbeständigkeit dieser Mischung gestellt werden, wie z. B. in Flugzeugmotoren, so soll man in dem Gehalt an Kerosin heruntergehen und insbesondere die Menge der Homogenisierungsmittel, wie Äther und Toluol, erhöhen. Es wird dann folgende Mischung empfohlen: 40 Teile Kerosin, 31 Teile Alkohol, 4 Teile Fuselöl, 15 Teile Äther und 10 Teile Toluol. Für die Beständigkeit der Mischung ist es auch von Wert, wenn man möglichst starken Alkohol anwendet. An Stelle des Fuselöls soll man auch Butyl- und Propylalkohol verwenden können. An Stelle von Kerosin Teeröle und an Stelle von Toluol auch Rohbenzol (E.P. 135 514).

Um Mischungen, die wasserhaltigen Alkohol, Fuselöl und Kohlenwasserstoffe enthalten, wasserfrei zu machen, soll man sie mehrfach destillieren. Man erhält dann u. a. eine Fraktion, die so gut wie wasserfrei ist und nur aus Alkohol und Kohlenwasserstoffen besteht. Der Zusatz des Fuselöls für diese Destillation braucht 0,25—1 vH nicht zu übersteigen. Zu der wasserfreien Mischung aus Alkohol und Petroleum soll man 5 vH Äther und 5 vH Toluol hinzusetzen, die den leicht flüchtigen Äther stabilisieren sollen (E.P. 159 880).

Um Alkohol als Treibmittel verwendbar zu machen, soll man ihm einen Zusatz von etwa 1 vH Äther hinzufügen (E.P. 18 706, 1907). Ein ähnliches Verfahren ist in dem D.R.P. 174 333 beschrieben (vgl. A, III a).

Es sind bereits in den E.P. 7793/1904 und 112 741 Verfahren beschrieben, um Alkohol mit Acetylen zu sättigen. Bei diesen beiden Verfahren geht man von bereits hergestelltem Acetylen aus. Nach den Angaben des E.P 178 498 soll man zu äußerst hoch gesättigten Mischungen kommen, wenn man dem Alkohol etwa 10 vH Aceton zusetzt, diese Mischung in einen Druckkessel bringt und hierauf Calciumcarbid einwirken läßt, aus dem durch den Wassergehalt des Alkohols Acetylen freigemacht wird. Der suspendierte Kalk wird durch Entflockungsmittel, wie gepulverte Kohle, Mangansuperoxyd o. dgl. gefällt (E.P. 178 498).

Mischungen von Alkohol mit großen Mengen Äther sind bereits in dem E.P. 24 262/1914 beschrieben. Diesen Mischungen kommen gewisse Vorzüge zu. Es ist aber, insbesondere in warmen Gegenden, wo bereits das Kühlwasser eine über dem Siedepunkt des Äthers liegende Temperatur aufweist, sehr schwer, den Äther bei seiner Herstellung ohne Anwendung kostspieliger Kälteanlagen zu verflüssigen. Diesem Übelstande hilft das Verfahren des E.P. 187 051 ab, nach dessen Vorschlägen man den Ätherdampf zunächst durch Skrubber, die mit Alkalien beschickt sind, entsäuert und dann in Alkohol auffängt (E.P. 187 051).

Das Verfahren des E.P. 178 498, nach welchem man ein Gemisch von wasserhaltigem Alkohol und Äther in einem Druckkessel zwecks Sättigung mit Acetylen mit Calciumcarbid behandelt, soll man auch auf höhere Alkohole, wie den Amyl-, Butyl und Propylalkohol übertragen. Da ein Wassergehalt für die Carbidbehandlung unumgänglich notwendig ist und die höheren Alkohole sich bekanntlich nicht mit Wasser mischen, muß man das Wasser zunächst dem Aceton zusetzen. Nach der Carbidbehandlung soll man alle Kalkreste sorgfältig entfernen. Man erreicht das durch Zusatz von Ammoniumcarbonat, als Salz oder in Form seiner beiden Komponenten. Da die Mischung nach der Carbidbehandlung wasserfrei geworden ist, soll man ihr vor Anwendung etwa 10 vH Wasser zusetzen, das dem Brennstoff günstige dynamische Eigenschaften verleiht und gegen Verrußen sowie Klopfen schützt (E.P. 187 335).

Als basisches Zusatzmittel zu alkoholischen Treibmitteln hat man außer Ammoniak, organischen Aminen u. ä. auch schon ein Alkaloid, nämlich das Nicotin, vorgeschlagen. Es wird folgende Zusammensetzung empfohlen: 100 Teile Methyl- oder Äthylalkohol, 80 Teile Äther, 60 Teile Benzol und ein geringer Zusatz von Nicotin. Die Mischung wird über Kalk destilliert, um den Wassergehalt auf etwa $^1/_2$ vH herunterzubringen. Infolge der Anwesenheit des Nicotins sollen Metallteile nicht angegriffen werden (E.P. 207 883).

In den E.P. 7793/1904, 112 741 und 178 498 sind bereits Verfahren beschrieben, um Äthylalkohol mit Calciumcarbid zu behandeln. Etwas Ähnliches ist für höhere Alkohole in dem E.P. 187 335 beschrieben. Auch das E.P. 213 526 betrifft im wesentlichen den gleichen Vorschlag, nur mit dem Unterschied, daß der Alkohol in angewärmtem Zustande, unter Benutzung einer bestimmten Apparatur über das Carbid rieselt, filtriert und dann destilliert wird, wobei ihm vor der Destillation zur Erhöhung des Acetylengehaltes Aceton zugesetzt wird. Das Treibmittel soll folgende Zusammensetzung haben: 95 Teile entwässerter Alkohol, 2,5 Teile Aceton, 6—10 Vol. Acetylen, 4 Teile Äther, 0,5 Teile Ammoniak. Die Reinigung des Alkohols kann auch mit Kalk, Soda oder Bleisalzen erfolgen (E.P. 213 526).

Man hat neben Mitteln, welche die Zündfähigkeit erhöhen sollen, auch schon solche angewendet, welche carburierend wirken sollten, d. h. neben Äther Naphthalin, Es wird folgende Mischung vorgeschlagen: 81 Teile Alkohol, 10 Teile Benzol, 5 Teile Äther und 3,5 Teile Naphthalin (E.P. 223 140).

Bei der Verwendung solcher Gemische, die 40—60 Teile Alkohol und 60—40 Teile Äther enthalten, hat sich ein Zusatz von

Petroleum als zweckmäßig herausgestellt. Man nimmt soviel Petroleum, wie zusammen von Alkohol plus Äther. Während die Destillation eines Gemisches von Alkohol mit Äther etwa zwischen Temperaturen von 60—90° C verläuft, wird die Destillationstemperatur durch den Zusatz von Petroleum gesteigert. Aus einem Diagramm ergibt sich, daß bis 80° C aus einem Gemisch von gleichen Teilen Alkohol und Äther etwa 60 vH übergehen, von Petroleum 8 vH. Von einem Gemisch aus 50 vH der zuerst genannten Mischung und 50 vH Petoleum gehen bis 80° C 75 vH über und aus einem Gemisch von 66 vH der zuerst genannten Mischung und 33 vH Petroleum 85 vH (E.P. 225 685).

c) Zusatz von Explosionsstoffen.

Beim Zusatz von Ammoniumnitrat zu Alkohol soll man derart verfahren, daß man eine 200proz. warme Lösung des Salzes in den Alkohol einfließen läßt. Man kann auf diese Weise höchstens 2 vH im Alkohol lösen. Wenn man dem Alkohol 30 vH Wasser zusetzt, so kann man 7 vH Ammoniumnitrat auflösen. Die Zylinder rosten aber stark mit diesem Treibmittel. Bei Verwendung von nicht rostendem Material soll dieses Treibmittel sehr empfehlenswert sein. Alle Ammoniumnitrat enthaltenden Treibmittel greifen vornehmlich Kupfer und Messing an, dagegen nicht Zinn. Galvanisierte Metalle und Aluminium werden scheinbar nicht angegriffen. Man kann die Metallteile durch einen Überzug von Vaseline oder Wollfett schützen. An Stelle des Ammoniumnitrates soll man Hydroxylaminnitrat oder Hydroxylaminnitrit oder Hydrazinmononitrat oder Stickoxyde verwenden. Dem Alkohol kann man Äther, Aceton, Benzol oder Wasser zusetzen. Der bereits erwähnte Zusatz von Hydroxylaminmononitrat soll die Reaktionsprodukte der Verbrennung neutralisieren (E.P. 167 831).

Bessere Wirkungen als der Zusatz von Acetylen zum Alkohol sollen Explosionsstoffe haben, wie z. B. Äthyl- oder Methylnitrat, von denen man nicht mehr als 1 vH zu dem benutzten Alkohol zusetzt (E.P. 178 373).

d) Zusätze anderer Natur.

In dem E.P. 167 831 sind bereits Treibmittel erwähnt, die 30 vH Wasser enthalten. Ein ähnliches Treibmittel ist auch in dem E.P. 205 582 beschrieben. Man soll 46 vH Alkohol, 50 vH Wasser und 4 vH eines Kohlenwasserstoffes verwenden. Als Denaturierungsmittel ist Pyridin genannt. Zur Herstellung der Mischung soll man 92 Teile Alkohol, 5 Teile Benzol und 3 Teile Pyridin nehmen. Hinzu setzt man eine gleiche Menge Wasser und rührt solange, bis eine gleichmäßige Emulsion entstanden ist. Durch weiteren Zusatz von 0,67 g Bariumsuperoxyd und 0,2 g Salzsäure soll Sauerstoff in dem Gemisch entwickelt werden. Auch der Zusatz von 67 g Pikrinsäure zum Liter ist vorgesehen (E.P. 205 582).

Um die Eigenschaften des Alkohols bei seiner Verwendung als Treibmittel zu verbessern, soll man ihm Eisentetracarbonyl in einer Menge von $^1/_{10}$—1 vH zusetzen. Vor allem soll dieser Zusatz die Kraftleistung erhöhen und das Klopfen aufheben (E.P. 226 731).

IV. Schwelbenzine, hydrierte Treibmittel, Krackbenzine, synthetisch hergestellte Treibmittel, wasserhaltige Treibmittel und Verschiedenes.

a) Krackbenzine.

Das nachstehend beschriebene Verfahren soll eine Verbesserung des E.P. 2449/1913 betreffen. Die Spaltung des Kohlenwasserstoffes soll bei Temperaturen über 600° C vorgenommen werden. Die Gase und Dämpfe, die bei 200° C noch flüchtig sind, werden durch fraktionierte Kondensation abgeschieden und unter Druck verdichtet. Das so gewonnene Kondensat ist gelblich gefärbt und hat einen unangenehmen Geruch. Um das Gas ohne große Verluste zu reinigen, läßt man es durch einen Skrubber gehen, der mit entwässerter Kalkerde, Bauxit oder Kieselgur beschickt ist (E.P. 7282/1914).

Wenn man die Gase oder Dämpfe, die beim Spalten von Kohlenwasserstoffen, während sie noch heiß und dampfförmig sind, schnell zusammenpreßt, so entstehen unter Abkühlung der Masse neue leicht flüchtige Kohlenwasserstoffe. Man erhitzt in einem Stufenkompressor und bei Temperaturen von etwa 200° C. Der Temperaturabfall zwischen der Einleitungstemperatur der Dämpfe und der Temperatur, die sie beim Verlassen des Druckapparates aufweisen, ist um so größer, je höher die Temperatur der eintretenden Dämpfe an sich ist. Die Gase besitzen nach der Kompression mehr ungesättigte Bestandteile als vor der Kompression (E.P. 6069/1915).

Als Treibmittel soll man auch eine Mischung von ungekrackten gesättigten Kohlenwasserstoffen mit gekrackten, teilweise ungesättigten Kohlenwasserstoffen anwenden. Durch diese Mischung soll es möglich werden, Krackbenzine, die an sich Schwierigkeiten bei der Verwendung als Treibmittel bieten, für diese Zwecke nutzbar zu machen (E.P. 106 876).

Man hat schon vorgeschlagen, bei der Tieftemperaturverschwelung von Kohle und Schiefer das Schwelmaterial mit fein gemahlenem Kalkstein, oder einer anderen in der Hitze Kohlensäure entwickelnden Substanz zu versetzen. Auch hat man schon Kohlenstoffträger mit fein verteiltem Eisen und Dampf behandelt. Nach dem neuen Verfahren soll man Kohle oder Schiefer mit fein gemahlenem Kalkstein, Dolomit, Magnesiumcarbonat, Bariumcarbonat, die in der Hitze Kohlensäure abspalten, und mit Eisenspänen, die Wasserstoff liefern, mischen. Beim Verschwelen dient die Kohlensäure als Träger für die Öle, während das Eisen zur Erhöhung der sich bildenden Kohlenwasserstoffe beiträgt. Es findet eine doppelte Destillation unter Innehaltung bestimmter Arbeitsbedingungen statt, wobei leichtflüchtige Kohlenwasserstoffe als Endprodukte gewonnen werden (E.P. 115 573).

Man gewinnt Treibmittel durch Destillation von Petroleum, indem man es durch lange Heizröhren, die mit überhitztem Dampf erhitzt werden, hindurchpreßt, so daß das Öl allmählich von einer niedrigen Temperatur auf 200° C und höher erhitzt wird, indem man überhitzten Wasserdampf in das hoch erhitzte Öl oder den Öldampf einbläst und das Dampf-Ölgemisch in einen geschlossenen Separator unter Innehaltung von hohem Druck und hoher Temperatur einbläst und die flüchtigen Bestandteile daraus abtrennt (E.P. 117 372).

Niedrig siedende Kohlenwasserstoffe aus höher siedenden soll man dadurch erhalten, daß man Öle oder Gase unter Druck in einer Verbrennungskammer mit einer ausreichenden Menge von Luft verbrennt. Die sich hierbei bildenden Verbrennungsgase werden aus der Verbrennungskammer direkt in eine enge mit der Kammer in Verbindung stehende Röhre gebracht. In einem rechten Winkel zu der Strömungsrichtung der Dämpfe werden die zu behandelnden Öle in die Röhre eingeleitet, so daß die Fortbewegung des Öles ohne irgendwelche Hilfsmittel von den Verbrennungsgasen ausgeführt wird (E.P. 132 337).

Man kann auch aus den Ölen des Petroleumpeches zu einem Brennstoff gelangen. Das Verfahren wird durch einen unter leichten Bedingungen sich vollziehenden Krackprozeß durchgeführt. Das Rückstandöl wird 1 Stunde bis auf 400° C, bei einem Druck von 200 Pfund auf den Quadratzoll erhitzt. Das aus dem Rückstand gewonnene Öl ist leicht flüssig (E.P. 156 284).

Wenn man das Ölgas, das vorher durch die Kondensatoren und Reiniger gegangen ist, mit einem Druck von 150 Pfund auf den Quadratzoll komprimiert, so scheidet sich ein flüssiger Bestandteil aus. Dieses Kondensat wird mit wasserfreiem Aluminiumchlorid unter Rückfluß gekocht und darauf fraktioniert destilliert, wobei man ein Destillat erhält, das zwischen 70—140° C siedet. Man kann diese Behandlung im Bedarfsfalle wiederholen. Das Destillat wird mit Sodalösung und Wasser gewaschen (E.P. 171 566).

b) Synthetisch hergestellte Treibmittel.

Man soll ein oder mehrere Gase der Methan-, Äthylen- oder Acetylenreihe zusammen mit Wasserstoff oder auch mit den gasförmigen Produkten erhitzen, die man bei der Krackdestillation von Torf, Kohle u. ä. erhält, oder mit Gemischen von Kohlenmonooxyd, Kohlendioxyd und Wasserstoff, wobei man benzinähnliche Flüssigkeiten erhält. Das Erhitzen kann in Röhren oder Retorten oder vorzugsweise im elektrischen Flammenbogen vorgenommen werden. Zur praktischen Ausführung wird 1 Teil Wasserstoff und 13—15 Teile Acetylen in einem gleichmäßigen Strom unter Druck durch einen elektrischen Flammenbogen geleitet. Die Gase werden auf etwa 2000° C, d. h. auf Reaktionstemperatur erhitzt und bilden schwere Kohlenwasserstoffe, die durch Kondensation gewonnen werden. Sie haben einen Siedepunkt von 85,5° C und ein spez. Gew. von 0,723 (E.P. 17 919, 1913).

Das Verfahren besteht darin, daß man Kerosin vom Siedepunkt 220° C unter einem Druck von 1000—3000 Pfund auf den Quadratzoll in sehr engem Raume der Einwirkung von einem Wasserstoff enthaltenden Gas oder einem gasförmigen Kohlenwasserstoff bei einer Temperatur von 100—210° C aussetzt. Es tritt hierbei eine Aufnahme von Wasserstoff ein, wodurch das Öl einen viel niedrigeren Siedepunkt erhält. Der dazu verwendete Apparat hat die Form einer Homogenisierungseinrichtung mit Prellplatten aus Nickel, zwischen denen die Flüssigkeit und das Gas zirkulieren. Das Gas kann Wasserstoff sein oder Kohlengas, das Wasserstoff und flüchtige Kohlenwasserstoffe enthält. Es tritt hierbei eine Vergrößerung des Volumens der Flüssigkeit ein (E.P. 103 720).

Auch das Verfahren des E.P. 174 106 bedient sich wie das vorbeschriebene des Wasserstoffs mit der Absicht, ungesättigte Kohlenwasserstoffe, wie sie sowohl in Naturprodukten vorkommen, als auch bei den bekannten Krackverfahren sich bilden, in gesättigte überzuführen. Die Überführung von Acetylen mit Hilfe von Wasserstoff ist in dem vorerwähnten E.P. 17 919/1913 beschrieben, wobei Druck und ein Katalysator mitverwendet werden soll. Man hat auch schon höher siedende ungesättigte oder gesättigte Kohlenwasserstoffe bei Gegenwart eiens Katalysators und von Wasserstoff unter Druck gekrackt. Bei dem vorliegenden Verfahren werden die verdampften Kohlenwasserstoffe zusammen mit Wasserstoff auch unter Druck gehalten, während sie von der Dampfphase in die Flüssigkeitsphase übergehen (E.P. 174 106).

Das Cyclohexan hat als Treibmittel beachtenswerte Eigenschaften, ihm gleich sollen das Cyclopentan und Cycloheptan sein (E.P. 133 288).

Es sollen Dämpfe von schweren Kohlenwasserstoffen oder Rohölen zusammen mit Wasserdampf über Eisenoxydul in Röhren geleitet werden, deren Temperatur nicht unter 550° C liegt. Hierbei muß die Reaktion so geleitet werden, daß das Eisen stets im Oyxdulzustand bleibt. Bei dieser Reaktion entstehen Polymethylene oder gesättigte cyclische Kohlenwasserstoffe von höherem Siedepunkt und Molekulargewicht als das Cyclohexan. Als Ausgangsmaterialien sind genannt: California-Rohöl, Mid-continental-Gasöl oder Paraffinöle (E.P. 187 944).

In dem E.P. 171 560 ist ein Verfahren beschrieben, welches darin besteht, daß man aus dem Ölgas durch Kompression sehr leicht flüchtige Öle abscheidet, die mit Hilfe von wasserfreiem Aluminiumchlorid in höher siedende Produkte umgewandelt werden. Auch nach den Angaben des E.P. 193 955 geht man von der Flüssigkeit aus, die durch Kompression des Ölgases gewonnen wird. Dieses Kondensat wird mit wasserfreiem Aluminiumchlorid mit oder ohne Zusatz von Chlor am Rückfluß behandelt. Aus dem Destillat werden die Fraktionen unter 140° C abdestilliert; diese werden mit Soda und nachher noch mit Wasser gegewaschen (E.P. 193 955).

Man soll Destillate des Petroleums, wie Kerosin oder höher siedende, einer katalytischen Teiloxydation unterwerfen, indem man sie verdampft, mit einer bestimmten Menge Luft mischt und dann durch einen Katalysator streichen läßt, der komplexe Oxyde von Molybdän, Vanadium und Uran enthält. Mit Vorteil verwendet man hierbei mehrere Lagen und setzt die Luft sukzessive zu. Die Derivate der partiellen Oxydation sind Alkohol, Aldehyde und Aldehydsäuren. Man kann die gebildeten organischen Säuren durch basische Oxyde in leichte Produkte umwandeln. Man erreicht diese Umwandlung, indem man zu diesen die Säuren enthaltenden Destillaten 5 vH trockenes Natriumhydroxyd zusetzt, unter Anwendung eines Kondensators 3 Stunden erhitzt und dann langsam destilliert (E.P. 209 128).

Bei der Tieftemperaturdestillation bilden sich Gase, die aus Leichtölen und Kohlenwasserstoffen von sehr niedrigem Siedepunkt bestehen. Um diese voneinander zu trennen, werden sie komprimiert, worauf sie durch Expansion in Gegenstromapparaten eine vollkommene oder teilweise Verflüssigung erleiden. Bei der Tieftemperaturverschwelung von Kohle u. dgl. bei Temperaturen bis zu 500° C enthält das Leichtöl u. a. aliphatische Kohlenwasserstoffe und Aceton. Es ist in einer Menge von 140 g im Kubikmeter Destillationsgas enthalten. Mischt man zu diesen Produkten die Destillationsgase, die man bei der Tieftemperaturverkokung von pit? Kohle erhält und die größere Mengen von Methanhomologen und Olefine enthalten, so gelangt man bei Innehaltung der angegebenen Arbeitsbedingungen durch Kondensation zu einem technisch wertvollen Produkt (F.P. 216140).

Um aus Ölen, die durch Destillation von Rohpetroleum, Asphalten, Bitumen, Harzen, bituminösen Schiefern u. dgl. hergestellt worden sind, zu leicht flüchtigen Produkten zu gelangen, soll man auf 0° C oder darunter abkühlen und unter Druck ein Feuerungsgas einleiten, so daß eine Sättigung des Schweröles erfolgt. Dann wird die Temperatur langsam erniedrigt und der Druck erhöht, um das sogenannte Pintsch-Gas einzupressen, an dessen Stelle auch Acetylen verwendet werden kann. Erhöht man dann langsam die Temperatur unter Verminderung des Druckes, so erhält man eine Flüssigkeit, die in ihren wesentlichen Eigenschaften dem Gasolin ähnelt. Man kann zur Behandlung auch andere Gase anwenden (E.P. 119 066).

c) Wasserhaltige Treibmittel.

Zur Herstellung wasserhaltiger Treibmittelemulsionen sind in dem E.P. 14 520/1913 folgende Angaben gemacht. 500 Teile rohe Naphtha, 50 Teile Wasser, 10 Teile weiche Seife und 100 Teile Petroleum, oder 100 Teile Gasteer, 100 Teile Benzol, 10 Teile Seife und Wasser, 10 Teile Alkohol und 10 Teile Petroleum, oder 500 Teile Rohnaphtha, 200—300 Teile Rohpetroleum, 50 bis 100 Teile Wasser und 5—10 Teile Seife (E.P. 14 520/1913). Ähnliche Treibmittel sind bereits in den D.R.P. 298 309 und 306 283 (vgl. A IV) besprochen.

Um Brennstoffe herzustellen, die festen Kohlenstoff enthalten, stellt man zunächst kolloidalen Kohlenstoff unter Anwendung der bekannten mechanischen Einrichtungen her. Man kann diese Überführung durch Peptisierungsmittel, wie Seife, Milch, Gelatine, Albumin, beschleunigen, die beim Ersatz von Wasser durch Kohlenwasserstoffe auch durch Seife, Kautschuk o. ä. ersetzt werden können. Die kolloidalen Lösungen von Kohlenstoff in Kohlenwasserstoffen können als Treibmittel verwendet werden (E.P. 17 729/1913).

Wasserhaltige Treibmittel kann man auch herstellen, wenn man Aceton und Benzin oder Benzol und Wasser mit oder ohne Zusatz von Methyl- oder Äthylalkohol miteinander mischt. Man verwendet etwa ebensoviel Aceton als Benzin oder aber mehr und wenigstens 8 vH Wasser. Es ist u. a. folgende Mischung angegeben: 60 vH Äthylalkohol, 20 vH Benzol, 10 vH Benzin oder Benzol und 10 vH Wasser. Man kann den Gehalt an Wasser auf 16 vH erhöhen. Zur Erhöhung der Dampftension wird ein Zusatz von Aceton vorgeschlagen (E.P. 183 577).

Zu den wasserhaltigen Treibmittelemulsionen (vgl. E.P. 14 520, 1913) gehören auch die Treibmittel nach E.P. 185 796. Nach den dort gemachten Angaben soll man folgende Mischungen herstellen: 62 Vol. Benzol, 20 Vol. Gasöl, 10,0 Vol. Naphthensäure, 1,1 Vol. Ammoniak (25proz.), 4,3 Vol. Wasser und 2,6 Vol. Kresolöl oder 60 Vol. Benzin, 17,2 Vol. Kerosin, 15,4 Vol. Naphthensäure, 1,7 Vol. Kaliumhydroxyd (50proz.), 4,17 Vol. Wasser und 1,5 Vol. Kresolöl. Man kann auch 3 vH Kresol anwenden und bis 20 vH Naphthensäure. Man kann auch so arbeiten, daß in der Lösung saure Naphthenseifen entstehen. Gegen die Ausscheidung in der Kälte wird ein Zusatz von Alkohol empfohlen (E.P. 185 796).

Für die Herstellung wasserhaltiger Treibmittel sind im E.P. 186 106 folgende Angaben gemacht. Man soll Kohlenwasserstofföle (Kerosin) oder Teeröle und Harze zusammen mit Fetten, Wasser sowie Ammoniak oder organische Amine verwenden. Die Harze oder (und) Fette können auch nitriert oder sulfuriert sein. Es wird folgende Mischung angegeben: 65 Teile Kerosin oder leichtes Solaröl, 20 Teile Wasser, 2—5 Teile Ammoniak und 10 bis 12 Teile Harze oder Fette. Von Aminen soll man 10—15 Teile nehmen (E.P. 186 106).

Die Erhöhung der dynamischen Wirkung von Treibmitteln infolge der Gegenwart von Wasser hat zu folgenden Mischungen geführt, die aus wasserhaltigen Alkoholen und Aceton bestehen. Man soll 5—40 vH Aceton je nach dem benutzten Alkohol anwenden. Man kann außer Äthylalkohol auch Butyl- oder Propylalkohol anwenden. Bei diesen Alkoholen, die mit Wasser nicht mischbar sind, muß der Zusatz des Wassers zum Aceton erfolgen. Bei diesen schweren Alkoholen muß die Zündfähigkeit des Treibmittels durch Aceton oder Acetylen hergestellt werden. Das Acetylen stellt man durch Einbringen von Carbid in das wasserhaltige Gemisch her. Den hierdurch bewirkten Verlust an Wasser muß man wieder ergänzen (E.P. 187 335).

d) Verschiedenes.

Man soll Paraffinöle oder Destillationprodukte von Schiefer, Torf, Kohle o. dgl., die man bei mäßigen Temperaturen erhält, in dampfförmigem Zustand durch hoch erhitzte Röhren leiten, wodurch eine Spaltung der höher siedenden Kohlenwasserstoffe in niedriger siedende bewirkt wird. Man kann auf diese Weise den Flammpunkt des Ausgangsmaterials von 50° C auf — 9° C herabmindern (E.P. 27 945/1906).

Als Treibmittel kann man auch Gase, wie Acetylen, Kohlengase u. dgl., mit Luft gemischt, anwenden. Man soll eine für die Verbrennung überschüssige Menge Luft und außerdem Wasserstoff diesen Gasen zumischen. Die Menge der zugesetzten Luft soll so groß sein, daß das Gemisch ohne die Gegenwart von Wasserstoff nicht zünden würde (E.P. 18 417/1913).

Man kann die höher siedenden Fraktionen des Steinkohlenteers nicht ohne weiteres als Treibmittel verwenden. Sie werden aber zu diesem Zweck geeignet, wenn man sie mit den schweren Gasen und den leicht flüchtigen Destillaten behandelt, die man beim Kracken von Mineralölen erhält. Das Mischen kann man derart vornehmen, daß man alle Komponenten in gasförmigen Zustand miteinander mischt, oder man kann sie in der Kälte miteinander mischen. Während Toluol bei 110° C siedet und Xylol bei 138° C, beginnt das Sieden des Gemisches bei 35° C und es gehen beträchtliche Mengen bei 50—70 und 100° C über (E.P. 12 962/1914).

In Garagen bilden sich eine große Menge Abfallöle, wie Tropföle u. dgl. Man soll solche Abfallöle sammeln, filtrieren und in verschiedene Fraktionen trennen, wobei verschiedene Arten von Motortreibmitteln, Schmieröl u. a. gewonnen werden können. Man soll das Öl bei Gegenwart von Ätznatron destillieren (E.P. 110 631).

Man kann Hexahydrobenzol leicht durch Hydrieren von Benzol gewinnen. Man kann diesen Stoff als Treibmittel anwenden. Es wird indessen bereits bei 4° C fest. Diesen Übelstand kann man durch Zusatz eines Kohlenwasserstoffes oder von Alkohol beseitigen. Ein Zusatz von 5 vH Benzol erniedrigt den Schmelzpunkt auf — 17° C (E.P. 157 222).

Der hohe Schmelzpunkt des Benzols wird vielfach gegen seine Verwendbarkeit als Treibmittel geltend gemacht. Dagegen zeigen Hydrierungsprodukte von Benzolhomologen, wie Toluol und Xylol, d. h. Methyl- oder Dimethylcyclohexan, diesen Fehler nicht, da sie bei —40° C noch flüssig sind. Außerdem besitzen sie einen hohen Heizwert und verbrennen ohne Abscheidung von Kohlenstoff (E.P. 157 861).

Zum Entfernen von Kohlenstoff soll man Lösungen von Calciumnitrat in Methyl- oder Äthylalkohol herstellen, denen man Benzol, Petroleum, Clhoroform oder andere Produkte zusetzt. Es ist folgende Mischung angegeben: Calciumnitrat 25 vH, Alkohol 91 vH und Benzol 4 vH. Als Alkohol verwendet man mit Vorteil Methylalkohol, Der Gehalt an Nitrat soll zu einer späteren Verbrennung der Kohle Veranlassung geben (E.P. 165 376).

Zur Erhöhung der dynamischen Wirkung soll man Treibmittel herstellen, die Ammoniumnitrat, Hydroxylaminnitrat, Hydroxylaminnitrit, Hydrazinammonnitrat oder Stickoxyde enthalten. Das Treibmittel kann aus Alkoholmischungen, wie Alkohol-Äther, Alkohol-Aceton, Alkohol-Benzol, denaturiertem Alkohol oder wässerigem Alkohol bestehen. Das Ammoniumnitrat wird zuerst als konzentrische Lösung mit warmem Wasser hergestellt und dann in einer Menge von 1—2 vH dem Treibmittel zugesetzt. Ein Treibmittel mit 7 vH Ammoniumnitrat, 30 vH Wasser und 70 vH Alkohol gibt zwar sehr gute Resultate, könnte aber nur unter Verwendung von rostsicheren Metallen angewendet werden. Man kann die Metallteile durch Verzinnen schützen. Galvanisierte Metalle und Aluminiumausscheidungen scheinen nicht angegriffen zu werden. Auch schützt ein Überzug von Vaseline oder Wollfett (E.P. 167 831).

Man kann aus Tetrahydronaphthalin und Dekahydronaphthalin Treibmittelmischungen herstellen, indem man sie mit geeigneten Cyclohexanen, d. h. Methylcyclohexanen oder Dimethylcyclohexanen mischt. Es ist folgende Mischung angegeben: 50 bis 70 vH Methylcyclohexan mit 50—30 vH Tetrahydronaphthalin (E.P. 169 428).

Um es auszuschließen, daß hochwertige Treibmittel durch minderwertige ersetzt werden, oder daß Treibmittel veruntreut oder aus Nachlässigkeit mit Wasser versetzt werden, soll man die Treibmittel, d. h. insbesondere Kohlenwasserstoffe, mit Farbstoffen versetzen, welche sich in den Kohlenwasserstoffen auflösen, aber nicht in Wasser. Es kommen Anilinfarbstoffe in einer Menge von 1 : 500 000 in Betracht (E.P. 170 075).

Man soll Mischungen aus hydrierten Naphthalinen und solchen Kohlenwasserstoffen herstellen, die unter 100° C sieden, denen noch Methyl- oder Äthylalkohol hinzugesetzt wird. Hierdurch wird jede Rußbildung vermieden und die dynamische Wirkung erhöht. Man kann aus Tetrahydronaphthalin, Benzin und Alkohol keine beständigen Mischungen herstellen. Sie scheiden sich leicht beim Abkühlen oder auf Zusatz von Wasser. Dieser Übelstand tritt auch beim Petroleumsprit, d. h. einer Mischung von Petroleum und Methylalkohol, ein. Er wird bei der vorstehenden Mischung vermieden durch einen kleinen Zusatz von Äther oder von einem hochsiedenden Alkohol, z. B. Amylalkohol. Es ist folgende Mischung angegeben: 30 Teile Tetrahydronaphthalin, 35 Teile Leichtpetroleum, 30 Teile Methylalkohol und 5 Teile Amylalkohol. Diese Mischung ist noch bei — 10° C flüssig (E.P. 184 785).

Unter Anwendung von Torf soll man in folgender Weise zu einem Treibmittel gelangen. Man fermentiert den Torf, nachdem man ihn in bestimmter Weise vorbehandelt hat. Die Flüssigkeit wird dann abgeschäumt und destilliert. Das Destillat ist ein guter Motorspiritus, der allein oder zusammen mit Colzaöl oder einem Colzaöldestillat benutzt werden kann. Man kann hierzu auch Rapsöl verwenden. Das Colzaöl wird vorteilhaft vorher bei 330° C mit einem Druck von 8 Atm. destilliert, um flüchtige Destillate zu gewinnen. Auch das Rapsöl wird vorher einer destruktiven Druckdestillation unterzogen (E.P. 188 469).

Aus Schieferölen oder Roherdölen soll man auf folgende Weise zu niedrig siedenden Produkten gelangen. Man behandelt das mineralische, pflanzliche oder tierische Öl mit Kaliumcarbonat, Schwefelsäure und Naphthalin und destilliert. Man kann vorher auch filtrieren und eine Reinigung mit kaustischer Seife vorangehen lassen. Es ist auch noch eine Reinigung unter Verwendung von Chlor vorgesehen. Auf die speziellen Vorschriften soll nicht eingegangen werden (E.P. 193 934).

Tetrahydro- und Dekahydronaphthalin haben einen zu hohen Siedepunkt und ein zu hohes spezifisches Gewicht, als daß man sie allein zur Herstellung von Treibmitteln verwenden könnte. Man muß ihnen, um sie für diese Zwecke verwendbar zu machen, etwa 10 vH Kohlenwasserstoffe zusetzen, die unter 100° C sieden, und zweckmäßig 30 vH, deren Siedepunkt unter 150° C liegt. Es ist folgende Mischung angegeben: 50 Teile Tetrahydronaphthalin und 50 Teile Petroleum (spez. Gew. 0,725) oder 50 Teile Tetrahydronaphthalin, 40 Teile schwere Petroleumkohlenwasserstoffe (spez. Gew. 0,760) und 10 Teile Gasolin. An Stelle des Tetrahydronaphthalins kann man auch Dekahydronaphthalin anwenden (E.P. 202 805).

Wenn man zur Herstellung von Treibmitteln sowohl sehr niedrig als auch hoch siedende Bestandteile verwenden will, so muß man durch Mitverwendung von Treibmittelbestandteilen mit dazwischen liegenden langsam ansteigenden Siedepunkten dafür sorgen, daß die Siedepunktskurve einen möglichst geradlinigen Verlauf nimmt. Die Arbeitsweise ist an folgendem Beispiel erläutert: 20 ccm Äther, 25 ccm Alkohol, 14 ccm Heptan, 8 ccm Toluol, 4 ccm Fuselöl, 3 ccm Xylol, 2,5 ccm hydriertes Kresol, 2,5 ccm Dekahydronaphthalin. Eine solche Mischung fängt nicht beim Siedepunkt des Äthers, d. h. bei 38° C, zu sieden an, sondern bei 50° C, das Sieden hört zwischen 74—135° C auf, trotzdem Heptan, Toluol und Fuselöl innerhalb dieser Grenzen sieden (E.P. 217 873).

Sehr leicht siedende Kohlenwasserstoffe, wie sie sich auch bei der Destillation von Petroleum, der Extraktion von Gasolin aus Erdgas, beim Kracken von Kohlenwasserstoffen, beim Hydrieren oder der kalalytischen Behandlung von Kohlenwasserstoffen bilden, lassen sich in Treibmitteln nicht festhalten, ohne daß sie die Neigung zeigen, daraus zu verdunsten. Man kann sie aber in Mischungen dadurch fixieren, daß man ihnen 2—4 vH hochsiedende Bestandteile, wie Tetrahydronaphthalin, Dekahydronaphthalin oder Hexahydrophenol zusetzt (E.P. 230 311). Ein gleiches Verfahren ist bereits in dem D.R.P. 405 534 beschrieben (vgl. A IV).

Ein nicht klopfendes Treibmittel soll man dadurch zusammenstellen, daß man Aceton mit Benzol mischt. Man soll vom Aceton etwa 25—50 vH anwenden. Verwendet man als Kohlenwasserstoff Gasolin, Kerosin, Paraffinöle oder Naphtha, so nimmt man gleiche Teile, nur bei der Verwendung von Naphtha wählt man 2 Teile Naphtha auf 1 Teil Aceton (E.P. 230 354).

Sachverzeichnis.

Um das Auffinden der gesuchten Stoffe zu erleichtern, ist mit Rücksicht auf die Häufigkeit der Stellen an denen diese z. T. behandelt werden das Sachverzeichnis nach den vier Hauptgruppen getrennt angefertigt worden. Der Verfasser.

I. Kohlenwasserstoffe des Erdöls, wie Gasolin, Petroläther, Petroleumessenz. Benzin, Petroleum, Gasöl usw.

II. Produkte der Teerdestillation, Benzol und seine Homologen. Teeröle, Schieferöle u. a.

III. Alkohole, Aldehyde, Ketone.

IV. Schwelbenzine, hydrierte Treibmittel, Krackbenzine. synthetisch hergestellte Treibmittel. wasserhaltige Treibmittel und Verschiedenes.